上　W・J・カウズマン
下　D・アイゼンバーグ

W・J・カウズマン／D・アイゼンバーグ

水の構造と物性

関 集三・松尾隆祐 訳

みすず書房

THE STRUCTURE AND PROPERTIES OF WATER

by

David Eisenberg and Walter J. Kauzmann

First published by Oxford at the Clarendon Press, London, 1969

日本版への序文

水はいまさらいうまでもなく，科学および技術の分野で極めて大切な物質であるにもかかわらず，その挙動は決して充分に理解されているわけではなく，水に関する理論的議論は未だ多くの対立的要素をふくんだものといえます．この書物は水の多くの性質や，それに関する理論的解釈を適当に簡単に摘要するためにかかれたものです．私共のこの書物が，日本語のほん訳に値する有益なものだとみとめられたことは，私共にとってまことに喜びにたえない所です．

1974 年 7 月 25 日

W・J・カウズマン
D・アイゼンバーグ

緒　言

水は地球上でもっとも多量にある化合物であり，またすべての生体系の主要な成分でもある．その量は大洋だけでも 1.4×10^{24} グラム；およそ 320 000 000 立方マイルに達する．それ以外に 0.8×10^{24} グラムの水が水和物として地殻の岩石に含まれている．人体の重量のおよそ 65% が水であり，また脳や肺などの組織のほとんど 80% が水から成っている．

ターレス（Thales）以来の科学者は水がわれわれの内外の環境において有する重要性を認め，この物質を広範に研究してきた．この本を書くにあたってわれわれが目指したのは，水に関するおびただしい文献のなかからもっとも重要で，かつ信頼のおけるデータのいくつかを要約し，またこれらのデータを相互に関係づける点でもっとも有効な理論を提示することである．われわれは Dorsey（1940）が編集したようなデータ集を作り上げることよりも，水の物性をその構造に関連づけることに目標をおいた．水のいくつかの重要な性質，例えば熱伝導度や液体の表面張力は論じなかった．これらの性質は液体の水を理解する上で，現在のところ寄与をしていないからである．これに対して赤外線およびラマンスペクトルなどの性質は詳細に扱ったが，それはそれらの性質が氷と水の構造について極めて多くのことを明らかにしているからである．電解質および非電解質溶液に関するデータは水の構造を理解するうえで疑いもなく有用であるが，われわれは水溶液を扱った広範な文献に立ち入ることは試みなかった．

さまざまの分野の科学者が水に関心をいだいているということを顧慮して，われわれは主題の論点を理解するうえで必要となる物理化学的な予備知識を本文に含めておいた．したがって，初等的な物理化学のコースを了えた人ならば，この書物に含まれる，ほとんどすべての事柄を理解できるはずである．

本文の終りに補遺を設け，水の構造と物性に関する極めて最近の文献と，本文を作る際に見落していた二，三の文献を挙げておいた．各文献はそれぞれに対応する節ごとに分類されている.

本書の原稿を作りつつあるあいだ，あまたの友人や同僚と水に関するさまざまの興味深い問題について論じ合うことができたのは，われわれにとって大きなよろこびであった．これらの数多くの人々の名をここに挙げることは不可能であるが，C. A. Chan 教授，C. A. Coulson 教授，R. E. Dickerson 教授，B. Kamb 教授，J. J. Kozak 博士，R. M. Pitzer 教授，L. Salem 博士，および G. E. Walrafen 博士の方々には，とくに感謝の意を表したい．また数多くの編集上の専門的な助言を与えてくれたことに対して Lucy Eisenberg に感謝したいと思う.

1968 年 6 月

WALTER J. KAUZMANN
DAVID EISENBERG

謝　　辞

本書に図を再録し，もしくは図版を作る際に図を利用することを許可された下記の方々に感謝したい.

R. F. W. Bader 教授（図 1.6, 1.8 a および 1.9）; K. E. Bett 教授（図 4.21）; P. W. Bridgman 教授（図 4.16b）; R. Brill 教授（図 3.10）; B. N. Brockhouse 博士（図 4.20）; C. A. Coulson 教授（図 1.4）; J. O. Hirschfelder 教授（図 1.36）; B. Kamb 教授（図 3.5 b, 3.7, 3.8, 3.9 および 3.11）; L. D. Kislovskii 博士（図 4.18）; 久米潔博士（図 3.21）; I. M. Mills 博士（図 1.1）; A, H. Narten 博士（図 4.3）; G. Némethy 教授（図 4.5）; P. G. Owston 博士（図 3.1 および 3.3）; G. C. Pimentel 教授（図 3.2）; J. A. Pople 教授（図 4.8）; J. C. Slater 教授（図 2.6, 2.9 および 2.10）; T. T. Wall 博士（図 4.23 a, b, および 4.24）; G. E. Walrafen 博士（図 4.22a, b, 4.23 c, d および 4.25）; B. E. Warren 博士（図 4.6）; E. Whalley 博士（図 3.14, 3.15 および 3.20）; A. H. Wilson 教授（図 2.11）; M. W. Zemansky 教授（図 3.4）; G. Bell and Sons（図 4.16 b）;

Cambridge University Press (図 2.11); Elsevier Publishing Company (図 1.1); W. H. Freeman and Company (図 3.2); McGraw Hill Publishing Company (図 2.6, 2.9, 2.10 および 3.4); John Wiley and Sons Incorporated (図1.3b); *Acta Crystallographica* (図 3.5 b および 3.7); *Advances in Physics* (図 3.1 および 3.3); *Journal of American Chemical Society* (図 1.8 a, 1.8 b, および 1.9); *Angewandte Chemie* (図 3.10); *Canadian Journal of Chemistry* (図 1.6); *Joural of Chemical Physics* (図 3.14, 3.15, 3.20, 4.5, 4.6 4.22 a, b, 4.23 a, b, 4.24, 4.25); *Discussions of the Faraday Society* (図 4.3); *Nature* (図 4.21); Oak Ridge National Laboratory Report (図 4.4); *Optics and Spectroscopy* (図 4.18); *Jaurnal of Physical Society of Japan* (図 3.21, 4.20); *Proceedings of the National Academy of Sciences of the US* (図 3.9); *Proceedings of the Royal Society* (図 4.8); *Science* (図 3.8).

目　次

4. 液体としての水の性質

記号の説明

A　ヘルムホルツ・エネルギー

Å　オングストローム単位＝10^{-10} m＝0.1 nm

C_p　定圧熱容量

C_v　定積熱容量

c'　光速度

D　自己拡散係数

D　デバイ単位＝10^{-18} e. s. u. cm＝3.335640×10^{-30} cm

U　内部エネルギー

e　陽子の電荷

e　自然対数の底＝2.71828

e. s. u.　電荷の静電単位

e. u.　エントロピー単位＝cal mol^{-1} K^{-1}＝4.184 JK^{-1} mol^{-1}

G　ギブズ・エネルギー

g　カークウッドの相関パラメーター

H　エンタルピー

h　プランク定数

I　慣性モーメント

k　ボルツマン定数

kbar　Kilobar＝10^9 dyn cm^{-2}＝10^8 Nm^{-2}

$\boldsymbol{m}$　凝相における分子の双極子モーメント

N　アボガドロ定数

N^*　単位体積中の分子数

n　屈折率

P　圧力

Q　四極子モーメント

R　気体定数

S　エントロピー

T　温度，とくに断らないかぎり K を単位とする絶対温度

t　セ氏温度，時間

E_{p}	ポテンシャルエネルギー
V	モル体積
v	振動量子数
$\mathcal{V}$	静電ポテンシャル
X_{A}	成分 A のモル分率
α	分子の分極率
β	体積膨脹係数
γ_S	断熱圧縮係数
γ_T	等温圧縮係数
δ	化学シフト
ϵ	誘電定数
ϵ_0	静的誘電定数
ϵ_∞	高振動数誘電定数
η	粘性係数
κ	直流電気伝導度
μ	孤立分子の双極子モーメント
ν	振動モードもしくは振動数
ρ_0	巨視的密度
$\rho(\bar{R})$	局所密度
τ_{D}, τ_{V}	水分子の運動に関する緩和時間; 第4.1a 節参照
τ_{d}	誘電緩和時間
χ	磁化率
ϕ	分子軌道
Ψ	分子の波動関数
	水分子と水素結合に関する記号

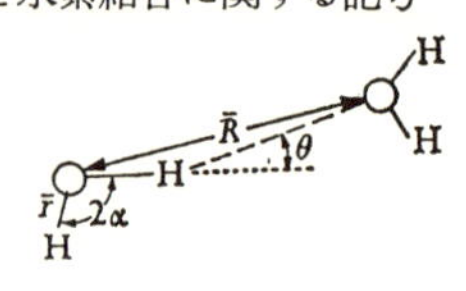

$\bar{r}$	O—H 結合長
2α	H—O—H 結合角
$\bar{R}$	隣接分子の酸素原子核間の距離
$(180-\theta)^\circ$	水素結合角

第1章　水　分　子

水蒸気，氷，および水の性質を理解するためには，まず水分子をよく知らなければならない．この章では相補的なふたつの観点から孤立水分子を記述する．第1は実験から導かれた性質に基礎をおく観点であり，第2は化学結合の電子論から導かれた性質にもとづく観点である．第1のグループに属する性質は十分に低い圧力もしくは十分に高い温度にある水蒸気——このような条件下では分子間相互作用が大きい影響をもたない——についておこなわれた実験から導かれるものである．例えば原子核相互の位置や，分子全体としての極性などがこれである．分子内部における電荷分布などは，これに属さない．水分子のもつと立入った構造に関しては，われわれは理論的記述に頼らなければならない．理論的記述によると，水分子の電荷雲の形や電荷分布のどの部分が，分子全体の極性に最も大きく寄与するか等に関して知見が与えられる．互いに依存し合う記述方法を，このように分けるのはもちろん人為的ではあるが，われわれの水に関する知識のうち，いずれが実測にもとづき，またいずれが何らかの妥当性をもったモデルにもとづくものであるかの区別を強調するのに役立つ．

1.1　水分子：実験にもとづく記述

(a)　組　成

水が水素と酸素よりなることは，1780年代におこなわれたキャベンディッシュ（Cavendish）とラボアジエ（Lavoisier）の実験によって確立された．2体積の水素が1体積の酸素と結合することの証明は，Cavendish の注意深い実験データによって十分に与えられているが，彼はこのことをはっきりと指摘しなかったので，1805年に至ってゲイ　ルサク（Gay-Lussac）とフンボルト（Humbolt）が発見するまで残された（Partington 1928）．化合して水となる水素と酸素の重量比が極めて2:16に近いことはデューマ (Dumas) が1842年に発見した.

1929年に安定な酸素の同位体が発見され, また1932年には重水素が発見されて, 自然に存在する水が分子量の異ったいくつかの分子種の混合物であることが明らかとなった. 現在水素に3種の同位体 (^{1}H, ^{2}H(重水素), および ^{3}H (三重水素)) が知られ, 酸素には6種の同位体 (^{14}O, ^{15}O, ^{16}O, ^{17}O, ^{18}O および ^{19}O) が知られている. 三重水素は放射能をもち, その半減期は12.5年である. ^{14}O, ^{15}O, および ^{19}O も放射能をもつが, 短寿命であるために, 天然の水の中にほとんど存在しない.

水における安定な同位体の存在比は, Shatenstein *et al.* (1960) によって詳しく論じられている. 天然水の同位体組成は, 精確には試料の起源に依存する. しかし, その程度の差をゆるすとすれば, $H_2{}^{18}O$, $H_2{}^{17}O$, HDO の割合はそれぞれ0.20パーセント, 0.04パーセント, 0.03パーセントであると言うことができる. $H_2{}^{16}O$ を純粋に作ることは極めて難しい. したがってほとんどすべての実験は天然に存在する水を用いておこなわれている.

この書物で使われる用語について, 一言注意をしておこう. 水 (water) という語はあらゆる相にある H_2O, あるいは文脈によっては液体の H_2O を意味する. 氷 (ice) は一般に固体の H_2O を意味し, 必ずしも氷Iばかりではない*. 蒸気 (steam) は水蒸気 (water vapour) と同義に使われる. 重水 (heavy water) という語がときには D_2O の意味に使われる.

(b) 生成エネルギー

基底状態にある2つの水素原子とひとつの酸素原子を合わせて, 電子状態, 振動状態, 回転状態, 並進状態がすべて基底状態にある水分子を作るとしよう (すなわち, その過程が0 K でおこなわれるとする). この仮想反応にともなうエネルギー変化は0 K における生成エネルギーと呼ばれ, 熱化学と分光学のデータを合わせることによって求められる (Wagman *et al.* 1965):

---

* 訳文においては水という語を液体の H_2O および H_2O 分子の意味に用いた. またガラス状氷 (vitreous ice, 第3.2(c) 節) はガラス状水 (vitreous water) と呼ぶべきものであると考えられる. ガラス状氷という語はさらに別の集合状態にある H_2O を指すのに用いられる.

$$H_2+1/2\,O_2 \rightarrow H_2O\,;\ \Delta E=-57.102\ \mathrm{kcal\ mol^{-1}}$$ （燃焼熱から），

$$O \rightarrow 1/2\,O_2\,;\ \Delta E=-58.983\ \mathrm{kcal\ mol^{-1}}$$ （分光学的解離熱から），

$$H+H \rightarrow H_2\,;\ \Delta E=-103.252\ \mathrm{kcal\ mol^{-1}}$$ （分光学的解離熱から）．

$$O+H+H \rightarrow H_2O\,;\ \Delta E=-219.337\ \mathrm{kcal\ mol^{-1}}$$

負号は言うまでもなく分子の生成にともなって全エネルギーが減少することを表わす．生成エネルギーの値を述べるとき，われわれは温度が0 Kであることを注意深くことわったが，それは，有限の温度の場合には原子の並進エネルギーの大きさと，分子の回転および並進エネルギーを合わせたものとの差にもとづいて，生成エネルギーがすこしばかり，さらに負になるからである．また，生成熱は一定圧力のもとで測定されるので実は生成エンタルピーに等しい．生成エンタルピーは圧力・体積の項にもとづいて同一温度における生成エネルギーよりさらに負である．25°Cにおける水の生成エンタルピーは −221.54 kcal $\mathrm{mol^{-1}}$ である（表1.1参照）．

表 1.1　水分子の生成に関連したエネルギー

(1)	0 K における原子からの生成エネルギー	−219.34† kcal $\mathrm{mol^{-1}}$
(2)	振動の零点エネルギー	13.25‡
(3)	電子結合エネルギー＝(1)−(2)	−232.59
(4)	25°C における生成エンタルピー	−221.54†
(5)	0K における O-H 結合エネルギー＝$\frac{1}{2}\times$(1)	109.7
(6)	H-O の解離エネルギー	101.5§
(7)	H-OH の解離エネルギー＝(1)−(6)	117.8

† Wagman *et al.* (1965).　‡ 第1.1 (*d*) 節.　§ Cottrell (1958).

水分子の電子結合エネルギーとは各原子核が静止しているときの分子のエネルギーから各原子のエネルギーの和をさしひいたものである．その値は0 Kにおける生成エネルギーよりすこしばかり大きい．その差は0 Kにおいても分子が振動していることに起因する．この振動は零点振動と呼ばれ，われわれが上に定義した生成エネルギーに含まれない．零点エネルギーは分光学的データから計算される（1.1 (d) 節参照）．零点エネルギーを0 Kでの生成エネルギーから引きさると電子結合エネルギーが得られる（表1.1）．

水分子には2本のO-H結合があるので，そのO-H結合エネルギーは水分子の生成エネルギーの半分である．したがってその値は0 Kにおいて109.7

kcal mol^{-1} である．結合エネルギーと密接に関連した量として解離エネルギーがある．これは0 K において結合を切断するに要するエネルギーである．奇妙なことに水分子のいずれの O-H 結合の解離エネルギーも O-H 結合エネルギーと等しくない．Cottrell (1958, p. 187) はこの点に関する実験的な証拠を集めて，H-O が H と O に解離する際の最も正確と考えられる解離エネルギーを 101.5±0.5 kcal mol^{-1} とした．水分子の2本の結合の解離エネルギーの和はエネルギー保存則から生成エネルギーに等しい．したがって H-OH が H と OH に解離する際の解離エネルギーは 117.8 kcal mol^{-1} である．

Pauling (1960, p. 622) は2つの解離エネルギーの差をつぎのように説明した．すなわち，第2番目の O-H 結合が解離してしまうと，酸素原子は電子配置の組み換えによってエネルギー的に有利な状態をとることができるようになり，その結果解離エネルギーが減少する．言い換えれば，第2番目の O-H 結合が切れて生ずる酸素原子は $1s^2 2s^2 2p^4$ の電子配置をもち，この配置に対応するラッセル-ソーンダーズ (Russell-Saunders) 状態のひとつは ^{3}P である．ところがこの状態は2つの不対電子の共鳴によって安定化する．Pauling はこの安定化エネルギーを 17.1 kcal mol^{-1} と見積った．したがって，もし，第2番目の解離の結果生ずる酸素原子が安定化した ^{3}P 状態にあるのではなく原子価状態にあると仮定すれば，解離エネルギーは

$$101.5+17.1=118.6 \text{ kcal mol}^{-1}$$

となったであろう．この値は第1解離エネルギーにほぼ等しい．

(c) 分子の大きさ

水分子の結合距離と結合角は，通常の水蒸気と同位体置換した水蒸気の回転-振動スペクトルからみごとな確度で知られている．数千にのぼるスペクトル線の測定と，その帰属が Darling and Dennison(1940), Benedict, Gailar and Plyler(1956) や，その他多くの研究者の非常な努力によっておこなわれた．Dennison(1940) と Herzberg(1950) は，スペクトルから慣性モーメントと分子の大きさを導き出す方法を論じている．しかし，ここではその結果のみをとりあげよう．

水分子の原子核は二等辺三角形をなしており，酸素原子核における内角は直角よりすこしばかり大きい．表 1. 2 は Benedict *et al.* (1956) によって見出さ

表 1.2　D_2O, H_2O, HDO の分子状態の諸量の大きさ†

分　子		D_2O	H_2O	HDO
慣性モーメント‡ / 10^{-40} g cm^2	I_e^{x*}	5.6698	2.9376	4.2715
	I_e^z	3.8340	1.9187	3.0654
	I_e^y	1.8384	1.0220	1.2092
結合長/10^{-8} cm	r_e	0.9575	0.95718	0.9571
結合角	$2\alpha_e$	104.474°	104.523°	104.529°

† Benedict *et al.* (1956)

‡ x^*-軸は分子の重心を通り分子面に垂直．H_2O 及び D_2O の z-軸は分子面内にあって結合角の二等分線，y^*-軸は他の二軸に垂直．HDO 分子については，z^*-軸と y^*-軸を x^*-軸のまわりに 21.09° だけ回転する．添字 e はこれらの量が平衡（すなわち振動も回転していない）状態に関するものであることを示す．

れた D_2O, H_2O および HDO 分子の大きさをまとめたものである．この表の数値はすべて平衡状態のものである．ここで平衡状態とは分子が振動も回転もせず，零点振動すらもおこなわない仮想的な状態を言う．仮想的な平衡状態を考えたのは，分子の平均的な大きさが振動と回転の状態にわずかながら依存するからである．この依存性は小さいものであるが，正確な測定値を論ずる際には問題となる．表 1.2 において慣性モーメントに付した x^*, y^*, z^* の添字は慣性主軸を表わす．すなわち，H_2O と D_2O については x^*-軸は分子面に垂直，z^*-軸は分子面内にあって結合角の二等分線に一致し，y^*-軸はこれら 2 軸に直交する．これらの軸はそれぞれ図 1.2 (a) (p. 13) の x-, y-, および z-軸に平行であるが，その原点は酸素原子ではなく分子の重心にある．最大のモーメントは x^*-軸のまわりにあり，最小のモーメントは y^*-軸のまわりにある．

三種の同位体分子について平衡結合距離と平衡結合角は，ほとんど等しい．この結果は，分子の電子構造が核の質量に依存しないことを述べる，いわゆるボルン-オッペンハイマー (Born-Oppenheimer) の近似に合致している．Benedict *et al.* は $\bar{r}_e$ と $2\bar{\alpha}_e$ の値の不確かさをそれぞれ $\pm 0.0003\times 10^{-8}$ cm および ±0.05° と推定した．彼らによると最良の平衡値は $\bar{r}_e = 0.9572\times 10^{-8}$ cm, $2\alpha_e = 104.52°$ である．

すでに述べたとおり，分子の大きさはその分子のもつ量子状態に依存する．振動状態に対する分子の大きさの依存性は小さい．各振動状態について，分子の大きさは“有効慣性モーメント”によって記述することができる（Herzberg

1950. vol. ii, p. 461). Darling and Dennison(1940) は現在得られるものよりもわずかに不正確なデータを用いて水分子の有効慣性モーメントを振動状態の関数として表わした.

$$\frac{I^{x^*}}{10^{-40}\,\mathrm{g\,cm^2}}=2.9436+0.0611\left(v_1+\frac{1}{2}\right)+0.0385\left(v_2+\frac{1}{2}\right)+0.0441\left(v_3+\frac{1}{2}\right), \tag{1.1 a}$$

$$\frac{I^{z^*}}{10^{-40}\,\mathrm{g\,cm^2}}=1.9207+0.0389\left(v_1+\frac{1}{2}\right)-0.0249\left(v_2+\frac{1}{2}\right)+0.0077\left(v_3+\frac{1}{2}\right), \tag{1.1 b}$$

$$\frac{I^{y^*}}{10^{-40}\,\mathrm{g\,cm^2}}=1.0229+0.0213\left(v_1+\frac{1}{2}\right)-0.1010\left(v_2+\frac{1}{2}\right)+0.0486\left(v_3+\frac{1}{2}\right), \tag{1.1 c}$$

ここで v_1, v_2, v_3 は 3 つの規準振動の量子数である（次節参照).

高い回転準位に励起されると水分子は遠心力によって変形をうけ，分子の大きさは平衡状態の値からかなり変化する．例えば回転量子数 $J=11$ に対応する状態において結合角は 5.58° も減少し，結合距離は 0.006×10^{-8} cm も増加する (Herzberg 1950, vol. ii, p. 50). ただしこの変形は分子がほぼ y^*-軸のまわりに回転する副準位に対応するものである.

励起された電子状態にある水分子については，ほとんど知られていないが，分子の形が基底状態にあるものとくらべて変化することはたしかであろう. Bell(1965) は水分子の真空紫外スペクトルについて 1240 Å と 1219 Å に帯原点を与える励起状態を研究し，1240 Å の帯原点に対応する励起状態においては O-H 結合距離が 0.065±0.010 Å だけ伸び，H-O-H 角が 5.2±1.8° だけ増大することを結論した．いまひとつの励起状態においては，それぞれ 0.067±0.010 Å および 8.5±1.8° だけ増大する.

これまで水分子内の原子核相互の位置を問題にしてきたが，原子核に対する電子の相対的な位置についても，ある程度の実験的知見が得られている. Ψ^0 を基底状態にある分子の電子波動関数，r_i^2 を分子の重心から測った i 番目

電子までの距離とすれば $\langle \Psi^0 | \sum_i r_i^2 | \Psi^0 \rangle$ の値が磁気的および分光学的データから決定される．$\langle \Psi^0 | \sum_i r_i^2 | \Psi^0 \rangle$ は $\langle r^2 \rangle$ とも略記され，分子の重心から測った各電子までの距離の二乗の平均値である．水分子の $\langle r^2 \rangle$ は $5.1 \pm 0.7 \times 10^{-16}$ cm^2 である (Eisenberg *et al.* 1965).

(d) 分子振動

原子は分子内で固定した位置を占めるのではなく，0 K においてさえ絶えず振動している．これらの振動の重要な特徴は，それらがいくつかの限られた基本的な振動——規準振動と呼ばれるものである——によって記述されるということである．規準振動とは，すべての原子核が同じ振動数と同じ位相で振動する運動状態である．水分子は3つの規準振動をもっており，あらゆる振動はそれら3つのモードの重ね合せとして表わされる．水分子の規準振動は図1.1に

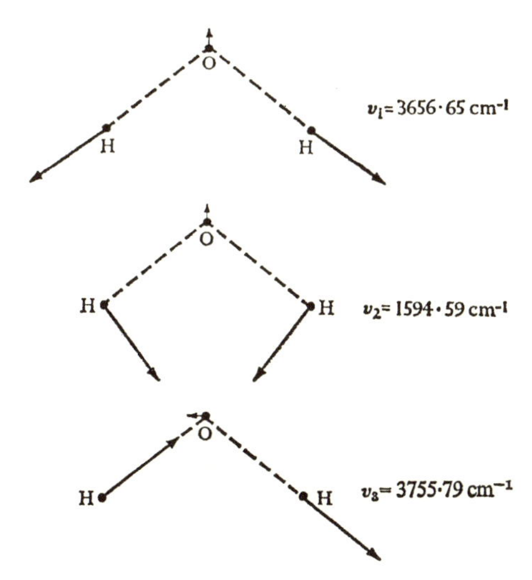

図 1.1　H_2O の規準振動．結合は破線で表わされている．矢印は各振動における核の相対的な変位の方向と大きさを示す．もし矢印を結合長と同じスケールで書くとすれば，基底振動状態にある分子については，ここで示した矢印にくらべてはるかに短かいものとなる．Mills (1963) をもとにして画きなおしたもの．

示したようなものである．ν_1 と ν_3 振動は原子核の運動の方向が O-H 結合に沿っているので O-H 伸縮振動とも呼ばれることがある．また，ν_2 振動においては H-核が結合に対してほとんど垂直方向に運動するから，この振動は H-O

-H 変角振動と呼ばれる．実際には ν_1 もわずかながら H-O-H 変角を含み，ν_2 もわずかながら O-H 伸縮を含む．また，ν_3 モードを反対称伸縮振動と呼んで対称伸縮振動 ν_1 と区別する．

基底振動状態にある分子が ν_2 モードの励起状態に移る遷移には 1594.59cm^{-1} を中心とした赤外線吸収がともなう．この遷移によって ν_2 モードの量子数 v_2 は0から1に変り，ν_1, ν_3 モードの量子数 v_1, v_3 は変化しない．同様に基底状態から第1の規準振動のみが励起した状態——すなわち量子数 $v_1=1, v_2=0, v_3=0$ の状態——への遷移には 3656.65 cm^{-1} を中心とした赤外線の吸収がともなう．表 1.3 に各同位体水分子についていくつかの振動吸収帯の実測値を挙げる．この表は，水分子の既知の吸収帯をすべて尽しているのではない．例えば可視スペクトルの緑の領域まで，比較的弱い吸収帯が続いている．この吸収帯は水の青色をある程度まで説明するものである．

表 1.3　D_2O，H_2O および HDO の振動帯の実測値†

上の準位の量子数‡			吸収帯の中心振動数/cm^{-1}		
v_1	v_2	v_3	D_2O	H_2O	HDO
0	1	0	1178.33	1594.59	1402.20
1	0	0	2671.46	3656.65	2726.73
0	0	1	2788.05	3755.79	3707.47
0	2	0	…	3151.4	2782.16
0	1	1	3956.21	5332.0	5089.59
0	2	1	5105.44	6874	6452.05
1	0	1	5373.98	7251.6	6415.64
1	1	1	6533.37	8807.05	…
2	0	1	7899.80	10613.12	…
0	0	3	…	11032.36	…

† D_2O，HDO および H_2O の上から3行目までは Benedict *et al.* (1956) によるデータ．それ以外の H_2O のデータは Herzberg (1950) よりとった．
‡ 下の準位はいずれも，すべての量子数=0 の基底状態．

9個の経験的な定数を含む簡単な表示式によって，水分子の振動遷移の振動数が極めて正確に表現される．量子数 v_1, v_2, v_3 をもつ状態のエネルギーを静止した平衡状態から測って $G(v_1, v_2, v_3)$ で表わすことにしよう．そうすれば

$$G(v_1, v_2, v_3)=\sum_{i=1}^{3}\omega_i\left(v_i+\frac{1}{2}\right)+\sum_{i=1}^{3}\sum_{k\geq i}^{3}x_{ik}\left(v_i+\frac{1}{2}\right)\left(v_k+\frac{1}{2}\right) \qquad (1.2)$$

と書くことができる．ここで和はすべての規準振動についてとるものとする．

ω は調和振動数と呼ばれ，振動が完全に調和的であるという仮定のもとで期待される振動数である(以下参照)．x は非調和性の力定数であり，完全な調和振動からのずれを記述する．表 1. 4 に H_2O, D_2O および HDO に関するこれらの定数が挙げられている．

表 1.4　式 1. 2 に対する D_2O, H_2O および HDO の振動定数†

分　子	D_2O	H_2O	HDO
ω_1	2763.80‡	3832.17	2824.32
ω_2	1206.39	1648.47	1440.21
ω_3	2888.78	3942.53	3889.84
x_{11}	−22.58	−42.576	−43.36
x_{22}	−9.18	−16.813	−11.77
x_{33}	−26.15	−47.566	−82.88
x_{12}	−7.58	−15.933	−8.60
x_{13}	−87.15	−165.824	−13.14
x_{23}	−10.61	−20.332	−20.08

† Benedict *et al.* (1956) によって決定された値．単位はすべて cm^{-1}.

‡ この値は Benedict *et al.* による値を訂正したもの．Kuchitsu and Bartell (1962, 脚注 23 参照)

任意の 2 状態間の遷移にともなう振動数は式 1. 2 と表 1. 4 の定数を用いて計算される．例えば，基底状態から $v_1=1$, $v_2=0$, $v_3=0$ への遷移の振動数すなわち ν_1 は次のように与えられる：

$$\nu_1=G(1,0,0)-G(0,0,0)=\omega_1+2x_{11}+\frac{1}{2}x_{12}+\frac{1}{2}x_{13}. \qquad (1.3\,\mathrm{a})$$

同様に

$$\nu_2=G(0,1,0)-G(0,0,0)=\omega_2+2x_{22}+\frac{1}{2}x_{12}+\frac{1}{2}x_{23}, \qquad (1.3\,\mathrm{b})$$

$$\nu_3=G(0,0,1)-G(0,0,0)=\omega_3+2x_{33}+\frac{1}{2}x_{13}+\frac{1}{2}x_{23}, \qquad (1.3\,\mathrm{c})$$

ここで非調和定数がすべて負であることに注意しよう．これは純粋な調和振動にくらべて励起準位がより密に列んでいることを意味する．

式 1. 2 は零点エネルギーの表示式をも与える．すなわち

零点エネルギー$=G(0,0,0)$

$$=\frac{1}{2}(\omega_1+\omega_2+\omega_3)+\frac{1}{4}(x_{11}+x_{22}+x_{33}+x_{12}+x_{13}+x_{23}). \tag{1. 4}$$

この式に表 1. 4 の定数を代入すると H_2O に対して 4634.32 cm^{-1}, すなわち 13.25 kcal mol^{-1} という零点エネルギーが得られる. D_2O および HDO の零点エネルギーも, 同様にしてそれぞれ 3388.67 cm^{-1} および 4032.23 cm^{-1} となる.

分子の振動形と各吸収バンドの振動数は, 振動にともなう分子ポテンシャルエネルギーの変化に依存する. これは逆に分子の振動スペクトルがその振動を記述するポテンシャル関数について多大な情報を含むことを意味する. しかし, この情報を実際に得る手続きは極めて複雑であるために, 単純化するためのいくつかの仮定が通常必要とされる*. よく用いられる仮定は調和近似と呼ばれ, 結合距離や結合角を平衡の値にもどそうとする復元力が平衡値からのずれに比例するというものである. Dennison(1940) は調和近似を使うことにより水分子のポテンシャルエネルギーが次式のように表現されることを示した:

$$2\Delta U_{\mathrm{p}}=k_{\bar{r}}(\Delta\bar{r}_1{}^{-2}+\Delta\bar{r}_2{}^2)+k_\alpha(\bar{r}_{\mathrm{e}}\Delta\alpha)^2+2k_{\bar{r}'}\Delta\bar{r}_1\Delta\bar{r}_2$$
$$+2k_{\bar{r}\alpha}(\bar{r}_{\mathrm{e}}\Delta\alpha)(\Delta\bar{r}_1+\Delta\bar{r}_2), \tag{1. 5}$$

ここで ΔU_{p} は erg で表わしたポテンシャルエネルギーの変化, $\Delta\bar{r}_1, \Delta\bar{r}_2$ は cm で表わした O-H 結合距離の変化, $\Delta\alpha$ はラジアンで表わした結合角の変化, $\bar{r}_{\mathrm{e}}$ は O-H 結合距離の平衡値である. k は力の定数であり次のように与えられる (単位は 10^5 dyn cm^{-1})**.

$$k_{\bar{r}}=8.454,$$
$$k_{\bar{r}'}=-0.101,$$
$$k_\alpha=0.761,$$
$$k_{\bar{r}\alpha}=0.228.$$

この関数によって水分子の平衡形態からの任意の変形にともなうポテンシャルエネルギーの増分を近似的に計算することができる. 式 1. 5 の右辺第 3 項は 2 つの O-H 結合距離の変化がポテンシャルエネルギーを独立に増減させるので

---

* この手続きは Mills (1963) によって簡潔に, また Wilson, Decius and Cross (1955) によって詳しく述べられている.

** これらの値は Dennison (1940) が用いたものより正確なデータにもとづいて Kuchitsu and Morino (1965) が与えた.

はないことを示している．すなわち，いずれかの結合が伸びると（$k_{\bar{r}'}$ が負であるから），他方の結合を一定値だけ伸ばすにはより少いエネルギーで足りることになる．同様に式 1.5 の右辺第 4 項において $k_{\bar{r}\alpha}$ が正であることから，結合角が増大した状態で結合距離を伸ばすにはより大きいエネルギーが要ること，および O-H 結合のいずれか，もしくは両方が伸びた状態で結合角を増大させるにはより大きいエネルギーが要ることがわかる．

力の定数 $k_{\bar{r}'}$ と $k_{\bar{r}'\alpha}$ の符号は O-H 結合の混成性（第 1.2(a) 節参照）によって説明される．すなわち，H-O-H 角が増大するにつれて結合の p-性格が減少し，したがって結合距離が減少する．こうして $k_{\bar{r}\alpha}$ の符号が正であることの説明がつく．同じようにして，ひとつの O-H 結合距離が増大すると，その結合の p-性格が増加し，それと同時に他方の結合の p-性格も増加する．したがって一方の結合が伸びれば他方の結合も伸びやすくなり，$k_{\bar{r}'}$ の符号は負となる．

水分子の振動をさらに詳しく記述するポテンシャル関数が幾人かの研究者によって考え出されている*．これらの関数は式 1.5 の項以外に原子核変位の三次および四次に比例する項を含み，したがって振動の非調和性を考慮にいれている．Kuchitsu and Morino(1965) の関数は式 1.5 と同様に独立変数として $\Delta\alpha, \Delta\bar{r}_1$ および $\Delta\bar{r}_2$ を用いる．その関数は次のようなものである．

$$
\begin{aligned}
2\Delta U_{\mathrm{p}} = 2\Delta U_{\mathrm{p}}{}^{0} &+ \frac{2}{\bar{r}_{\mathrm{e}}}\{k_{\bar{r}\bar{r}\bar{r}}(\Delta\bar{r}_1{}^3+\Delta\bar{r}_2{}^3)+k_{\bar{r}\bar{r}\bar{r}}(\Delta\bar{r}_1+\Delta\bar{r}_2)\Delta\bar{r}_1\Delta\bar{r}_2 \\
&+k_{\bar{r}\bar{r}\alpha}(\Delta\bar{r}_1{}^2+\Delta\bar{r}_2{}^2)\bar{r}_{\mathrm{e}}\Delta\alpha+k_{\bar{r}\bar{r}'\alpha}\Delta\bar{r}_1\Delta\bar{r}_2\bar{r}_{\mathrm{e}}\Delta\alpha \\
&+k_{\bar{r}\alpha\alpha}(\Delta\bar{r}_1+\Delta\bar{r}_2)\bar{r}_{\mathrm{e}}{}^2\Delta\alpha^2+k_{\alpha\alpha\alpha}\bar{r}_{\mathrm{e}}{}^3\Delta\alpha^3\} \\
&+\frac{2}{\bar{r}_{\mathrm{e}}{}^2}\{k_{\bar{r}\bar{r}\bar{r}}(\Delta\bar{r}_1{}^4+\Delta\bar{r}_2{}^4)+k_{\bar{r}\bar{r}\bar{r}\bar{r}'}(\Delta\bar{r}_1{}^2+\Delta\bar{r}_2{}^2)\Delta\bar{r}_1\Delta\bar{r}_2 \\
&+k_{\bar{r}\bar{r}\bar{r}'\bar{r}'}\Delta\bar{r}_1{}^2\Delta\bar{r}_2{}^2 \\
&+k_{\bar{r}\bar{r}\alpha\alpha}(\Delta\bar{r}_1{}^2+\Delta\bar{r}_2{}^2)\bar{r}_{\mathrm{e}}{}^2\Delta\alpha^2+k_{\bar{r}\bar{r}'\alpha\alpha}\Delta\bar{r}_1\Delta\bar{r}_2\bar{r}_{\mathrm{e}}\Delta\alpha^2 \\
&+k_{\alpha\alpha\alpha\alpha}\bar{r}_{\mathrm{e}}{}^4\Delta\alpha^4\},
\end{aligned}
\qquad (1.6)
$$

ここで $2\Delta U_{\mathrm{p}}{}^{0}$ は式 1.5 の右辺を表わし，k は高次の力の定数であって次の値をもつ（単位は $10^5\,\mathrm{dyn\,cm^{-1}}$）．

* Plíva (1958), Kuchitsu and Bartell (1962), Papoušek and Plíva (1964), Kuchitsu and Morino (1965).

$$k_{\bar{r}\bar{r}\bar{r}}=-9.55\pm0.06 \qquad k_{\bar{r}\bar{r}\bar{r}\bar{r}}=15.4\pm0.3$$
$$k_{\bar{r}\bar{r}\bar{r}'}=-0.32\pm0.16 \qquad k_{\bar{r}\bar{r}\bar{r}\bar{r}'}=0.8\pm0.6$$
$$k_{\bar{r}\bar{r}\alpha}=0.16\pm0.03 \qquad k_{\bar{r}\bar{r}\bar{r}'\bar{r}'}=1.3\pm1.1$$
$$k_{\bar{r}\bar{r}'\alpha}=-0.66\pm0.01 \qquad k_{\bar{r}\bar{r}\alpha\alpha}=-1.7\pm0.8$$
$$k_{\bar{r}\alpha\alpha}=0.15\pm0.20 \qquad k_{\bar{r}\bar{r}'\alpha\alpha}=-0.5\pm1.7$$
$$k_{\alpha\alpha\alpha}=-0.14\pm0.01 \qquad k_{\alpha\alpha\alpha\alpha}=0.0\pm0.2.$$

これらの値は表 1.4 の非調和定数と水分子の振動回転相互作用定数（Benedict *et al.* 1956）から決定された.

分子振動に関する議論を終るにあって，電子線回折の測定が水分子の振動について，さらに知見をもたらすことを指摘しておこう．例えば振動の基底状態にある H_2O と D_2O の二乗平均振幅は，それぞれ 0.067 Å と 0.056 Å であることを Shibata and Bartell(1965) は見出した.

(e) 電気的性質

分子の双極子モーメントや四極子モーメントなどの電気的性質は分子の電荷分布を特徴づけ，また分子のまわりの電場を記述する場合に有用である．この節では水分子の電気的性質について数値を与え，そこから得られる水分子の電荷分布に関する知見を論じよう．水分子の近傍での電場に関する議論は第 1. 2(a) 節と第 2. 1(a) 節で与えられる.

単に水分子が永久双極子モーメントをもつという事実にも，水分子の構造に関する知見が含まれている．すなわち水分子は対称中心をもたないのである．つまり水分子の永久双極子モーメントが零でないということによって直線的な H—O—H 構造の可能性は除かれる．言うまでもなく，これは回転-振動スペクトルから得られた 104.5° という H—O—H 結合角とよく呼応する.

数多くの研究者が水分子の永久双極子モーメント μ の値を測定したが，比較的正確と考えられる測定結果は $\mu=1.84(\pm0.02)\times10^{-18}$ esu cm という値を与えている (McClellan 1963)．Sänger and Steiger(1928) によるデータは最も正確なもののひとつである．彼らは Debye の方法に従って，水蒸気の誘電定数を温度の関数として測定した．Moelwyn-Hughes(1964) は彼らのデータ処理法を再検討して $1.83_4\times10^{-18}$ esu cm が μ の最尤値であるとした．Stark 効果による測定も同じ範囲の数値を与える．双極子モーメントは習慣上分子の負の端か

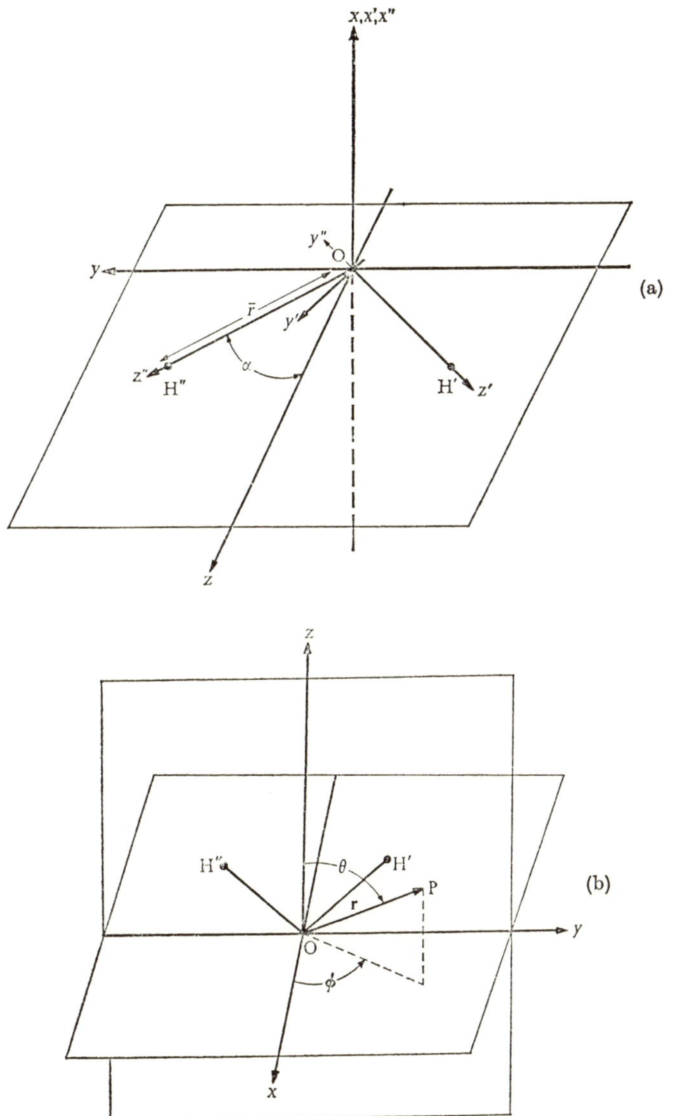

図 1.2 水分子の記述のために本書で使われる座標系. (a) デカルト座標. 分子は z-軸を H—O—H 角の二等分線として $x=0$ の面にある. ひとつの水素核 H′ は z'-軸にあり, 他方の水素核 H″ は z''-軸にある. y'-軸は分子面内にあって x'-軸, z''-軸と互いに直交する. y''-軸についても同様. (b) 球面極座標. 分子は $x=0$ の面にある. 点 P は酸素核から $|\boldsymbol{r}|$ の距離にある. θ は $\boldsymbol{r}$ と z-軸のなす角, ϕ は $\boldsymbol{r}$ の $x-y$ 面の射影と x-軸の間の角である.

ら正の端に向うものと定義される．水分子の場合，孤立電子対をもつ酸素原子が負の端であることにはほとんど疑いの余地がない．

四極子モーメント，および八極子モーメントも分子の電荷分布について有用な知見をもたらす (Buckingham 1959)．分子の四極子モーメントは慣性モーメントに対応する電気的な量であり，次式で定義される．

$$Q_{\alpha\beta}=\int r_\alpha r_\beta \rho(\boldsymbol{r})\mathrm{d}\tau, \qquad (1.7)$$

ここで $\rho(\boldsymbol{r})$ は分子の全電荷密度，$\boldsymbol{r}_\alpha$ はベクトル $\boldsymbol{r}$ の α-デカルト成分 (x, y, もしくは z)，$\mathrm{d}\tau$ は体積要素である．図 1. 2(a) のように x, y, z 座標をとれば，水分子の四極子モーメントの成分 Q_{xx}, Q_{yy}, Q_{zz} が零でない．八極子モーメント $R_{\alpha\beta\gamma}$ も同様に定義される．

$$R_{\alpha\beta\gamma}=\int r_\alpha r_\beta r_\gamma \rho(\boldsymbol{r})\mathrm{d}\tau. \qquad (1.8)$$

水分子の八極子モーメント成分のうち零でないのは次のものだけである．

$$R_{zzz},\ R_{xxz}=R_{xzx}=R_{zxx},$$

および

$$R_{yyz}=R_{yzy}=R_{zyy}.$$

四極子モーメントと八極子モメントの実験値は現在のところ得られていない．しかし次式で定義される四極子モーメントの平均値 $\bar{Q}$ は現在知られているデータから容易に導かれる．

$$\bar{Q}=\frac{1}{3}(Q_{xx}+Q_{yy}+Q_{zz}).$$

それには第 1. 1(c) 節で述べた $\langle r^2\rangle$ という量に電子電荷 $-e$ を乗じ，それに原子核の寄与を加えればよい．

$$\bar{Q}\equiv\frac{1}{3}(Q_{xx}+Q_{yy}+Q_{zz}).$$

$$=\frac{1}{3}(-e\langle r^2\rangle+e\sum_n Z_n r_n{}^2). \qquad (1.9)$$

この式において Z_n は n 番目の原子核の原子番号，$r_n{}^2$ は分子の重心から n 番目原子核までの距離の 2 乗である．この式の右辺第 2 項は $\bar{Q}$ に対する核からの寄与であり，表 1. 2 に与えられた分子の大きさから容易に計算される．第 1.

1(c) 節に述べた数値を式 1.9 の $\langle r^2 \rangle$ に代入して $\bar{Q}=-5.6(\pm1.0)\times10^{-26}$ esu cm^2 を得る.

水分子の各四極子モーメントおよび八極子モーメントの値が実験的に得られていない現在, それらのごくおおよその値を知るにも量子力学的計算によらなければならない. 表 1.5 に水の四極子モーメントおよび八極子モーメントの計

表 1.5 水分子の電気的および磁気的性質† (CGS 単位)

性 質		値
μ_z	双極子モーメント[a]	$1.83_4\times10^{-8}$ e. s. u. cm
$\bar{Q}=\frac{1}{3}(Q_{xx}+Q_{yy}+Q_{zz})$	平均四極子モーメント	
	実験値	$-5.6(\pm1.0)$
	計算値[b]	-5.8
Q_{xx}, Q_{yy}, Q_{zz}	四極子モーメント‡ (計算値)[b]	$\{-6.56, -5.18, -5.73\}$ (以上 $\times10^{-26}$ e. s. u. cm^2)
$R_{xxz}, R_{xzx}, R_{zxx}$; $R_{yyz}, R_{yzy}, R_{zyy}$; R_{zzz}	八極子モーメント§ (計算値)[b]	$\{-1.08, -0.50, -2.75\}\times10^{-34}$ e. s. u. cm^3
$\bar{\alpha}=\frac{1}{3}(\alpha_{xx}+\alpha_{yy}+\alpha_{zz})$	平均分極率[a]	1.444×10^{-24} cm^3
$\frac{\partial^2 V}{\partial Z'^2}$, $\frac{\partial^2 V}{\partial y'^2}$, $\frac{\partial^2 V}{\partial x'^2}$	D_2O における重陽子の位置での電場勾配[c]	$\{1.59(\pm0.04), -0.70(\pm0.04), -0.89(\pm0.06)\}\times10^{15}$ e. s. u. cm^{-3}
$\chi_{xx}{}^P$, $\chi_{yy}{}^P$, $\chi_{zz}{}^P$	常磁性磁化率‡[d]	$\{2.46, 0.77, 1.42\}\times10^{-6}$ e. m. u. mol^{-1}

† 下つき添字は第 1.2(a) 図に示した軸を表わす.

‡ 分子の重心を原点とする.

§ 酸素の原子核を原点とする.

[a] Moelwyn-Hughes (1964).

[b] Glaeser and Coulson (1965) によって McWeeny and Ohno (1960) の "c. i. 7" 波動関数を用いて計算された値.

[c] Posener (1960). 電場勾配テンソルの主軸は図 1.2 (a) の z'-軸, y'-軸から極めてわずかだけずれている. 電場勾配の座標軸は x'-軸のまわりに $\theta=1°7'\pm1°10'$ だけ回転させたものである.

[d] Eisenberg *et al.* (1965).

算値を示す．これは比較的正確な波動関数を用いて Glaeser and Coulson(1965) が計算したものである．高次モーメントの値は原点の選び方に依存するが，Glaeser and Coulson は酸素原子を原点に選んだ．表 1.5 に引用した値は重心を原点とするように変換してあるので $\bar{Q}$ の実験値と直接に比較することができる．$\bar{Q}$ の計算値は実験誤差の範囲内で実験値と一致することがわかるであろう．また，高次モーメントの値が負であることが注目されるが，これは電子の寄与が原子核の寄与をうわまわることを示すものである．各四極子モーメントの大きさがほぼ等しいことから，水分子の電荷分布が球形から著しくずれていないことがわかる．これは式 1.7 で与えられる Q_{xx}, Q_{yy}, Q_{zz} が球についてはすべて等しいことから明らかであろう．

分子振動にともなう双極子モーメントの変化はその振動に対応する吸収帯の強度に関係している．正確に言えば，ひとつの規準座標の変化に付随する双極子モーメントの 2 乗がその吸収帯の積分強度に比例する（Wilson *et al.* 1955)．この積分強度は他の多数の分子については結合の伸縮と変角にともなうモーメントの変化に関して興味深い知見をもたらしてきたが，残念ながら H_2O については振動吸収帯の絶対強度が未だ決定されていない．また，実験値が決定されたとしても，分子の電子構造にもとづいてその数値を解釈することは難しいと考えられる．Coulson (1959 a) はその問題点を詳しく論じて，強度の解釈に利用されるひとつの仮定，すなわち，分子の全双極子モーメントが結合モーメントのベクトル和に等しいとする仮定が，水の場合にはよくないということを指摘した．その理由のひとつは，酸素原子の孤立電子対が双極子モーメントに大きく寄与しており（第 1. 2(b) 節参照)，この寄与の大きさが振動にともなって変化するということである．

分極率 α は分子の電気的性質を記述するいまひとつの基本的定数である．これは，分子が一様な電場中におかれたときに生ずる単位電場あたりの双極子モーメントとして定義される．分子の平均分極率 $\bar{\alpha}$ は Debye の方法によって双極子モーメントと同時に得られる．また，屈折率の実測値を用いて，よく知られたローレンツ－ローレンツ (Lorenz-Lorentz) の式から求めることもできる．第 1 の方法は広い範囲にわたる補外を必要とするので正確さの点で劣る．例えば Sänger and Steiger (1928) は水について $\bar{\alpha}=1.43\times10^{-24}\,\mathrm{cm}^3$ という値を見出したが，Moelwyn-Hughes(1964) は彼らの同じデータから1点だけを除いて再計算し $\bar{\alpha}=1.68\times10^{-24}\,\mathrm{cm}^3$ を得た．波長無限大に補外した屈折率からは水の $\bar{\alpha}$ として $1.444\times10^{-24}\,\mathrm{cm}^3$ が得られる（同上書）．

分極率は慣性モーメントや四極子モーメントと同様にテンソルであって，三主軸の方向に成分をもつ．上述の方法によれば α の三成分の平均値が与えられる．$\bar{\alpha}$ の値にカー（Kerr）定数とレイリー（Rayleigh）散乱の偏光解消度とを組合せれば α の三成分を導くことができる（Böttcher 1952）．水については Orttung and Meyers (1963) がカー定数を測定したが，水蒸気については，まだこれらのデータがない．彼らの研究は分極率の異方性が小さいことを示しており，したがって分極率の各成分は互いにあまり異ならないと考えられる．

分子内の電荷分子に関連して興味深い物理量のひとつに，原子核の位置における静電場の勾配がある．核が四極子モーメントを有する場合には，この量は四極子結合エネルギーに比例する．四極子結合エネルギーは，分子の純回転スペクトルの超微細構造から導き出すことができる(Orville-Thomas 1957; Kauzmann 1957)．重水素核が四極子モーメントをもつので，D_2O については重水素核に関するこの量を決定することができる．Posener(1960) による結果が重水素核の位置における静電ポテンシャル V の二次導関数として表1.5に与えられている．電場勾配もテンソルであって3つの主成分をもつ．

完全性を期するためにここで水の磁性に触れておこう．水は他の多くの低分子と同様に不対電子をもたず，したがって反磁性である．磁化率 χ はテンソルであって，各軸方向の成分は負の反磁性成分と正の常磁性成分の和として表される．すなわち $\chi_{xx}=\chi_{xx}{}^{\mathrm{d}}+\chi_{xx}{}^{\mathrm{p}}$ 等である．水分子の各主軸方向の常磁性成分が表1.5に与えられている．各成分に対する常磁性成分の寄与の大きさは知られていないが，その平均値 $\bar{\chi}^{\mathrm{d}}$ は磁化率の実測値から常磁性成分の平均値を差引くことによって計算される．水の平均磁化率

$$\bar{\chi}=\frac{1}{3}(\chi_{xx}+\chi_{yy}+\chi_{zz})$$

の値は -13×10^{-6} e. m. u. mol^{-1}(Selwood 1956) であり，この値は相変化によってごくわずかしか変化しない．水蒸気の $\bar{\chi}$ と水の $\bar{\chi}$ の差が水の $\bar{\chi}$ の15%以内であるとすれば，$\bar{\chi}^{\mathrm{d}}$ は

$$-14.6(\pm 1.9)\times 10^{-6}\ \mathrm{e.m.u.\ mol^{-1}}$$

である．式2.9が示すとおり，$\bar{\chi}^{\mathrm{d}}$ は $\langle r^2\rangle$ に比例する．第1.1(c) 節で与えた $\langle r^2\rangle$ の値は，この比例関係を用いて導いたものである．

(f) 分子エネルギーの比較

水分子の振動励起や解離，イオン化などの過程にともなうエネルギー変化の相対的な大きさについて知識を得ておくことは有用であろう．この節ではこれらのエネルギー変化量を比較する．われわれの目的は変化そのものを記述することよりも，その変化に要するエネルギーの大きさと，分子の全エネルギーに対するそれらの比率についての感覚を把むことにある．

まず，はじめに水分子の全エネルギーを確立しておこう．分子の全エネルギーは静止分子のエネルギーと無限に隔たった電子および無限に隔たった静止原子核のエネルギーの差として定義される．後者は電子の運動エネルギー，電子―電子，電子―原子核，および原子核―原子核のクーロン-ポテンシャルエネルギーから成る．全分子エネルギーは2段階に分けて計算される．(1) まず孤立した原子のエネルギーを決定する．これは3つの孤立した原子をそれぞれの孤立した原子核と電子から作るときの生成エネルギーである．基底状態にある2個の水素原子と1個の酸素原子のエネルギーの和は原子スペクトル (Moore 1949) から −2070.5 eV と決定される*．(2) この数値に水分子の結合エネルギーを加えて分子の全エネルギーを得る．結合エネルギーは −10.1 eV である (表1.1)．したがって分子の全エネルギーは −2080.6 eV となる．結合エネルギーは全エネルギーの0.5% 以下であることに注意しておこう．全エネルギーの数値は，それが量子力学的なエネルギー計算の結果と対応するものであるという点で重要である．じつは，量子力学的な計算において，エネルギーの計算値とこの値との一致の良し悪しが，近似的波動関数を選ぶひとつの重要な規準となるのである．

全エネルギーのうち原子核間のクーロン反発による部分は原子核の平衡位置と核電荷から容易に計算される．水分子についてこの値は 250.2 eV であり，正符号をもつ．全エネルギーのうちこれ以外の部分は**全電子エネルギー**と呼ばれ

* eV＝電子ボルト，1 eV＝23.0609 kcal $\mathrm{mol^{-1}}$．1 eV のエネルギー差は波数 8065.73 $\mathrm{cm^{-1}}$ の電磁波の吸収に対応する (Wagman *et al.* 1965)．

る．その値は全エネルギーから核間の反発による部分を差引いて -2330.8 eV となる．

ビリアル定理（例えば Kauzmann 1957）を使うと全エネルギーに対する電子の運動エネルギー E_k の寄与と電子間および電子-原子間のクーロン-ポテンシャルエネルギー E_p の寄与に分離することができる．ビリアル定理は分子が平衡配置にあるときに次の関係が成立することを述べる：

$$全エネルギー=-E_k=\frac{1}{2}(E_p+原子核間の反発エネルギー).$$

したがって $E_k=2080.6$ eV および $E_p=-4411.4$ eV である．

電子励起やイオン化などの電子過程に付随するエネルギーは結合エネルギーと同程度の大きさをもつ．水蒸気の真空紫外スペクトルに見られる2系列の吸収帯は酸素原子の非結合軌道からリュドベリ（Rydberg）軌道（分子全体のまわりをめぐる高エネルギー軌道）のうちの2つに電子を励起する過程に起因すると考えられている（例えば Bell 1965）．これらの吸収帯は 1240 Å と 1219 Å に原点をもっており，その励起エネルギーはいずれも，およそ 10 eV である．第1イオン化ポテンシャルすなわち，水分子にもつとも弱く結合した電子をとり除くに要するエネルギーは，これよりわずかに大きく 12.62 eV である．これはひとつの非結合電子を取り除くことに対応すると考えられている（Price and Sugden 1948: Watanabe and Jursa 1964）．水分子についてこれより高い3つのイオン化ポテンシャルが知らており，それらはおよそ 14, 16 および 18 eV にある（表1. 6）．これらの帰属はあまり明確になつていないが，第2と第4のイオン化は分子の解離をともなうと考えられている（Price and Sugden 1948）．内部電子はさらに強く束縛されており，したがってさらに高いイオン化ポテンシャルを有する．イオン化ポテンシャルおよび電子励起のエネルギーと比較するために解離エネルギーが電子ボルトの単位で表1. 6に与えられている．いずれの解離エネルギーも第1イオン化ポテンシャルの半分よりすこしばかり小さい．

今まで，われわれは水分子が静止した平衡状態にあるものと考えてきた．しかし第1. 1(d) 節で注意したように，分子はたえず振動している．低温においても水分子は 0.575 eV の零点振動エネルギーをもっており，温度が高い場合や，適当な電磁輻射がある場合には高い振動準位に励起される．最低の振動励

表 1.6　水の分子エネルギーの比較 (eV 単位)

(1)　0 K における生成エネルギー	−9.511†
(2)　零点振動エネルギー	+0.575‡
(3)　電子結合エネルギー＝(1)−(2)	−10.086
(4)　独立原子の基底状態エネルギーの和	-2070.46_5§
(5)　0 K における全分子エネルギー＝(3)+(4)	-2080.55_1
(5a)　運動エネルギーの寄与＝−(5)	+2080.6
(5b)　ポテンシャルエネルギーの寄与＝2×(5)−(6)	−4411.4
(6)　核の反発エネルギー	+250.2
(7)　全電子エネルギー＝(5)−(6)	−2330.8
1240 Å 帯への電子励起エネルギー	10.0
イオン化ポテンシャル：第 1	12.62‖
第 2	14.5±0.3‡
第 3	16.2±0.3‡
第 4	18.0±0.5‡
0 K における解離エネルギー	
H——OH	5.11
H——O	4.40
最低の振動遷移のエネルギー	0.198
最低の回転遷移のエネルギー	～0.005
沸点での蒸発にともなう 1 分子あたりの内部エネルギー変化	0.39
0°C での融解にともなう 1 分子あたりの内部エネルギー変化	0.06
−35°C での氷 I から氷 II への転移にともなう内部エネルギー変化	0.0007

† Wagman *et al.* (1965). この表を作るために換算係数を本文献からとった.
‡ 第 1.1 (d) 節
§ Moore (1949)
‖ Watanabe and Jursa (1964)
†† Price and Sugden (1949)

起状態への遷移には 1595 cm^{-1}, すなわちおよそ 0.20 eV のエネルギーが要る. その次に高い 3 つの振動状態に基底状態から励起するには, それぞれ 0.39, 0.45, および 0.47 eV のエネルギーが必要である. 振動遷移にともなうこれらのエネルギーはイオン化などの純粋に電子的な励起にくらべてはるかに小さいが, 他方, 回転準位間の遷移に必要なエネルギーにくらべるとはるかに大きい. 回転状態のエネルギーは ～0.005 eV 程度の小さいものである.

ついでながら, 水の相転移にともなうエネルギー変化も電子過程のエネルギーにくらべて小さい. 蒸発にともなう水の内部エネルギー変化は 100°C において 0.39 eV/分子であり, これはエネルギーの小さい振動遷移と同じ程度の大きさである. 氷 I の融解にともなう内部エネルギーの変化は 0.06 eV/分子,氷 I から氷 II への転移にともなう内部エネルギーの変化は −35°C，2100気圧において 0.0007 eV/分子である．

つぎに1モルの稀薄な水蒸気を室温に置いたとき分子がイオン化，解離，振動，および回転に関してどのような状態にあることが期待されるかを考察して，この節を終ることにしよう．よく知られているように，ある与えられた遷移に必要なエネルギーがボルツマン定数 k と絶対温度 T の積 kT にくらべて大きければ，熱攪乱によって高い方のエネルギー準位に十分大きい占有率をもたらすことはできない．室温における kT の値はおよそ 1/40 eV であり，これは最低の振動遷移のエネルギーにくらべて小さいから，この温度では大部分の水分子が振動の基底状態にある．容易に示されるように，300 K において振動励起状態にある分子は全体の 0.047% にすぎない(Brand and Speakman 1960)．同様の議論によって，電子励起やイオン化，解離などの状態にある水分子の数は極めてわずかであることがわかる．しかし，回転遷移に対してはそうではない．この場合，遷移エネルギーは kT にくらべて小さく，分子は一連の回転準位に分布している．室温において1% 以上の占有率をもつ準位が，およそ25もある．遠心力による分子の変形は 300 K において，予想される通り小さいものである．すなわち，平均結合距離は平衡値より約0.00082 Å だけ伸び，平均結合角は約 0.099° だけ減少する (Toyama *et al.* 1964)．結合角の減少は y^* 軸のまわりの回転に関連しているものと考えられる．

1.2　水分子：理論にもとづく記述

(a)　静電気モデル

水分子のモデルのひとつは少数の点電荷より成るもので，水分子のまわりの電場を記述することを目的としてよく使われる．電荷は平衡結合距離と結合角に合わせて置かれ，その大きさと符号は電気的中性の条件と双極子モーメントの実験値に合うように調節される．この種のモデルの例として図1.3(a) に示した Verwey(1941) のモデルがある．この節で述べる他のモデルと同様に，このモデルは分子間力の計算に使うことを目的として考えられたものである．このモデルでは $+6e$ の点電荷が酸素原子の位置に置かれ，$+\frac{1}{2}e$ の電荷が各水素核の位置に置かれる．ここで e はプロトンの電荷である．結合距離は 0.99 Å,

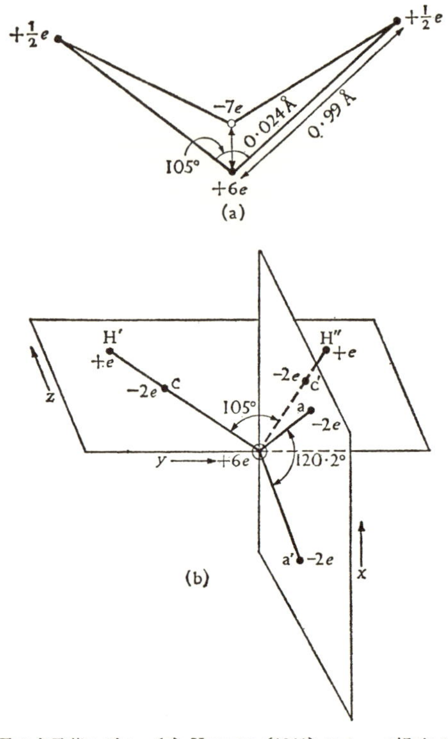

図 1.3　水分子の点電荷モデル．(a) Verwey (1941) によって提出されたモデル．(b) Pople (1951) によって提出されたモデル：酸素核から H, C および a までの距離はそれぞれ 0.97 Å，0.374 Å および 0.111 Å である．Hirschfelder, Curtiss, and Bird (1954) から再録．

結合角は 105° にとられている．また結合角の二等分線上，酸素核から 0.024 Å の位置に $-7e$ の電荷が置かれ，全体として 1.87 D の双極子モーメントを与える．もうすこし複雑なこの種のモデルが Pople(1951, 図 1. 3(b) 参照) によって提案された．このモデルは原子核のもつ電荷に加えて，各結合電子対と孤立電子対をも $-2e$ の点電荷で代表させる．これらの他に Bernal and Fowler (1933), Rowlinson (1951), Bjerrum (1951), Campbell (1952), Cohan *et al.* (1962) などの点電荷モデルがある．

これらのモデルは氷と水における分子間力の推定に使われたが，モデルが真の電荷分布を極度に単純化しているために，計算の結果得られた分子間力の確かさは明らかでない．これらのモデルが単純化しすぎていることは，その電荷分布のモーメントを考えれば明らかある．双極子モーメントについては，これらのモデルはすべて実験値と合うように作られているが，四極子，八極子モーメントを計算してみると，かなり正確と考えられる波動関数を用いて計算した結果と著しく——ときには符号すら——くいちがうことが知られている (Glaeser and Coulson 1965).

真の電荷分布をもうすこし正確に表現し，しかも分子間力の計算に便利なモデルとして Coulson and Eisenberg (1966 a) の用いた多極子展開モデルがある．このモデルでは電荷分布が点双極子，点四極子，および点八極子によって表わされ，これらはすべて酸素原子核の位置に置かれる．酸素原子核から r の距離にこのモデルが作る静電ポテンシャル $\mathscr{V}$ は次式で与えられる：

$$\begin{aligned}\mathscr{V}=&\frac{\mu_z\cos\theta}{r^2}+\frac{1}{2r^3}\{(Q_{zz}-Q_{xx})(1-3\sin^2\theta\cos^2\phi)\\&+(Q_{zz}-Q_{yy})(1-3\sin^2\theta\sin^2\phi)\}\\&+\frac{1}{2r^4}\{(R_{zzz}-3R_{zxx})(\cos\theta-5\sin^2\theta\cos^2\phi\cos\theta)\\&+(R_{zzz}-3R_{zyy})(\cos\theta-5\sin^2\theta\sin^2\phi\cos\theta)\}.\end{aligned}\tag{1.10}$$

ここで Q と R は分子の四極子および八極子モーメント，θ と ϕ は図 1.2 (b) に示した角である．球面座標系における電場の各成分は式 1.10 を r, θ, ϕ で微分することにより見出される．

これまで述べた単純なモデルは分子の近傍での静電ポテンシャルを大雑把には表わしているものの，分子そのものについては，われわれがすでに実験から知っていること以上には，ほとんど何も教えない．分子内の電荷分布についてさらに多くの知見とさらに詳しい描像を得るには，量子力学的モデルに向わなければならない

(b) 分子軌道論*

原子や分子の中での電子の運動を正確に記述する波動関数を得るには，その

* この節のはじめの部分は Coulson (1961) の記述に従っている．分子軌道論の概説についてはこの書物を参照されたい．

系のシュレーディンガー方程式を解くことが必要である．水分子についてこれは現在のところ未だ可能ではないので近似的な波動関数を与える方法によらなければならない．広く使われているのは反並行スピンをもつ電子対が分子軌道 Molecular Orbitals, m. o. s と略記）を運動するという考え方である．これらの m. o. s は各原子に属する原子軌道（atomic orbitals, a. o. s と略記）の一次結合から作られるということも仮定される．これらの m. o. s を使った単純な記述法でさえ水分子の電子分布についての有用な定性的描像を与え，その電子分布と平衡結合角，双極子モーメント，また水分子が凝相において四面体配位をとること等の間の関連を示してくれる．この節ではこの定性的な方法を考察する．もつと複雑な m. o. 波動関数から物理的諸性質を精しく計算することの議論は第 1. 2(d) 節に延ばすことにしよう．

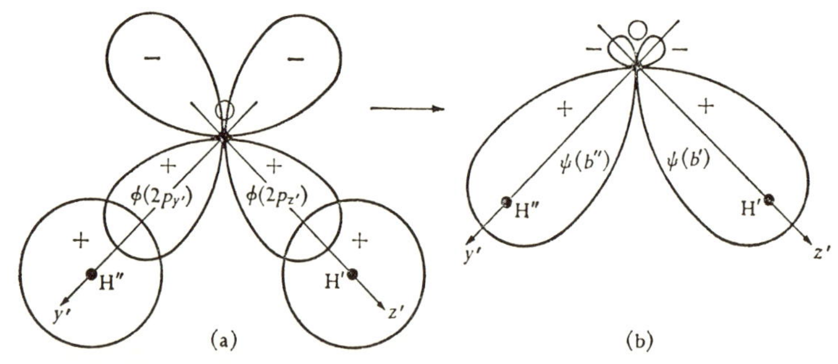

図 1.4　酸素の 2p 軌道と水素の 1s 軌道から作られる結合 m. o. s. Coulson (1961) より記号を変更して再録．

まず第一近似として，水分子の各 O-H 結合を酸素の 2p 軌道と水素の 1s 軌道とから形成された m. o. s によるものと考えてよいであろう．酸素に属する 8 個の電子のうち，2 個は核の近くに強く束縛された球状の 1s 軌道にあり，次の 2 個はすこし弱く束縛された，やはり球状の 2s 軌道にある．その次の 2 個は図 1. 4(a) の紙面に垂直な 2p_x 軌道にある．残りの 2 個は，同じく図 1. 4 (a) に示された 2$p_{y'}$ 軌道と 2$p_{z'}$ 軌道にひとつずつ入る．最後の 2 個は対になっていないので 2 個の水素原子の 1s 電子とそれぞれ結合して O—H 結合を形成することができる．2 つの O—H 結合の m. o. s は次式の形をもつ．

$$\psi(\mathrm{b'})=\lambda\phi(\mathrm{H'}:1s)+\mu\phi(\mathrm{O}:2p_{z'}), \qquad (1.11\,\mathrm{a})$$

$$\psi(\mathrm{b''})=\lambda\phi(\mathrm{H''}:1s)+\mu\phi(\mathrm{O}:2p_{y'}), \qquad (1.11\,\mathrm{b})$$

ここで ϕ は a. o. s であり，λ，μ はパラメーター，λ/μ は結合の極性をあらわすひとつの目安である．例えば $\phi(0:2p_{y'})$ は酸素原子の $2p$ a. o. s のうちy'-軸に向くものを示す．

もしこれらの結合性 m. o. s が水の O—H 結合を正確に記述するものであるならば，結合角は 90° であることが期待される．実測される結合角がおよそ 105° であるという事実は，この記述法が何か本質的な特徴を逸していることを示すものである．ひとつの可能性は水素原子のあいだの反発が大きくて，そのために結合角が増大するということである．しかしながら，水分子の振動に対するポテンシャル関数（式 1. 5）を用いて Heath and Linnett(1948) が示したように，この反発力は結合角の 5° 以上の増加を説明しえない．より重要な要因は結合の形成に際して酸素原子の $2s$ 軌道と $2p_{y'}$，$2p_{z'}$ 軌道が混合すること，いわゆる混成（hybridization）の効果であることを彼らは示唆した．これは結合角を広げ，酸素の軌道と水素の軌道の重なりを増大する．したがってより強い結合を作るという効果をもつ．

酸素原子の $2s$ と $2p$ 軌道の混成はもうひとつの重要な帰結をもたらす．すなわち，酸素の価電子対（混成する前の $2s$ および $2p$ 電子）を含む 2 つの軌道は酸素原子をはさんで水素原子と反対側に 2 つのふくらみをもつ．これらは孤立対混成軌道と呼ばれるが，分子面の上下に対称的に位置して結合混成軌道とおよそ四面体角をなす（図 1. 5 参照）．このように 2 つの正の頂点——水素原子——と 2 つの負の頂点——孤立対混成軌道——をもつという水分子の四面体的特徴が氷と水における四面体配位の起因となっているのである．Pople (1951) と Lennard-Jones(1951) は，このような水子分の重要な構造的特徴を認識することによって図 1. 3(b) の点電荷モデルへと導かれたのである．

Pople(1950) と Duncan and Pople(1953) は，a. o. s の一次結合の方法を使って水分子の混成 m. o. s に対する表示式を定式化した．孤立対混成軌道 l' と l'' の表示は次式で与えられる：

$$\phi(l')=\cos\epsilon_l\phi(\mathrm{O}:2s)+\sin\epsilon_l\phi(\mathrm{O}:2p[l']), \qquad (1.12\,\mathrm{a}),$$

$$\phi(l'')=\cos\epsilon_l\phi(\mathrm{O}:2s)+\sin\epsilon_l\phi(\mathrm{O}:2p[l'']), \qquad (1.12\,\mathrm{b}),$$

ここで ϵ_l は混成の程度を表わす定数，$\phi(\mathrm{O}:2p[l'])$ は酸素の l' 方向に伸びた $2p$ 軌道である（図 1. 5 参照）．結合 b′，b″ の m. o. s は酸素の混成軌道と水素

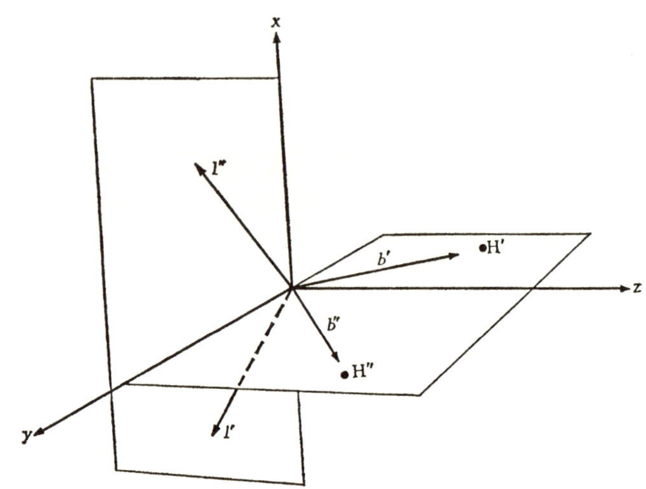

図 1.5 水分子の混成軌道の近似的な方向：b', b'' は結合混成軌道；l', l'' は孤立対混成軌道.

の 1s 軌道の一次結合である．すなわち,

$$\phi(b')=\lambda[\cos\epsilon_b\phi(\mathrm{O}:2s)+\sin\epsilon_b\phi\{\mathrm{O}:2p(b')\}] + \mu\phi(H':1s), \qquad (1.13\,\mathrm{a}),$$

$$\phi(b'')=\lambda[\cos\epsilon_b\phi(\mathrm{O}:2s)+\sin\epsilon_b\phi\{\mathrm{O}:2p(b'')\}] + \mu\phi(H'':1s), \qquad (1.13\,\mathrm{b})$$

ここで ϵ_b は混成の程度をあらわし, λ/μ は結合の極性をあらわす．Duncan and Pople は原子軌道に対するスレイター（Slater）の表示式，m. o. s の直交条件，結合距離，結合角，および双極子モーメントの実験値を用いて式 1. 12, 式 1. 13 の定数を決定した．彼らは $\cos\epsilon_b=0.093$ を得たが，これは結合軌道が主として原子の p-関数より成ることを示している．また $\cos\epsilon_l$ の値は 0.578 であって，孤立電子対が近似的に sp^3 の特徴をもつことを示す．孤立対混成軌道の間の角は 120.2° である．Duncan and Pople は結合軌道が水素原子の方向を向いていると仮定したが，もっと精しい波動関数によると厳密にはそうではない．

図 1. 6 は Duncan and Pople の波動関数と，ほとんど同じ波動関数に対する H—O—H 面での価電子密度の等高線図である．高い電子密度が見られるのは原子の近く，結合に沿った位置および孤立対のある領域である．最近の計算によると Duncan-Pople の波動関数は酸素原子の近くの領域で水素原子に向う

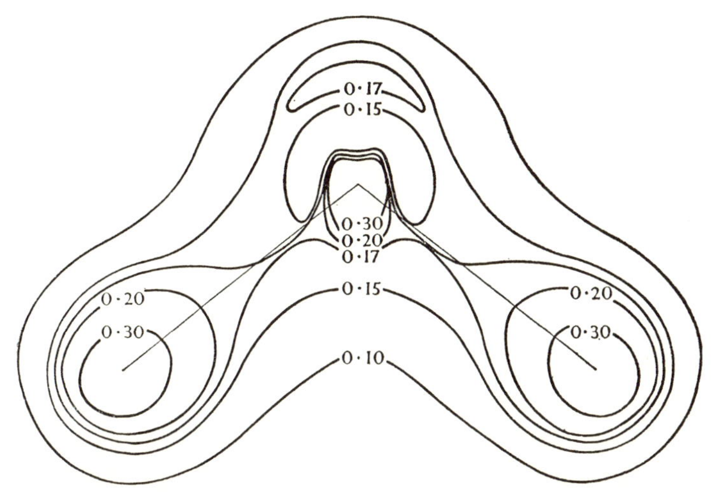

図 1.6　電子密度等高線図．$y-z$ 面における荷電子密度を Duncan and Pople の波動関数と類似の関数にもとづいて示す．密度は原子単位で与えられている．Bader and Jones (1963) より．

方向に沿った電子密度を過小評価し，その反対の方向で過大に評価している．最近の計算については次節で要約する．

Pople(1950) は結合角が平衡値からずれたときに生ずる電子構造の変化を解析した．結合角の増大につれて $\cos\epsilon_b$ が増大し，したがって酸素の $2s$ 軌道の寄与が増大する．同時に $\cos\epsilon_l$ が減少し，したがって孤立対混成軌道に対する $2s$ 軌道の寄与は減少する．その結果，孤立対間の反発エネルギーが増大する．結合角がさらに増大すれば孤立対と結合の間の角が減少して反発的な相互作用はさらに増大する．同様にして，結合角が平衡値から減少すれば混成結合軌道間の反発的相互作用が増大する．Pople によれば，平衡結合角と孤立対間の平衡角を決定しているのは，おおむねこれらの反発力である．

式 1.12 を用いて分子の極性にいずれの軌道がどの程度に寄与しているかを決定することもできる．水の結合軌道の第一近似（式 1.11.a, b）において，分子の双極子モーメントは結合のモーメントと核のモーメントのみから生ずる．それは他の電子の軌道（酸素の $1s$, $2s$ および $2p_x$ 電子）が酸素原子のまわりに対称的であり，全モーメントに寄与しないからである．しかし混成軌道が作られると，それらは酸素原子のまわりに対称的でないからモーメントに寄与しう

る (Coulson 1951). 全モーメントを 1.84 D ととることにより Duncan and Pople(1953)は孤立対軌道，結合軌道および核の寄与としてそれぞれ 3.03 D, −6.82 D および 5.63 D を得た．もっと複雑な波動関数によると孤立対のモーメントはこれほど大きくなく，全モーメントの幾分かを説明する程度である．

(c) 電子密度分布

電子密度分布を決定する条件を，その電子分布から核が感じる力の考察から導びくとすれば，水分子の電子分布についてやや異った描像が立ち現われる．この方法は，分子が平衡状態にあるとき各原子核に作用する力が零であることを利用する．さて，ひとつの原子核に他の原子核がおよぼす力は反発力であるから，電子電荷はこの反発力をちょうど打消すように分布しなければならない．Bader (1964 a) はヘルマン-ファインマン (Hellmann-Feynman) の定理*と呼ばれる関係式を用いて，電子電荷が水分子の結合領域と名づけられる領域に存在するときには核間の反発力に逆らって分子の形成を促すということを示した．この領域外の電子電荷は反結合領域にあると言われる．この領域にある電荷はすくなくともひとつの原子核間距離を増大させる傾向にあり，したがって

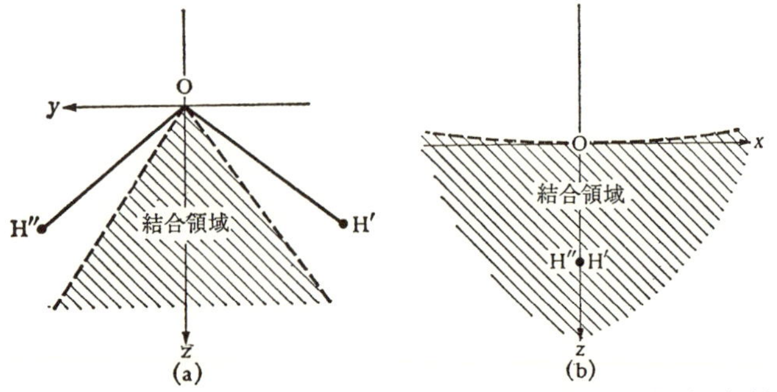

図 1.7 Bader (1964 a) による水分子の結合領域．破線は結合領域（斜線の部分）と反結合領域の境界を示す．(a) 3 つの原子核を含む面．(b) $x-z$ 面．

原子核相互を引き離そうとする．図 1.7 は水分子の結合領域と反結合領域を図示したものである．分子面内では（図 1.7(a)）原子核の間の領域が大部分結合領域であり酸素核を頂点として 76° の扇形部分に広がっている．分子の $x-z$

---

* Hellman-Feynman の定理は次のことを主張する．すなわち，孤立分子において原子核に作用する力は他の原子核からの静電気力と（量子力学的な）電荷密度から生ずる古典的な力の和である．

面で見れば（図1.7(b)）結合領域と反結合領域の境界は x 軸に極めて近く，結合領域は z 軸の正の部分に対応する．

こうしてわれわれは，分子が安定に存在するために電子電荷が集っていなければならない領域の輪郭を描き出すことができた．Bader(1964 a) は水分子の波動関数として提出される関数の良し悪しを判断する基準がこれから得られることを指摘した．すなわち妥当性のある波動関数は核間のクーロン反発力に打勝つに十分なだけの電子電荷が結合領域に集中していなければならないのである．Bader は波動関数のテスト法として次のような手続きを展開した．彼はまず酸素原子および水素原子の電荷分布（$\rho_0(\boldsymbol{r})$ で表わす）をそのままに保ちつつ水分子における位置に置いたのでは結合領域に十分な電荷が集中せず，したがって核の反発力に打勝てないことに注目した．つぎに彼は多少とも正確な波動関数は原子分布 $\rho_0(\boldsymbol{r})$ より多くの電荷を結合領域にもたねばならないとする．ある波動関数による電荷分布を $\rho(\boldsymbol{r})$ で表わすとしよう．そうすれば，次の量

$$\Delta\rho(\boldsymbol{r})=\rho(\boldsymbol{r})-\rho_0(\boldsymbol{r})$$

は電荷密度 ρ が水分子を正しく記述するものであれば結合領域において正でなければならない．提出された電荷密度が結合領域において負の $\Delta\rho$ を与えるとすれば，ρ のもととなる波動関数は水分子の正しい記述ではありえないのである．

水分子の電荷密度分布として受けいられうるものがどのような特徴をもたねばならないかを決定するために Bader (1964 a) はいくつかの波動関数について $\Delta\rho$ を計算した．彼は Duncan and Pople (1953) の波動関数と類似の波動関数が結合領域で負の $\Delta\rho$ を与え，したがって水を記述するものとして十全であるとは言い難いということを見出した．しかし，彼は Duncan and Pople の波動関数にいくつかの修正をほどこすことによって結合領域に正の $\Delta\rho$ を生じさせることができた．彼のおこなった修正は，次のようなものである．

1. 水素原子と重なり合う酸素軌道の s-性格を大幅に減ずること．これによって酸素の結合軌道間の角度が H—O—H 角より小さくなりうる（言いかえれば，O—H 結合に関与する電子密度が酸素と水素を結ぶ直線より内側に曲げられる）．
2. 結合性 m.o.s をある程度まで非局在化させること（言いかえれば，結合

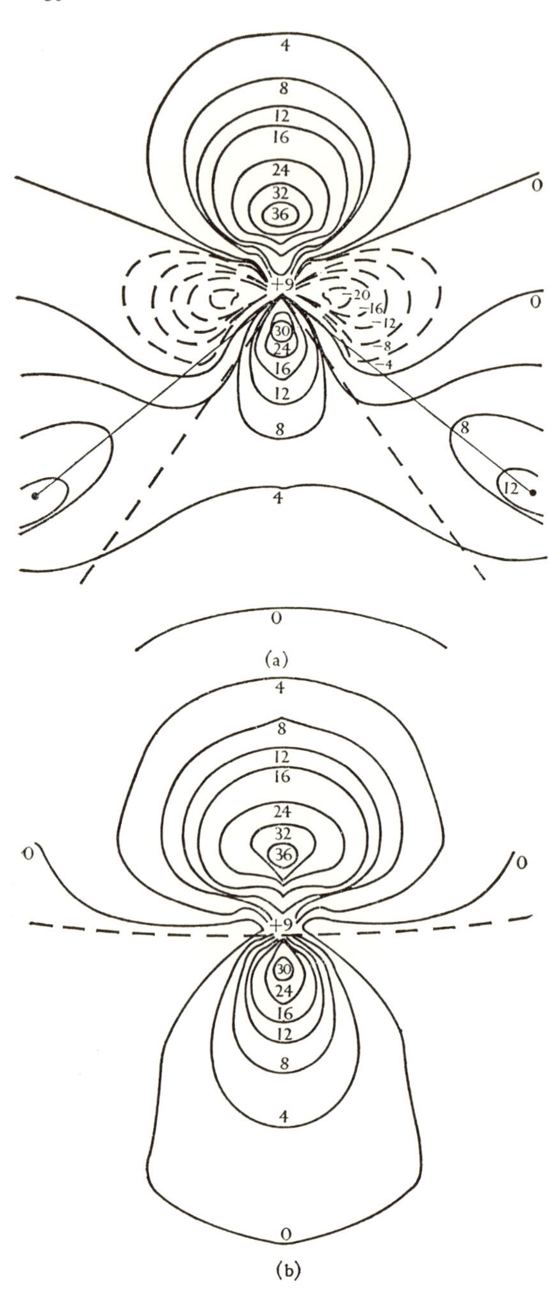

図 1.8　彎曲した結合をもつ Bader の電荷分布に関する $\Delta\rho$ のプロット（本文参照）．$\Delta\rho$ は原子単位×100 で表わされている．(a) 3 つの原子核を含む面．水素核は酸素核より出る 2 本の直線の端に位置する．破線ではさまれた部分が結合領域である（図 1.7(a) 参照）．(b) $x-z$面，破線は結合領域と反結合領域の境界を示す（図 1.7(b)参照）．

が2原子の間に局在することを必ずしも要求しない).

3. 孤立対軌道をほとんど純粋の sp_x 混成とすること．したがって孤立対間の角度はほとんど180°となる（言いかえれば，孤立対は分子面の上下に向いており，面内でプロトンに対して反対の方向にはほとんど成分をもたない).

図1.8はこれらの修正をほどこした後の電荷分布について $\Delta\rho$ のプロットを示したものであって，結合領域全体にわたって $\Delta\rho$ が正であることがわかる．この電荷分布について酸素からの結合混成軌道は97％まで p-性格であり，その結合混成軌道間の角度は64°である．これは各結合がおよそ20°だけ内側に

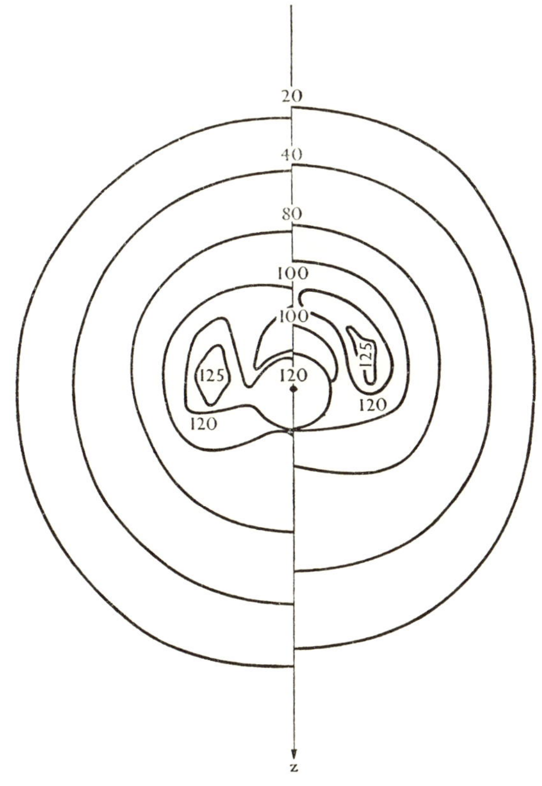

図 **1.9**　左半分は彎曲した結合をもつ Bader の電荷分布の $x-z$ 面における全価電子密度を示す．右半分は同様のプロットを sp^3 混成の結合と孤立対について作ったもの．Bader (1964 a) より．

表 1.7 波動関数から計算

著者	波動関数の形	全エネルギー eV[b]	結合エネルギー eV
Ellison and Shull	SCF m. o.		
(1955)	(a) 分子の形を実測に合わした場合	−2062.5	−7.7
	(b) 最良エネルギー	−2063.0	−7.2
Pitzer and Merrifield (1966)	Ellison and Shull と同じ，積分の評価をより正確にした.	−2058.59	
McWeeny and Ohno (1960)	7 個の配置の間の相互作用を考慮	−2061.5	−6.3
Moccia (1964)	酸素を中心とした 1 中心 SCF m. o.	−2065.85	
Hake and Banyard (1965)	酸素を中心とした融合原子	−2041.16	
Moskowitz and Harrison (1965)	SCF m. o.		
	(a) 952/32 基底[e]	−2069.11	
	(b) 95/31 基底[e]	−2068.87	
Bishop and Randic (1966)	19 の行列式よりなる 1 中心 m. o.	−2064.18	
Whitten, Allen, and Fink (1966)	ガウス基底による SCF m. o.	−2068.05	
Pitzer (1966)	(a) Ellison and Shull の波動関数. 軌道の指数部分を実在構造において最適化	−2059.88	
	(b) 同上，ただし，各構造において指数部分を最適化	−2059.95	−4.49
実験値		−2080.55	−10.1

[a] カッコで括った分子構造に関する数値は計算の際に仮定されたもの.

[b] 原論文において原子単位で与えられたエネルギーを eV に換算した. 換算系数 1a.u.=27.210

[c] Hake and Banyard によって報告された平均反磁性磁化率から計算したもの.

[d] Eisenberg *et al.* (1965).

[e] この記号については原論文を参照されたい.

[f] 原論文では $2(k_{\bar{r}}+k_{\bar{r}}')$ が報告されている：$k_{\bar{r}}'$ の実験値と組合せて本書の著者が $k_{\bar{r}}$ を計算した

[g] C. W. Kern による計算.

[h] S. Aung. R. M. Pitzer, and S. I. Chan による計算.

した物理的性質の値[a]

結合長 Å	結合角 度	双極子モーメント D	第1イオン化ポテンシャル eV	力定数 10^5 dyn cm^{-1}	その他の物理量 $\langle r^2\rangle$
(0.958)	(105)	1.52	11.79		$\langle r^2\rangle=5.4$[c] $\times 10^{-16}$ cm^2
(0.958)	120	1.32	11.64		
(0.958)	(105)	1.434			
(0.958)	(105)	1.76			$\langle r^2\rangle=5.4$[d]
0.9599	106.53	2.085	12.73		$\langle r^2\rangle=5.5$[c]
(0.958)	(105.05)				$\langle r^2\rangle=4.4$[c]
(0.958)	(105)	1.99	13.7		
0.958	108.4	2.44	14.5	$k_{\bar r}=9.8$[f]	
0.91	(105)			$k_{\bar r}=8.9$[f]	
(0.969)	112	2.50			
(0.9572)	(104.52)	1.916[g]		(b) について： $k_{\bar r}=8.26$ $k_{\bar r}'=-0.19$ $k_a=1.22$	(a) について，重陽子の位置での電場勾配：[h] $\partial^2 V/\partial z'^2=1.69$ $\times 10^{15}$ e. s. u.
0.990	100.32			$k_{\bar r\alpha}=0.36$	$\partial^2 V/\partial y'^2=-0.74$ $\partial^2 V/\partial x'^2=-0.95$
0.9572	104.52	1.83_4	12.62	$k_{\bar r}=8.45$ $k_{\bar r}'=-0.10$ $k_\alpha=0.76$ $k_{\bar r\alpha}=0.25$	$\langle r^2\rangle=5.1\pm 0.7\times 10^{-16}$ cm^2

eV.

した.

曲っていることを意味する．酸素の孤立電子対は50％の $2s$ 性格と50％の $2p$ 性格をもつ．図1.9の左側にこの同じ分布の x―z 平面内の全価電子密度が示されている．同図の右側は他の電荷分布に対する同様のプロットである．この分布では酸素原子の孤立対も結合混成軌道もともにほぼ sp^3 の性格をもち，その結合混成軌道は水素原子に向いている．この分布は結合領域に負の $\Delta\rho$ を与え，したがって妥当性を欠いている．妥当性のある分布の孤立対間の角度は妥当性を欠くものにくらべてかなり大きいことが注目される．

Bader の結論によれば，水の波動関数として妥当性のあるものはその電荷分布が次のような特徴をもたねばならない：孤立対軌道は sp 混成に性格をもつこと，酸素の軌道のうち水素と重り合うものはほとんど純粋の $2p$ 軌道であること，そしてこの軌道のなす角は H—O—H 角よりかなり小さいことである．この結論はもっと複雑な Ellison and Shull の波動関数(Ellison and Shull 1955, Burnelle and Coulson 1957）によって支持されている．この波動関数によれば，孤立対の $2p$ 性格は53％，酸素の結合軌道の $2p$ 性格はほとんど100％，その間の角度は69°である．

（d） 正確な波動関数と物理的性質の計算

分子の性質の計算は，極めて正確な波動関数と手のこんだ計算技術を要する．正確な波動関数を必要とする理由は，化学者に興味のある性質の大部分が全分子エネルギーにくらべて小さいエネルギー変化に関連しているということである．例えば水分子の電子結合エネルギーを ±50％ の正確さで計算しようとすれば，全分子エネルギーを ～0.25％ 以内に正しく計算しなければならない．この程度に正確な計算は，過去数年の間に可能となった．それは計算の技術が発達して，エネルギーや，その他の性質の量子力学的表示式に含まれる困難な積分の計算が可能となったからである．つぎに，水について今までに工夫された最もよい波動関数のいくつかと，それから計算される物理的性質を簡単に考察しよう．表1.7これらの波動関数と計算された諸性質をまとめて示す．

Ellison and Shull(1955) の研究は，水分子の正確な記述を定式化しようとする初期の試みに属するのである．Ellison and Shull は分子軌道関数を作るにあたつて a. o. s を7種の“対称軌道”に分類した．これらは Slater の a. o. s の一次結合であって，それぞれ分子の対称群の既約表現に属するように作られている．つぎに同じ対称性をもつ対称軌道の一次結合をとって m. o. s が作られる．最低エネルギーを与える対称軌道の係数は Roothaan (1951) の方法によって決定される．この手法はしばしば SCF(Self Consistent Field, 自己無撞着場) m. o の方法と呼ばれる．この扱いでは10個の電子がすべて考慮され，いくつかの多中心積分が，近似される以外すべての積分は計算の中に残されている．波動関数 Ψ の数学的表現は次の行列式である．

$$\Psi=\frac{1}{\sqrt{10!}}\begin{vmatrix} \phi_1(1) & \phi_1(2) & \phi_1(3) & \cdots\cdots & \phi_1(10) \\ \bar{\phi}_1(1) & \bar{\phi}_1(2) & & \cdots\cdots\cdots\cdots\cdots & \bar{\phi}_1(10) \\ \vdots & & & & \vdots \\ \bar{\phi}_5(1) & \bar{\phi}_5(2) & & \cdots\cdots\cdots\cdots\cdots & \bar{\phi}_5(10) \end{vmatrix} \tag{1. 14}$$

ここで，例えば $\phi_1(2)$ は第2番目の電子によって占められた第1番目の分子軌道を表わす．バー付きの軌道にある電子は同じ番号のバーなしの軌道にある電子と逆向きのスピンをもつ．この種の波動関数は例えばイオン化エネルギーなどの性質の計算には有用であるが，m. o. s が分子内の特定の位置に局在化していないので全体の様子を視覚化することが難しい．Ellison and Shull と Burnelle and Coulson はいずれも波動関数を変換してもっと局在化した等価軌道に直している．これらの計算によると孤立対は全モーメントに対し 1.69 D の寄与をなし，また，前節で論じたように結合は内側に曲っていることが示される．

Pitzer and Merrifield(1966) は分子積分の計算に新しい方法を用いて Ellison and Shull の波動関数からさらに高い確度で物理的性質を計算した（表1. 7参照）．Pitzer(1966) はさらに a. o. s の指数関数を最適化したのち，種々の性質を計算した（Ellison and Shull は軌道の指数関数部分を Slater の規則にもとづいて定めていた）．その結果得られた双極子モーメント，力定数，および電場勾配の値は実験値とよく一致するものである．

McWeeny and Ohno (1960) は結合と孤立対の局在化に留意して，いくつかの波動関数を作った．彼らは Ellison and Shull と同じ a. o. s を使ったので，以前の研究から積分値を利用することができたが，これらの積分は近似法によって計算されたものであるから，彼らの数値的な結果は，すこしばかりの不確かさをまぬかれないことは注意する必要がある．McWeeny and Ohno は水素と酸素の 7 個の a. o. s を混成して新しい 7 個の a. o. s を作った．それらは互いに直交しており，空間的な方向は次のようなものである．すなわち，7 個のうち

（1） 4 個は 2 対の組を作って重なり合い，結合を記述する．

（2） 2 個は等価な 2 つの孤立対を記述する．

（3） 1 個は酸素の内殻を記述する．

この新しい a. o. s から彼らは順次に複雑な 7 つの異なる波動関数を作った．そのうち 3 つは Ellison and Shull の関数と類似の SCF 波動関数であり，2 つは配置間相互作用をとりいれた波動関数である．配置間相互作用は電子がいくつかの対を作る効果を考慮するものである．表 1. 7 に 7 個までの配置から作られる波動関数にもとづいて物理的性質が計算されている (c. i. 7 波動関数)．この波動関数は 8 個の行列式の和であり，その行列式のひとつは式 1. 14 と同様のものである．

幾人かの研究者は同じ点に中心をもつ a. o. s から m. o. s を作ることによって，多中心積分の計算という困難な問題を迂回して通った．この方法には，新たな困難がつきまとっている．すなわち，分子の電荷分布をよく表現するためには非常に数多くの a. o. s が必要となる．Moccia (1964) は酸素原子核を中心とする Slater 類似の関数の一次結合によって水の m. o. s を表現した．彼は全部で 28 個の Slater 類似関数を用い，m. o. 中でのそれらの係数を Roothaan の方法によって決定した．彼の波動関数は水の全エネルギーと平衡構造を極めて正確に与えるものである．

Hake and Banyard (1965) と Bishop and Randić (1966) も水分子の一中心波動関数を提出した．Hake and Banyard の波動関数は Moccia のものと同じく単一の行列式関数であるが，各 m. o. s が唯一の a. o. から成るという点ではるかに単純なものである．a. o. の指数関数部分は全エネルギーを最低にするように決められる．Bishop and Randić の波動関数は 19 個の行列式より成っており，その各々は Slater 類似の軌道から構成されている．

Moskowitz and Harrison (1965) と Whitten, Allen and Fink (1966) は，多中心積分の問題を別の面から攻究した．彼らは m. o. s をガウス関数の一次結合で表現した．ガウス関数を含む多中心積分は，Slater 軌道を含むものよりは

るかに容易に計算される. Whitten *et al.* は各 m. o. 中のガウス関数を前もってグループ分けし，その係数を変分法で決定することにより，水分子の全エネルギーとして，よい数値を得た. Moskowitz and Harrison は，さまざまな基底関数の組による計算を報告している. そのうちの2種の波動関数による結果が表1.7に与えられている.

(e) 電荷分布: まとめ

水分子の電荷分布に関する議論は，この章のあちこちに散在しているので，いくつかの重要な点をここでまとめておくと便利であろう. 分子の電荷分布は，核の作る面内に限られているのではない. それは，図1.6, 1.8, 1.9の等高線図や，四極子，八極子モーメントの値によって示されるとおりである. したがって電荷を平面内に配置することによって水分子の電荷分布を表現しようとするモデルは，いかなるものであっても不適当である. また，水分子の分極率が，ほとんど等方的であるという実験的な証拠も，平面的な電荷分布が非現実的な描像であることを示している.

水分子の構造の目立った特徴は2つの孤立電子対のふくらみである. これらのふくらみは分子面の上下に突出しており，おそらく水素と反対側にある程度傾いていると考えられる. これはこのふくらみが分子の双極子モーメントに寄与することを意味するが，その寄与の大きさに関しては議論の決着がついていない. 全モーメントだけが観測可能な量であって，その寄与だけを実測することはできないのである. もし孤立対が双極子モーメントに寄与するとすれば，分子の全モーメントが2つの結合モーメントのベクトル和のみから成ると考えることはできない. 同様に孤立対は疑いもなく極めて分極しやすいから，分子の各方向での全分極率に寄与する. 分子が振動する間に全双極子モーメントと分極率の瞬時値は変化するが，これらの性質に対する孤立対の寄与も，核の動きにともなって混成の様子が変化するために，おそらく変化するであろうと考えられる.

水分子の2本の結合もいくつかの興味深い性質をもっている. まず第一に，注意深い計算によって示されるとおり各結合は酸素と水素とを結ぶ直線にはなく内側に曲っている. 分子軌道論的に言えば酸素原子の結合軌道どおしのなす角は H—O—H 角より小さいということである. また，2本の結合は独立ではない．これは，それらの解離エネルギーに差があること，および，振動スペクトルの解析から示されるように一方の結合距離の平衡値が他方の結合距離に依存することから明らかである．また，理論的な面では，結合電子が完全に局在化しているとして扱ったのでは妥当な結果が得られないということからも，うらづけられる．

第2章　水　蒸　気

分子間相互作用のない，理想気体分子としての水の性質を前章で論じ終えたので，次に実在水蒸気を考察しよう．氷や水の性質と同様に，水蒸気の性質は分子間力に依存する．事実，水分子の分子間相互作用に関する知見の重要なものは水蒸気の研究にもとづいていることが多いのである．この章では，まず種種の分子間力の起因と水蒸気の第2，第3ビリアル係数に対するそれらの関係を考察する．次に実在水蒸気の熱力学的性質を詳しく論じる．粘性や熱伝導率のような性質は論じない．それは，これらの性質が氷や水，ないしはその分子間力を理解するうえで，現在のところ非常に有用であるとは言い難いからである．

2.1　水分子の間に働く力

(a)　力の起因と書き表わし方

分子 A と B の間に働く相互作用の力をポテンシャル関数 U_{AB} によって表

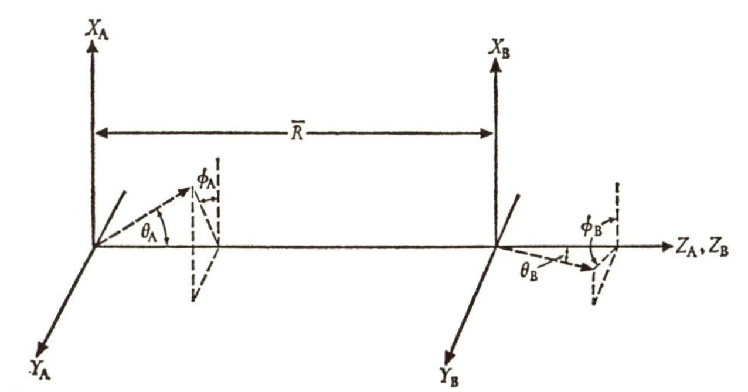

図 2.1　2つの双極子分子の間の距離と相互の配向を表現する座標．破線の矢印は双極子モーメントの方向を示す．

わすのが便利である．この関数は分子間距離 $\bar{R}$ に依存し，さらに極性物質の場合には分子相互の配向にも依存する．分子の配向は図 2.1 に示した角度で表現される．A と B の中心を結ぶ線に沿っての力 F_{AB} は次式で与えられる．

$$F_{AB}=-\frac{\partial U_{AB}(\bar{R},\ \text{角座標})}{\partial \bar{R}}. \tag{2.1}$$

力の総和が引力であれば U_{AB} の符号は負である．分子が相互におよぼし合うトルクは，U_{AB} を角座標で偏微分することによって与えられる．

この節では，1 対の水分子の間に働く相互作用ポテンシャルの関数型を論じる．この関数についての知見はビリアル係数の実験値の統計力学的解釈，分子モデルにもとづく計算，および，より簡単な系からの類推等から得られたものである．この知見は以下でわかるように完全なものとは程遠い．そのうえいくつかの水分子の集り全体のポテンシャル関数はそのすべての分子対のポテンシャルの単なる和で与えられるという保証もない．言い換えれば水分子の間の力は**分子対に関して加算的**であるとは限らないのである．したがって，たとえ完全に正確な U_{AB} を用いても，第 2 ビリアル係数のように 1 対の分子の相互作用だけで決まる性質のみが正確に予言されるだけである．しかし，さいわいに

表 2.1　水の分子間力の特性

力の種類	ポテンシャルエネルギーの $\bar{R}$ 依存性		引力 (−) と反発力 (+) の区別	対に関する加算性
	静止分子	回転分子		
遠達力				
静電気力			−または+	有
双極子−双極子	$\bar{R}^{-3}$	$\bar{R}^{-6}$		
双極子−四極子	$\bar{R}^{-4}$	$\bar{R}^{-8}$		
四極子−四極子	$\bar{R}^{-5}$	$\bar{R}^{-10}$		
双極子−八極子	$\bar{R}^{-5}$	$\bar{R}^{-10}$		
誘起力				
双極子−誘起双極子	$\bar{R}^{-6}$	$\bar{R}^{-6}$	−	無
分散力†	$\bar{R}^{-6}$	$\bar{R}^{-6}$	−	有
近距離力				
重なりによる反発	$\sim e^{-\rho\bar{R}}$ または $\sim \bar{R}^{-n}$		+	ほとんど成立する
水素結合	複雑		−	無

† 分散力の $\bar{R}^{-6}$ に比例する項は級数展開の第 1 項である．その次の項は $\bar{R}^{-8}$ に比例する．

も，分子間力の成分のうち多くのものについては分子対に関して近似的に加算性が成立する（表2.1）．それゆえ多数の分子の相互作用に依存する物性も，われわれがここで論じるポテンシャル関数を使うことによって半定量的に解釈することができるのである．

U_{AB}の関数形を詳しく調べる前に，その一般的な性格を述べておくのがよいであろう．分子が無限に距っているときU_{AB}の値を零とする．2つの水分子が

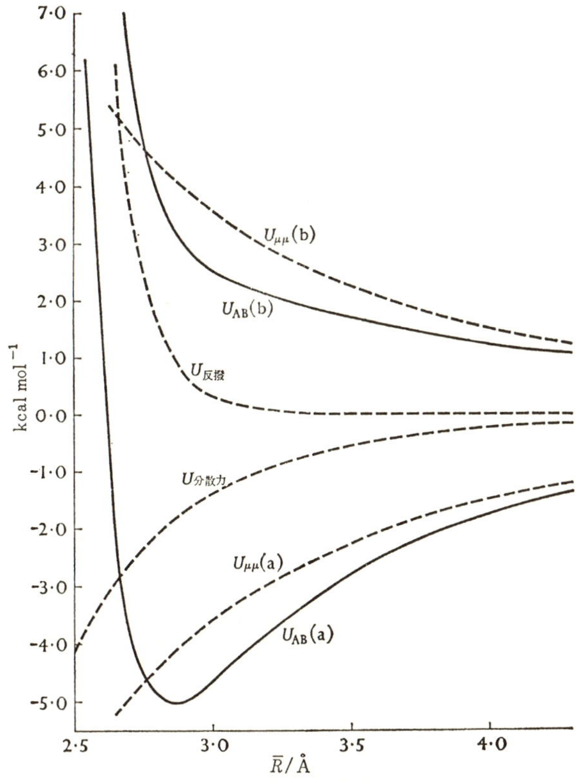

図 2.2　固定した相互配向に対する2個の水分子の相互作用ポテンシャルエネルギー．Stockmayer のポテンシャル（式2.17）に従って描いたもの．下の実線 U_{AB} (a) は平行な双極子モーメントをもつ一対の分子の全ポテンシャルエネルギー；上の実線 U_{AB} (b) は反平行な双極子モーメントをもつ一対の同様の曲線．破線は全ポテンシャルエネルギーに対する分散力，反発力，および双極子—双極子力の寄与である．Stockmayer の関数において分散力と反発力は分子相互の配向に依存せず，したがって U_{AB}(a) と U_{AB}(b) のいずれにも同じ寄与をする．

分子直径の数倍程度にまで近づいたとき，U_{AB} は分子相互の配向に依存して正（分子間の反発力）もしくは負（分子間の引力）の値をとる．水蒸気が凝縮することから，U_{AB} の平均値は負であって，水分子は互いに引合っていることは明らかである．分子間の距たりが非常に小さいときには分子相互の向きによらず U_{AB} は正である．水や氷が有限の体積をもつことから，これは明らかである．また氷の小さい圧縮率は分子間距離の小さいところで U_{AB} が急激に増大することを示す．これらの全般的な特徴を図 2.2 の実線で図示した．

遠　達　力

2 分子間の力はいくつかの成分に分けて考えられ，U_{AB} は各成分を表わす項の和となる．力の成分は遠達力と近距離力に分けて考えられる．近距離力は 2 分子の電荷雲が重り合うときに作用する力であって，これは後で論じる．遠達力は，孤立分子の性質にもとづいて厳密に記述されるべきものである．量子力学のことばで言えば，これは分子が遠くに距たっていて，その間に電子の交換が起らず，したがってこの 2 分子系の波動関数が孤立分子の波動関数の積で書き表わされる場合に相当する．U_{AB} に対するこれらの力の寄与の導出法は Hirschfelder *et al.* (1954) によって与えられている．

ここでは，われわれは，その結果のみを考察しよう．基底状態にある 2 つの水分子の間の遠達力は静電気力，誘起力，および分散力である．分子間距離が大きい場合には，静電気力が圧倒的に大きい．これは，分子の永久電気モーメントに起因するものである．ポテンシャル関数への静電気力の寄与は次式で表わされる．

$$U_{\text{静電的}}=U_{\mu\mu}+U_{\mu Q}+U_{QQ}+\cdots\cdots. \tag{2.2}$$

右辺の各項は分子間距離と相互の角度，および分子の電気モーメントの大きさに依存する．

式 2.2 の第 1 項は 2 分子の双極子相互作用を表わし，最も重要な項である．その形は次式のとおりである．

$$U_{\mu\mu}=\frac{\mu^2}{R^3}\{\sin\theta_A\sin\theta_B\cos(\phi_A-\phi_B)-2\cos\theta_A\cos\theta_B\} \qquad (2.3)^*$$

* この式およびこの節の以下の各式において，電気モーメントを静電単位で，また，その他の量を CGS 単位で表わすことにする．そうすればポテンシャルエネルギーはエルグで与えられる．これは 1.44×10^{12} を乗ずることにより kcal/mole-of-interaction の単位に変換される．

$$= \frac{\mu^2}{\bar{R}^3} \times f, \tag{2.3a}$$

ここで f は中括弧でくくられた角の関数である．μ は孤立分子の双極子モーメント，角のとり方は図2.1に示されたもの，また $\bar{R}$ は分子間距離である．この章では $\bar{R}$ として酸素原子間の距離をとることにする．表2.2にいくつかの分子間距離と配向について $U_{\mu\mu}$ の値を挙げた．エネルギーが最大（引力が最小）になるのは図2.3(b) に示したように双極子が頭をつき取わせた配向であり，また最小になるのは同図 (a) のように頭と尾を突き合わせている場合で

表2.2　2つの水分子の相互作用エネルギーに対する各寄与の計算値
（2個の分子の間の距離は $\bar{R}$，相互の配向は図2.3に示されたものである．数値は相互作用1モルあたりのエネルギーを kcal 単位で表わす.）

(a)　遠達力

寄与の種類	$\bar{R}$/Å	分子相互の配向						300Kにおける $\langle U \rangle$
		(a)	(b)	(c)	(d)	(e)	(f)	
$U_{\mu\mu}$	5	−0.78	0.78	−0.39	0.39	0	−0.39	(−0.17)†
	10	−0.10	0.10	−0.05	0.05	0	−0.05	−0.003
	15	−0.03	0.03	−0.01	0.01	0	−0.01	−0.000
$U_{\mu Q}$	5	0	0.09	0	0	0.12	−0.07	
	10	0	0.01	0	0	0.01	−0.00	
	15	0	0.00	0	0	0.00	−0.00	
U_{QQ}	5	0.01	0.01	0.02	0.02	−0.01	−0.01	
	10	0.00	0.00	0.00	0.00	−0.00	−0.00	
$U_{\mu\alpha}$	5	−0.02	−0.03	−0.00	−0.00	−0.01	−0.01	−0.01
	10	−0.00	−0.00	−0.00	−0.00	−0.00	−0.00	−0.00
$U_{分散力}$	5	−0.08	−0.08	−0.08	−0.08	−0.08	−0.08	−0.08
	10	−0.00	−0.00	−0.00	−0.00	−0.00	−0.00	−0.00
総和	5	−0.87	0.78	−0.45	0.33	0.02	−0.56	(−0.26)†

(b)　近距離力

寄与の種類	R/Å	相互配向	エネルギー
$U_{反発}$（式2.10）‡	2.76	すべての配向	4
$U_{反発}$（式2.13）	2.76	g	219
		c	5
		f	6

† 式2.4a は $R \doteq 5$Å, $T=300$K の場合に厳密にあてはめることはできない．この場合には kT の積が $U_{\mu\mu}$ の最大値と最少値の差より大きくないからである．

‡ $A=4$ kcal mol^{-1}，$n=9$ とした．

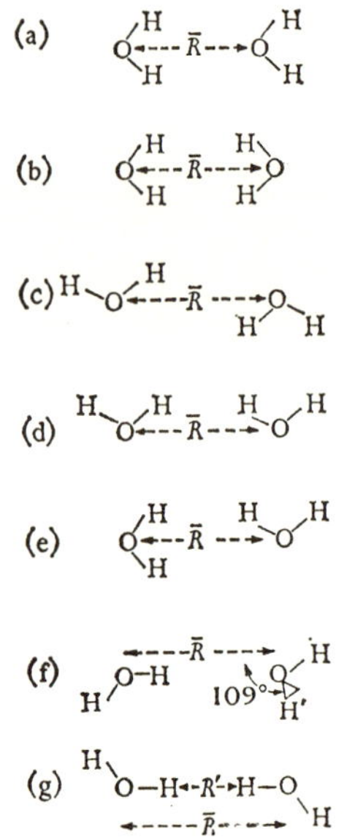

(a) H_2O ←---$\bar{R}$---→ OH_2

(b) H_2O ←---$\bar{R}$---→ OH_2

(c) H–O–H ←---$\bar{R}$---→ O(H)H

(d) H–O–H ←---$\bar{R}$---→ H–O–H

(e) H_2O ←---$\bar{R}$---→ H–O–H

(f) H–O–H ←---$\bar{R}$---→ O(H)(H′) 109°

(g) H–O–H←-R'-→H–O–H ←-----$\bar{R}$-----→

図2.3　2つの水分子の相互配向．表2.2にそれぞれに対する相互作用エネルギーを与えた（配向（f）の H' を除いて原子は紙面に含まれる）．

ある．この配向に対する $U_{\mu\mu}$ の値は氷の結晶中で通常見られる配向（f）の場合より2倍だけ低い．

式2.2の第2項 $U_{\mu Q}$ は，ひとつの分子の双極子と他の分子の四極子の相互作用を，また第3項 U_{QQ} は四極子どうしの相互作用を表わす．これらの項についても，同じ1組の配向に対する値を計算した（表2.2）．その際，水分子の四極子モーメントとして表1.5の計算値を用い，また各項の具体的な表示式として標準的なもの（たとえば Margenau 1939）を利用した．$U_{\mu Q}$ と U_{QQ} は $U_{\mu\mu}$ よりはるかに小さく，また分子間距離が増すにつれて急激に減少する．すなわち，$U_{\mu Q}$ と U_{QQ} はそれぞれ $\bar{R}^{-4}$ と $\bar{R}^{5}$ に比例するが $U_{\mu\mu}$ は $\bar{R}^{-3}$ に比例するのである（表2.1）．式2.2の級数において，上述の各項の他に双極子—八極子，四極子—八極子等を表わす項が含まれる．

われわれは，いままでのところ気体中（その温度を T としよう）で回転している分子の静電気力を取り扱わなかった．あるひとつの配向において分子間に引力が作用すれば，それと同じ強さで反発力の作用する配向が必ずあるので，分子が回転していれば，静電気力は零になると考えられるかもしれないが，実際には分子の見出される確率が，エネルギーの大きい配向よりも小さい配向の方に大きいので平均として分子間に引力が生じることになる．分子の回転に際し $\bar{R}$ が変らないものとすれば，回転分子に対する $U_{\mu\mu}$ の統計的平均 $\langle U_{\mu\mu}\rangle$ は次式で与えられる．

$$\langle U_{\mu\mu}\rangle=\frac{\int U_{\mu\mu}\exp(-U_{\mu\mu}/kT)\mathrm{d}\Omega}{\int\exp(-U_{\mu\mu}/kT)\mathrm{d}\Omega}, \tag{2.4}$$

ここで $\mathrm{d}\Omega=\sin\theta_{\mathrm{A}}\sin\theta_{\mathrm{B}}\mathrm{d}\theta_{\mathrm{A}}\mathrm{d}\theta_{\mathrm{B}}\mathrm{d}\phi_{\mathrm{A}}\mathrm{d}\phi_{\mathrm{B}}$ である．kT が $U_{\mu\mu}$ の最大値と最小値の差にくらべてはるかに大きい場合には，$\langle U_{\mu\mu}\rangle$ は次式のように書かれる．

$$\langle U_{\mu\mu}\rangle=-\frac{2}{3kT}\frac{\mu^4}{\bar{R}^6}. \tag{2.4 a}$$

回転分子に対する $U_{\mu\mu}$ の統計的平均は，分子間距離の増大にともなって $U_{\mu\mu}$ そのものより速く減少することが明らかであろう．表 2.2 の右端の欄に 300 K での $\langle U_{\mu\mu}\rangle$ が与えられている．分子間距離を 10 Å とすれば，$\langle U_{\mu\mu}\rangle$ は $U_{\mu\mu}$ の最大値の 3% にあたるにすぎない．

遠達力の第2番目の成分は，誘起力である．これはひとつの分子の永久電気モーメントと他の分子の誘起モーメントの間の相互作用に由来する．静電気相互作用が分子の配向に従って引力とも反発力ともなり得るのに対し，誘起力は必ず引力である．最も重要な誘起力はひとつの分子（A としよう）の双極子と，それが他の分子（B）に誘起する双極子との相互作用である．水分子の分極率が等方的な分極率 $\bar{\alpha}$ で表わされるとすれば，この力に対応するポテンシャル関数は次式のように書かれる．

$$U_{\mu\alpha}=-\frac{\mu^2\alpha(3\cos^2\theta_{\mathrm{A}}+1)}{2\bar{R}^6}. \tag{2.5}$$

同様に分子 B の永久双極子によって分子 A に双極子が誘起され，それらの相互作用にもとづく類似の項が当然存在する．また，誘起エネルギーの厳密な表示式には分極率テンソルの平均値でなく各成分が含まれるということも注意しておこう．回転分子に対して双極子-誘起双極子間のエネルギーは次式で与えられる．

$$\langle U_{\mu\alpha}\rangle=-\frac{2\mu^2\bar{\alpha}}{\bar{R}^6}. \tag{2.6}$$

μ と $\bar{\alpha}$ に表 1. 5 から数値を代入すれば

$$U_{\mu\alpha}=-\frac{9.7\times10^{-60}}{\bar{R}^6}\mathrm{erg} \tag{2.6a}$$

を得る．ここで $\bar{R}$ は前と同様に cm で表わすものとする．双極子-誘起双極子間の相互作用は分子が回転していると否とにかかわらず $\bar{R}^{-6}$ に比例することに注意されたい．表 2. 2 から明らかなように，距離が 5Å 以上に大きくなると誘起力は遠達力全体のうちで僅かの部分を占めるにすぎない．氷や水の場合には分子が互いに接近しているので，このことはあてはまらず，分子間の誘起力が比較的重要となる．これらの相においては，水分子が互いに接近していることと，その配向が相関をもつことから非常に大きい誘起モーメントが生じて，分子間力に大きい寄与をするのである（第 3. 4 (a) 節)．

第 3 番目の遠達力は分散力である．これはまた，ロンドン力と呼ばれることがある．この力は隣り合う分子の中で電子が相関をもって動くことに起因する．単純な言い方をすれば電子が分子 A の中で各瞬間にとる配置に応じて，その分子に瞬間的な双極子モーメントが生じ，この双極子モーメントが分子 B に双極子を誘起して，これら 2 つの双極子が相互作用する．London(1937) はこのようにして生ずるポテンシャルエネルギーが負であって，級数展開すれば，その第 1 項が $\bar{R}^{-6}$ に比例することを示した．すなわち，

$$U_{\text{分散力}}=-\frac{c}{\bar{R}^6}+\cdots\cdots \tag{2.7}$$

である．$U_{\text{分散力}}$ を正確に表現するには，分子の基底状態と励起状態の波動関数についての知識が必要である．そのために通常は近似式が使われるが，そのひとつはカークウッド-ミュラー (Kirkwood-Müller) の式である．

$$U_{\text{分散力}}=\frac{3mc'^2}{N\bar{R}^6}\bar{\alpha}\bar{\chi}^{\mathrm{d}}, \tag{2.8}$$

ここで m は電子質量，c' は光速，N はアボガドロ定数，$\bar{\chi}^{\mathrm{d}}$ は磁化率における反磁性成分の平均値である．$U_{\text{分散力}}$ が配向に依存しないとする近似は水分子に関するかぎり大過ないものと考えられる．$\bar{\chi}^{\mathrm{d}}$ は第 1. 1 (a) 節で述べた分子固

表 2.3 水分子の間の分散力とその他の $\bar{R}^{-6}$ に比例する力に対して提出された係数の値（単位はすべて 10^{-60} erg cm^6）.

計　算　法	c（式 2.7 における分散エネルギーの係数）	c^*（$\bar{R}^{-6}$に比例する全エネルギー†の比例係数）
理論式:		
Kirkwood-Müller の式（式 2.8）	84.9	
Slater-Kirkwood の式（式 2.12）	63	
London の式（London 1937）	47	
第2ビリアル係数: Stockmayer (1941)		70.4
Margenau and Myers (1944)		45
Rowlinson (1949)		72.8
Rowlinson (1951 a)		80.4

† c^* は c と双極子-誘起双極子エネルギーの係数の和である．後者は——式 2.6a によると——およそ 10×10^{-60} erg cm^6 である．

有の性質 $\langle r^2\rangle$ に比例する．すなわち，

$$\bar{\chi}^{\mathrm{d}} = -\frac{Ne^2}{6mc'^2}\langle r^2\rangle \tag{2.9}$$

である．式 2.8, 2.9 を組合わせ，$\bar{\alpha}$ と $\langle r^2\rangle$ の値を表 1.5 と 1.1 (c) 節からとれば，Kirkwood-Müller の式による式 2.7 の c として 84.9×10^{-60} erg cm^6 を得る．表 2.2 中の $U_{分散力}$ はこの c の値を用いて計算されたものである．

分散エネルギーの係数 c は幾通りかの方法で計算されるが，その結果が表 2.1 に示されている．表中，第1の値は前述の Kirkwood-Müller の式によるものである．他の近似すなわち，ロンドンおよびスレイター-カークウッド (Slater-Kirkwood) の式による値は Kirkwood-Müller による値より小さい．Salem (1960) は Kirkwood-Müller の式が正しい値の上限を与えることを示した．同表に与えた c^* は分子間エネルギーのうち $\bar{R}^{-6}$ に比例する項の比例係数である．これは水蒸気の第2ビリアル係数より導き出されたものである（次節参照）．定数 c^* は c と双極子 - 誘起双極子相互作用の係数の和である．式 2.6 a によると，後者は c^* におよそ 10×10^{-60} erg cm^6 の寄与をする．したがって表 2.3 の c^* の値から 10×10^{-60} erg cm^6 を差し引いたものが c の値となるはずである．ビリアル係数より決定した c の値と，種々の理論式による計算値は広い範囲に分布していることがわかる．しかしながら真の値は Kirkwood-Müller の式による値に近いと考えるべき理由がある．c の実験値が水の場合よりよく知られている原子や分子について比較すると，Kirkwood-Müller の式はすこしばかり

大きすぎる値を与えるが，他の簡単な表示式よりもよく合うのである（Salem 1960）．London の式は正しい値の半分程度の過少な値を与えることがしばしばある．Slater-Kirkwood の式はそれより良いが，それでも過少の値を与えることが多い．

近距離力

2つの水分子が 3Å 程度より近づくと近距離力が重要となる．近距離での相互作用エネルギーを厳密に表現しようとすれば2分子に含まれる総計20個の電子全体の波動関数が関係することになり，その表示式は極めて複雑なものとなるであろう．大雑把に言えば水分子の間の近距離力は電子雲の重なりによる反発と水素結合エネルギーに対する電子の非局在化の寄与（第3.6(c)節参照）の組合せと考えることができる．はじめに重なりによる反発力を考察しよう．これは，ひとつの分子に属する電子がパウリ（Pauli）の原理に従って他の分子に属する電子を避けようとすることから生ずる．この効果は2分子の電子雲が重なり合うと作用しはじめ，分子の接近にともなって急激に増大する．このポテンシャルエネルギーは通常 $e^{-\rho\bar{R}}$ または $\bar{R}^{-n}$ に比例する項で表現される．ρ と n は定数で，n は9から24の間の数である．Kamb (1965 b) は2つの水分子の間の重なりによる反発エネルギーとして次式の関数を提案した．

$$U_{\text{反発}} = A^*\left(\frac{\sigma}{\bar{R}}\right)^n, \tag{2.10}$$

ここで $\sigma=2.76\times10^{-8}$ cm である．彼は氷 I と氷 VII（第3.2節）のエネルギー差にもとづいて2組の係数を導いた（$A^*=2.7$ kcal mol^{-1}，$n=10$；および $A^*=4.0$ kcal mol^{-1}，$n=9$）．この2組のちがいは分子間の引力部分についての仮定のちがいによるものである．式2.10は氷 VII において水素結合で結ばれていない分子の間の反発をよく記述するものであろうが，他の相互配向をもつ水分子の反発力をよく再現するとは考えられない．

重なりによる反発が2つの分子の相互配向に対していかなる依存性をもつかということを，つぎに Hendrickson (1961) やその他の研究者によって炭化水素に応用された方法にもとづいて考察しよう．この方法は，非結合分子の間の力がバッキンガム（Buckingham）・ポテンシャルで記述されると仮定する．

$$U_{反発+分散力} = A^* e^{-\rho R'} - \frac{c}{R'^6}, \qquad (2.11)$$

ここで A^*, ρ, および c は定数, R' は相互作用する原子間の距離をオングストローム単位で表わしたものである．そうすれば，2個の水分子の間の重なりによる反発（および分散）力は一方の水分子に含まれる各原子と他方の水分子に含まれる各原子の相互作用の和となる．この方法を使うために式 2.11 に含まれる H—H, O—H および O—O の相互作用の定数を定めなければならない．右辺の第2項は言うまでもなく原子間の分散力を表わす．この係数 c は Slater-Kirkwood の式によって近似することができる．

$$c = \frac{3}{2} e^2 \sqrt{a_0} \left[\frac{\alpha_A \alpha_B}{(\alpha_A/N_A)^{\frac{1}{2}} + (\alpha_B/N_B)^{\frac{1}{2}}} \right], \qquad (2.12)$$

ここで e は電子電荷，a_0 は第1ボーア軌道の半径，α_A と α_B は相互作用する原子の分極率，N_A と N_B はそれぞれ原子の最外殻電子の数である．α として Ketelaar (1953) による値を使うとしよう：すなわち，水酸基の酸素について 0.59×10^{-24} cm^3，および水素について 0.42×10^{-24} cm^3 である．これらの数値を用いて式 2.13 中の R'^{-6} の係数が決定された．係数 ρ は Hendrickson (1961) に従って，稀ガスの散乱実験にもとづく値を採用する．すなわち，水素—水素の反発に対してはヘリウムの散乱から，また，酸素—酸素の反発に対してはネオンの散乱から数値をとり，水素—酸素の反発についてはそれらの幾何平均をとる．最後に，A^* は相互作用する原子のファン・デル・ワールス (van der Waals) 半径の和 R_0 において微係数 dU/dR' を零とするという条件によって定められる．水素の van der Waals 半径として 1.25 Å, 酸素については 1.40 Å を採用する．その結果，ポテンシャル関数として次式のものが得られる．

$$U_{反発+分散力}/\mathrm{kcal\ mol^{-1}} = \begin{cases} \mathrm{H-H} & 10 \times 10^3\, e^{-4.6R'} - 49/R'^6 \\ \mathrm{O-H} & 8.2 \times 10^3\, e^{-4.1R'} - 94/R'^6 \\ \mathrm{O-O} & 6.8 \times 10^3\, e^{-3.6R'} - 201/R'^6 \end{cases}, \qquad (2.13)$$

ここで R' は相互作用する原子間の距離をオングストローム単位で表わしたものである．この式の第1番目のものは Hendrickson (1961) によって導かれた．

式 2.13 の第1項は，水分子相互の配向に対して重なりによる反発がどのような依存性をもつかを概略的に示すものである．酸素原子間の距離を 2.76 Å

に固定して，2 個の水分子を並べるとしよう．この距離は通常の氷 I における隣接分子間の距離である．2 分子が図 2. 3 (g) のように水素どうし頭を突き合わせる場合には，式 2. 13 による反発エネルギーは 219 kcal mol^{-1} となる．これは大部分水素原子間の反発から生じる．次に $\bar{R}$ を 2.76 Å に保ったまま図 2. 3 (c) の配向まで分子を回転させると反発エネルギーは 5 kcal mol^{-1} に減少する．このように反発エネルギーは分子相互の配向に著しく依存する．氷 I の結晶中で隣り合う水分子の間に最も多く見られる配向は図 2. 3 (f) のものであり，この場合，式 2. 13 による反発エネルギーは 6 kcal mol^{-1} である．

近距離力の議論を終るにあたって，ひとこと水素結合に触れておかねばならない．氷と水において水素結合が存在するということについては多数の証拠があるが，著者らの知る限りでは水蒸気中の 2 個の水分子の間に水素結合があるという直接的な証明はないようである．この結論は水酸基を含む分子（X—O—H）と他の原子との間に水素結合が形成されると，O—H 伸縮振動の振動数が著しく減少し，X—O—H の変角振動はわずかに増大するという実験的事実にもとづいている（Pimentel and McClellan 1960; 3. 5 (a) 節，4. 7 (a) 節）．水分子の 2 量体および小さな多量体の形成にさいして，同様の，しかしあまり大きくない振動数シフトが観測されている．

Van Thiel, Becker, and Pimentel (1957) は窒素マトリクス中に捕捉された水分子の赤外線スペクトルのシフトを 20 K において研究した．彼らは 3546 cm^{-1} と 3691 cm^{-1} に見られる吸収を水分子 2 量体 $(H_2O)_2$ の伸縮振動に帰属した．これらの振動数は孤立分子の伸縮振動 ν_1 と ν_3(3657 cm^{-1} と 3756 cm^{-1}) に比較してかなりシフトしている．また彼らは 1620 cm^{-1} に見られる吸収帯を 2 量体の変角振動に帰属したが，この振動数は孤立分子の変角振動(1595 cm^{-1}) よりすこしばかり高い．2 量体の構造として van Thiel らは二重に水素結合したものを考えている．

すなわちこれらの事実をもとにすると，もし水蒸気中に水素結合した分子が多少なりとも含まれていれば，それらは分光学的な方法で検出されることが期

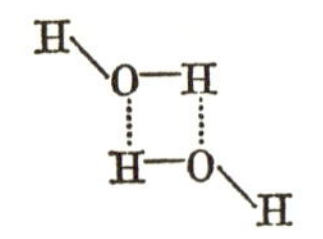

待される．したがって，稀薄な水蒸気と高い濃度の水蒸気について ν_2 領域の吸収スペクトルを注意深く比較した結果，吸収振動数に何ら差異が見られなかったことは興味深い．すなわち，Benediet *et al.* (1952) は大気（平均温度 14°C の稀薄な水蒸気）を通過してくる大陽光線のスペクトルと飽和に近い水蒸気（1気圧，110°C）のスペクトルを 770—2200 cm^{-1} の範囲で比較したが，両者の間には温度の差にもとづく強度のわずかなちがいが見出されたのみであった．Bendict *el al.* は量子化された回転準位をもつ2量体が1気圧の飽和水蒸気中に存在するとしても，その濃度は単量体の 1% 以下であると結論した．

上のパラグラフにおいて，"水素結合"という用語を，ちょうど氷の結晶中で見られるように，ひとつの水分子の水素原子が他の水分子の非結合電子対との間におこなう特異な結合様式を意味するものとして使ってきた．水蒸気中に2量体が存在するということは，ビリアル係数の値から疑問の余地がない（次節参照)．しかしこの2量体が氷において見られるような水素結合をもつという証拠はないのである．事実，水蒸気の第2ビリアル係数の温度依存性はいままで述べてきた項のみを含むポテンシャル関数を使ってよく再現される．2個の水分子の最も安定な相互配向は上に論じた形の諸項よりなるポテンシャル関数を使うかぎり，2分子が頭と尾を突き合せた配置(図 2.3(a))であって，氷において実在する配置（例えば，図 2.3 (f)）ではない．水分子の間の水素結合は2量体よりも平均として多数の水素結合が作られるクラスター中においてのみ安定であるのかもしれない．水蒸気中の分子間水素結合についてはこのように知見が乏しいので，水素結合した分子に関するポテンシャルエネルギーの議論は次の氷の章に延ばすことにしよう．

(b) ビリアル係数

水蒸気のビリアル係数は水分子の相互作用ポテンシャルに関する知見のひとつのよりどころである．これらの係数はそれほど高くない圧力領域において水蒸気の圧力-体積-温度の関係をあたえるいわゆる状態方程式のビリアル展開の中に現われる一連の係数である．ビリアル型の状態方程式は次の形をもつ．

$$\frac{PV}{RT}=1+\frac{B(T)}{V}+\frac{C(T)}{V^2}+\cdots\cdots, \tag{2.14}$$

ここで V は 1 mol あたりの体積, R は気体定数, $B(T)$, $C(T)$, ……は第 2, 第 3, ……ビリアル係数である. これらの係数は温度の関数であり分子間ポテンシャルに依存する. 第 2 ビリアル係数 $B(T)$ は簡単な手順で決定される. すなわち, $B(T)$ を求めようとする各温度で $\{(PV/RT)-1\}V$ を縦軸にとり, $1/V$ を横軸にとれば縦軸との交点が $B(T)$ を与える. Keyes (1958) によると水蒸気の第 2 ビリアル係数は 323—733 K の範囲で次式によって表わされる.

$$B(T) = 2.062-(2.9017\times10^3/T)\exp(1.7095\times10^5/T^2)\mathrm{cm}^3g^{-1}. \tag{2.15}$$

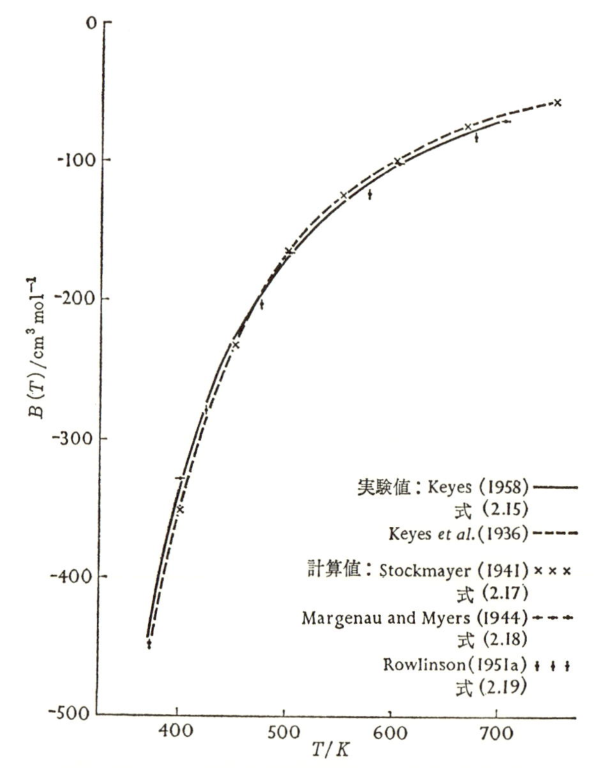

図 2.4 水蒸気の第 2 ビリアル係数の実測値と計算値. 破線は Keyes *et al.* (1936) の実測値であり, 次の経験式によって記述される.

$$B(T)=1.89-(2.641\times10^3/T)\times\exp(1.858\times10^5/T^2)\mathrm{cm}^3\,\mathrm{g}^{-1}$$

計算値はこの式に合わせたもの. より新しい実験値は実線で示されている.

図2.4からわかるとおり，この温度範囲では負であるが，温度の上昇とともに増大する．

分子間ポテンシャルにもとづく第2ビリアル係数の解釈

第2ビリアル係数は2分子間の相互作用ポテンシャル関数に密接に関係している．古典統計力学の方法によると（例えば Hirschfelder *et al.* 1964）$B(T)$ は次式で与えられる．

$$B(T)=\frac{1}{4}N\int_0^{\infty}\int_0^{\pi}\int_0^{\pi}\int_0^{2\pi}\{1-\exp(-U_{AB}/kT)\}\bar{R}^2$$

$$\times\sin\theta_A\sin\theta_B d(\phi_A-\phi_B)d\theta_A d\theta_B d\bar{R}, \qquad (2.16)$$

ここで U_{AB} は2個の静止した分子の間のポテンシャルエネルギー関数，N はアボガドロ定数である．角変数は図2.1に示したものである．Stockmayer (1941)はこの式に対する量子力学的補正が 400～750K の範囲において，$B(T)$ の値にして1% を越えないことを示した．彼の議論は厳密には式2.17のポテンシャルに対してのみあてはまるのであるが，他の研究者もこれと類似のポテンシャルについては量子力学的補正が無視できるものと考えている．

式2.16によると，分子間に強い引力があれば $B(T)$ が負の大きい値をとることがわかる．これは負の U_{AB} が引力に対応することから明らかであろう．すなわち U_{AB} が負であれば $\exp(-U_{AB}/kT)$ は1より大きく，積分記号内の因子 $1-\exp(-U_{AB}/kT)$ が負となるからである．それゆえ，U_{AB} が負であるような配向は $B(T)$ に対して負の寄与をする．高温で $B(T)$ が増大するのは同じ理由によって U_{AB}/kT が高温で次第に小さな負の値をとることと対応する．

式2.16は2分子間の相互作用に関する知見を導き出すためにひろく使われてきた．ふつうにおこなわれる方法はいくつかの未知定数を含むポテンシャル関数 U_{AB} を仮定し，それを式2.16に代入して，$B(T)$ の実験値ともっともよく合うように定数を決定するのである．U_{AB} の関数型として多少とも合理的なものをえらべば多くの場合実験値とよく合う $B(T)$ が得られることが経験的に知られている．これは言うまでもなく第2ビリアル係数の温度依存性がポテンシャル関数の妥当性に関して厳しいテストではないことを示すものである．しかしながら，仮定された関数の形が基本的に正しいものであれば，この方法は比較的正確なポテンシャル関数を与えると考えられる．

つぎに水分子のポテンシャル関数に対してこの方法を応用したいくつかの実例をふりかえってみることにしよう．Stockmayer (1941) は

$$U_{AB}=-\frac{\mu^2}{\bar{R}^3}f-\frac{c^*}{\bar{R}^6}+\frac{c^*\sigma^{18}}{\bar{R}^{24}} \tag{2.17}$$

の形のポテンシャル関数をえらんだ．ここで c^* と σ は未定定数であり，f は式 2.3 の中カッコ内の式を表わす．これは双極子-双極子相互作用の角度依存性を示す．式 2.17 の右辺第 1 項は $U_{\mu\mu}$ であって，ここでは $U_{静電的}$ (式 2.2) に対するこれ以外の寄与は無視されている．第 2 項は誘起エネルギーと分散エネルギーの和であって，いずれも分子相互の配向には依存しないと仮定されている．最後の項は分子間の反発相互作用であって，これも配向に依存しないと仮定される．Stockmayer は $c^*=70.4\times10^{-60}$ erg cm^6，$\sigma=2.76$ Å とおくことによって計算値と実験値の非常によい一致を得た (図 2.4)．また彼は c^* に対する分散力の寄与を 47×10^{-60} erg cm^6 と見積った．これは London の式による値 (表 2.3 参照) に近いが Kirkwood-Müller の式における $\bar{R}^{-6}$ の係数の半分以下である．σ は分子の衝突直径と呼ばれるものであり，これは μ が零の場合に U_{AB} が零となる分子間距離を表わす．Stockmeyer によって見出された σ の値が通常の氷において水素結合した 2 分子の間の距離にちょうど等しいことは注目すべき事実である．

$B(T)$ の計算値と実験値の一致の良否は反発項の形にとくに敏感であるとは考えられない．$\bar{R}^{-6}$ の係数 c^* を調節することによって，通常考えられるほとんどすべての反発項の形に対してよい一致が得られるのである．Rowlinson (1949) は式 2.17 の反発項を $c^*\sigma^6/\bar{R}^{12}$ に置き変え，$c^*=72.8\times10^{-60}$ erg cm^6，$\sigma=2.65\times10^{-8}$ cm とすることによって実験とのよい一致を得た．また，Stockmayer (1941) は反発項を直径 3.16 Å の単純な剛体球で表わすことによってもよい一致を得た．この場合には c^* は 110×10^{-60} erg cm^6 であった．反発項は以下に示すように指数関数によっても同様によく表現される．

Margenau and Myers (1944) は第 2 ビリアル係数のデータから水分子間の反発力に関する知見を抽出しようと試みた．彼らは遠達力を理論的考察より定め，$B(T)$ の計算値と実験値の一致の良否から反発相互作用の表示式を求めた (彼らの得た結果について図 2.4 を参照のこと)．彼らの得た最終的なポテンシャ

ル関数は次のように書くことができる.

$$U_{AB} = \begin{cases} \bar{R} > 2.8\times10^{-8}\,\mathrm{cm}\ \text{に対し} \\ \quad -\left(\dfrac{\mu^2}{\bar{R}^3}+\dfrac{e}{\bar{R}^5}\right)f-\dfrac{c^*}{\bar{R}^6}-\dfrac{d}{\bar{R}^8}+A^*\exp(-\rho\bar{R})\,; \\ \bar{R} < 2.8\times10^{-8}\,\mathrm{cm}\ \text{に対し} \\ \quad -\dfrac{c^*}{\bar{R}^6}-\dfrac{d}{\bar{R}^8}+A^{*\prime}\exp(-\rho'\bar{R}), \end{cases} \tag{2.18}$$

ここで各係数は次のとおりである.

$$\mu = 1.87\times10^{-18}\,\mathrm{e.\,s.\,u.\,cm}, \qquad e = 8.5\times10^{-52}\,\mathrm{erg\,cm^5},$$
$$c^* = 45\times10^{-60}\,\mathrm{e.\,s.\,u.\,cm^6}, \qquad d = 95\times10^{-76}\,\mathrm{erg\,cm^8},$$
$$A^* = 3.25\times10^{-9}\,\mathrm{erg}, \qquad \rho = 3.6\times10^{8}\,\mathrm{cm^{-1}},$$
$$A^{*\prime} = 2.4\times10^{-6}\,\mathrm{erg}, \qquad \rho' = 6.7\times10^{8}\,\mathrm{cm^{-1}}.$$

また，f は式2.3の中カッコ内の関数を表わす．上の関数において指数関数は反発力を，$e/\bar{R}^5$ は双極子相互作用以外の静電的相互作用を，$c^*/\bar{R}^6$ は誘起力および分散力を，そして $d/\bar{R}^8$ は高次の分散力を表現する．前のパラグラフで述べた事柄から明らかなように，Margenau and Myers の試みは遠達力が正確に表現されていてはじめて成功するものである．ところが遠達力に関する最近の研究によると，Margenau-Myers の式はこの点に疑問の余地を残すものである．すなわち $e/\bar{R}^5$ の項は水分子をあまりにも単純化したモデル(Bernal and Fowler 1933 のモデル)にもとづいており，分子配向に対して正しい依存性をもたない．また，前項の議論を考え合わせると，彼らの得た係数 c^* はおそらく小さすぎると考えられる．Margenau and Myers の試みを，遠達力に関する最近の知見をとりいれつつ，再びとりあげることは有意義であろうと考えられる．

Rowlinson(1951 a) は Stockmoyer の式と類似の式を使った．彼の式は反発項として $\bar{R}^{-12}$ に比例する項を含み，また双極子-四極子相互作用の項をとりいれている．Rowlinson の関数は次のように書くことができる．

$$U_{AB} = -\frac{\mu^2}{\bar{R}^3}f-\frac{e'}{\bar{R}^4}g-\frac{c^*}{\bar{R}^6}+\frac{c^*\sigma^6}{\bar{R}^{12}}, \tag{2.19}$$

ここで $c^*=80.4\times10^{-60}\,\mathrm{erg\,cm^6}$，$\sigma=2.725\times10^{-8}\,\mathrm{cm}$，$e'=4.97\times10^{-44}\,\mathrm{erg\,cm^4}$，また，$g$ は双極子―四極子相互作用の分子配向依存性を表わす角変数の関数で

ある．彼は双極子—四極子相互作用の項を計算するにあたって，水分子の点電荷モデルを使い，また分子が z 軸（図1.2（a））のまわりに回転して軸対称性をもつと仮定した．この項の正確さはこれら2つの近似のために限られたものとなっている．c^* と σ は $B(T)$ の計算値が実験値とよく合うように定められた．こうして得られた σ の値はStockmayerのものより1%程度小さいが，氷において水素結合している水分子の間の距離に近いものである．c^* の値はStockmeyerの値より14%だけ大きい．双極子—四極子相互作用は c^* を増大させるもののようである．こうして得られた c^* の値もStockmayer(1941) やMargenau and Myers(1944) の計算値と同様にKirwood-Müllerの式による値より小さい．

2量化にもとづく第2ビリアル係数の解釈

水蒸気の第2ビリアル係数に対するいまひとつの解釈がRowlinson (1949) によって与えられた．この解釈は厳密さにおいて欠けるところがあるが興味深いものである．彼はまず，2個の水分子間の相互作用のうち，静電的相互作用は非極性のエネルギーが無視できるような配向においてのみ重要になると仮定した．このような配向とは例えば双極子—双極子エネルギーが圧倒的に重要な引力となる図2.3(a) の如き配向である．この仮定によって，実測の第2ビリアル係数を静電力と非極性の力の寄与の和として扱うことが可能となる．さらに，彼はベルテロー (Berthelot) の状態方程式が非極性気体の第2ビリアル係数をよく再現することから非極性力の寄与をBerthelotの式で与えられるものとした．したがって実測された第2ビリアル係数の値とBerthelotの式で計算された値の差が静電気力と水素結合にもとづく寄与となる．Rowlinsonはこれらの力が水分子の可逆的な2量化をわずかばかりひきおこすと考えた．こうして生じた2量体を非極性の力によって生じた2量体から区別するために「強い2量体」と呼ぶことにしよう．Rowlinsonは強い2量体を質量作用の法則にもとづいてとりあつかうことにより次式を導いた．

$$B\,(\text{実験値}) - B\,(\text{Berthelot}) = -RT/K_P, \tag{2.20}$$

ここで R は気体定数，T は絶対温度，K_P は強い2量体 $(H_2O)_2$ の解離定数である．彼はBerthelotの式に含まれる経験的定数を水蒸気の臨界温度と臨界圧より決定した．その結果，式2.20によって第2ビリアル係数の温度依存性を

よく再現するには K_P の温度変化を次式のように置けばよいことを見出した.

$$\log_{10} K_P = 5.650 - 1250/T, \qquad (2.21)$$

ここで K_P の単位は気圧である.

強い2量体の解離エネルギーと解離エントロピーは式2.21から容易に計算される. 373 K における解離エントロピーは 25.8 cal K^{-1} mol^{-1}, 同じ温度での解離エネルギーは 4.98 kcal mol^{-1} である. この値は2分子が頭と尾を突き合せた配向での Stockmayer ポテンシャルの底の深さに近い (図2.2). このことは強い2量体がこのような配向をとることを意味するものかもしれない.

強い2量体のモル分率は次の2式を組合せることによって任意の温度と圧力に対して計算することができる.

$$\frac{(X_{単量体})^2}{X_{2量体}} = \frac{K_P}{P}\,;\ X_{単量体} + X_{2量体} = 1. \qquad (2.22)$$

強い2量体のモル分率の計算値がいくつかの温度と圧力について表2.4に示されている. 臨界点 (647.3 K, 218.3 atm) において強い2量体のモル分率は約 0.04 である.

表 2.4　水蒸気中に存在する「強い2量体」のモル分率の推算値 (式2.21, 式2.22にもとづく)

圧力 気圧	温度/K							
	400	450	500	550	600	650	700	750
1.0	0.003	0.0013	0.0007	0.0004	0.0003	0.0002	0.0002	0.0001
5.0		0.007	0.004	0.002	0.001	0.0009	0.0007	0.0005
25.0			0.017	0.010	0.007	0.005	0.003	0.003
50.0				0.020	0.013	0.009	0.007	0.005
75.0					0.020	0.014	0.010	0.008
100.0					0.026	0.018	0.013	0.010
150.0						0.027	0.020	0.015
200.0						0.035	0.026	0.020
250.0						0.043	0.032	0.025

第2ビリアル係数のこのような解釈は厳密なものでなく, また水蒸気中に強い2量体が存在することの直接的な証明はないという点に注意しておかねばならない. たとえこのような2量体が実在するとしても, 表2.4からわかるように, そのモル分率は 400 K, 1気圧においておよそ 0.003 にすぎないので検出することは難しいと考えられる.

第3ビリアル係数

分子間力の問題を終る前に，水蒸気の第3ビリアル係数に関するあまり豊富でない知見について考察しておこう．第3ビリアル係数 $C(T)$ は2分子間のポテンシャル関数と3分子間のポテンシャル関数に依存する（例えば Hirschfelder *et al.* 1964)．温度 T における $C(T)$ の近似値は次のようにして決定される．すなわち，$1/V$ に対して $\{(PV/RT)-1\}V$ をプロットすれば，その $1/V=0$ の補外値が前述のように $B(T)$ を与え，また式2.14からわかるように，その傾斜が $C(T)$ を与える．C. Starke と著者らは，Bain (1964) の P-V-T データを

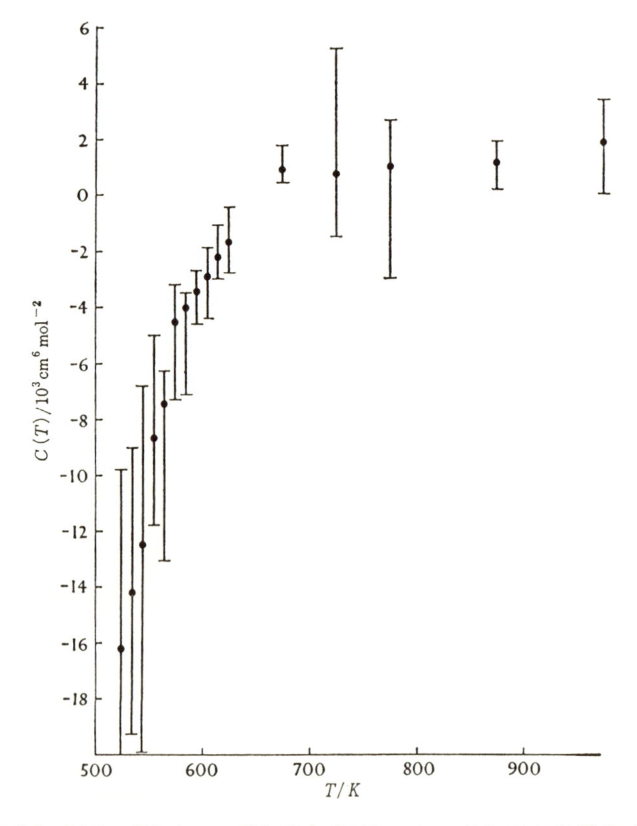

図 2.5 水蒸気の第3ビリアル係数．Bain (1964) によって報告された P-V-T データにもとづいて C. Starke と著者らによって計算されたもの．点は温度 T における $C(T)$ の最尤値，縦棒は $C(T)$ の不確かさの限界を示す．

使い，この方法で水蒸気の $C(T)$ を近似的に定めた．その結果を図2.5に示す．$C(T)$ の不確かさは低温においてとくに著しい．しかしながら定性的には $C(T)$ に関して二，三のことが言えよう．まず，$C(T)$ はおよそ650 K以下の温度で負の値をとり，低温になるにつれて急激に減少する．また，600 K における値は約 $-3\times10^3\ \mathrm{cm^6\,mol^{-2}}$ であって，これらの数値は水蒸気の状態方程式から Rowlinson (1951 b) が導いたものに近い．

ポテンシャル関数から計算した水蒸気の $C(T)$ としては唯ひとつ Rowlinson (1951 b) によるものがある．彼は式2.17の反発項を R^{-12} に比例する項でおきかえ，またすべての力が対に関して加算的であると仮定した．彼の計算結果は実験とまったく合わない．すなわち，$C(T)$ は650 K において $+3.4\times10^3\ \mathrm{cm^6\,mol^{-2}}$ となり，しかも温度が下ると増加する結果となった．さらに低温では温度が下るにつれて減少し，380 K で零となる．このように，計算では650 K と380 K の間で $C(T)$ は正であるのに対し，実験値は $B(T)$ と同じように負であると考えられる．Rowlinson に従えば，$C(T)$ が正で $B(T)$ が負であることは2量体 AB の形成にともなって，AB の間の相互作用のために，第3番目の分子との会合が阻げられることを意味する．言いかえれば，6個の水分子から3量体を2個作る場合のエネルギーの減少は2量体を3個作る場合にくらべて小さいのである．実際には650 K 以下の温度において $C(T)$ が負であるから水分子がクラスターを作ろうとする傾向は計算が示すより強いと考えられる．

このような不一致の原因は，次に述べる2つのいずれか，もしくは両方に帰することができよう．

(1) 氷の水素結合と類似の近距離力が水蒸気中においても分子間相互作用に影響しているという可能性がある．ポテンシャル関数がこの力を正しく記述していなくても第2ビリアル係数は正しく計算される．しかし第3ビリアル係数はさらに厳しいポテンシャル関数のテストであって，これらの力をとりいれなければ正しく計算されえないのかもしれない．

(2) 分子間力が対に関して加算的であるという Rowlinson の仮定が正しくないのかもしれない．言いかえれば，2分子間には作用しない力が3分子間には作用するという可能性がある．例えば，2つの分子の間の水素結合が，それらを分極させる第3分子の存在によって著しく強められることが考えられる.

(c) 水分子の間の力: まとめ

水の分子間力に対するわれわれの理解は，まだ初歩的な段階にある．今までにおこなわれた研究のほとんどすべてにおいて，分子間ポテンシャルは各種の力を表わす項の和として書かれている．それらの力は分子間の電子の交換が無視できるか否かによって遠達力と近距離力に分類される．遠達力の関数形は理論的に知られている．しかしその表示式に含まれる定数についての知識をわれわれが持たないために，これらの力を正確に計算することはできない．例えば双極子—四極子相互作用の関数形は知られているが，水分子の四極子モーメントの正確な値は不明である．同様に双極子—誘起双極子の間の相互作用は水分子の分極率の異方性という，さらによく知られていない量に依存する．$\bar{R}^{-6}$ に比例する分散エネルギーに関しても，理論的計算値，および，第2ビリアル係数から決定した実験値のいずれも，ともにさまざまな数値が得られている．したがってこの相互作用の大きさも，ごく近似的に定められているにすぎない．双極子—双極子相互作用については水分子の双極子モーメントの値が知られているので，精しく計算することができる．この力は長距離において重要である．近距離力に関する現在の知識はさらに限られたものであって，上で論じたこれらの力の表示式は極めて荒い近似と考えなければならない．

水蒸気の第2，第3ビリアル係数の値から，水分子は 650 K 以下の温度において，わずかながら会合しているように思われる．ビリアル係数のデータからは，会合体の構造に関する知見は得られない．とくに水分子が，氷に見られるのと同様の水素結合で互いに結ばれているか否かは明らかでない．第2ビリアル係数は（静電気力，誘起力，および分散力が水素結合に寄与するということを除いて）水素結合の効果をあらわに含まないポテンシャル関数を用いて正しく計算される．ただし，このことは2量体における水素結合の可能性を否定するものではない．ポテンシャル関数に関する知見を第2ビリアル係数の温度変化から決定しようとする試みは，程々の成功をおさめたにすぎない．その理由は，まず第2ビリアル係数が分子間ポテンシャルの関数形にあまり敏感でないことと，第2に，すでに述べたごとくポテンシャル関数に含まれるいくつかの項の精しい値が知られていないことである．第3ビリアル係数 $C(T)$ は，分子間ポテンシャルの形にもっと敏感に影響されると考えられるが，$C(T)$ の正確な実験値が得られていない．また，対に関して加算的でない力を，第3ビリアル係数の計算に取り入れることは難しい問題である．

第3章では，水分子の間の相互作用を本章とは違った観点から考察する．第3.6(b) 節では，氷における H_2O 分子の振動に関連して半経験的なポテンシャル関数が論じられる．また第3.6(c) 節では水素結合形成のエネルギーが考察される．

2.2 熱力学的性質

水の熱力学的性質は，おそらく他のいかなる物質よりも詳細に研究されているであろう．圧力-体積-温度の関係，熱エネルギー，エンタルピー，自由エネルギー，およびエントロピーの値が2 K から 1200 K の温度にわたり，またある種の性質についてはほとんど零気圧から 200000 気圧にわたって実験的に決定され，計算されている．ここではこれらの結果を3つの節に分けて要約しよう．本節では水蒸気の熱力学的性質と液体-気体および固体-気体の相変化を論じる．第3.3節では氷の熱力学的性質をとりあげ，就中，氷の多形と熱力学第3法則の適用を考察する．最後に水の熱力学的性質は第4.3節に述べられる．

(a) 圧力-体積-温度関係

水蒸気を熱機関に利用する際の要求にもとづいて，その圧力-体積-温度関係を注意深く調べる研究が数多くおこなわれている．この関係は通常一定容積の容器に一定量の水蒸気をいれ，その圧力を測定することによって定められる．これらの研究をまとめたものが今までにいくつか編集されているが，もっとも新しいのは NEL Steam Tables (Bain 1964) である*．これには水と水蒸気の比容（およびエンタルピーとエントロピー）の実験的な最確値が 0～800°C, 0～1000 bar にわたって与えられている．

これらのデータのいくつかの重要な定性的特徴が図2.7から見てとれる．この曲面は水の比容を温度と圧力の関数として示したものである．曲面上に一定

* Keyes(1949, 1958) は，水蒸気の圧力-体積-温度関係および，その他の性質に関するデータを批判的にレビューした．臨界領域での圧力-体積-温度関係は Nowak *et al.* (1961 a, b) によって詳しく研究された．Dorsey の書物 (1940) にはそれ以前の熱力学データが集められている．

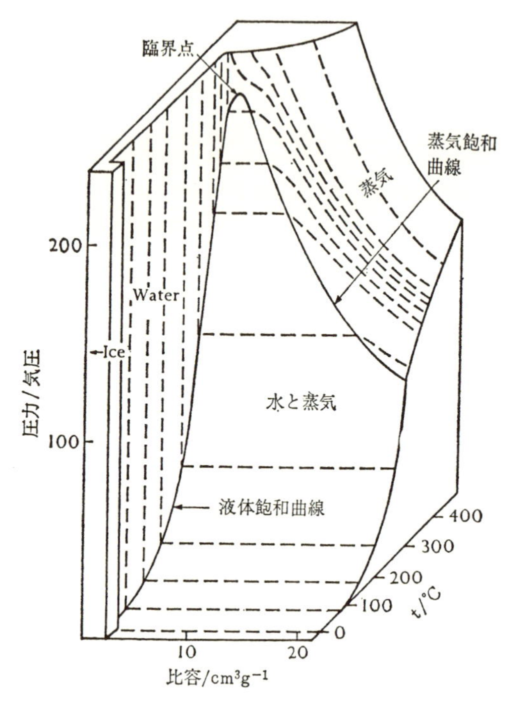

図 2.6 H_2O の P-V-T 曲面（破線は等温線を表わす）. Slater (1939) より一部改めて再録.

温度の等高線（すなわち等温線）が破線で示されている．水蒸気の比容は圧力が上るか，もしくは温度が下れば減少することは明らかである．臨界温度 374.15°C 以上の任意の温度において体積は圧力の滑らかな関数である．374.15°C 以下の温度では蒸気飽和曲線に至るまでの圧力領域において圧力の増大にともなって体積は滑らかに減少するが，圧力をこれ以上にわずかでも増加させれば蒸気が凝縮し体積は液体飽和曲線に沿った値まで減少する．液体は比較的非圧縮性であるから，液体領域の等温線は鋭く立上っている．

この曲面上で氷と水と水蒸気が共存する領域を，もうすこし詳しく見よう．図 2.7 はこの領域の拡大図を P-T 平面への投影で示したものである．3 相は 3 重点においてのみ共存しうる（3 重点の圧力と温度は 4.58 mmHg, 0.01°C である）．三重点における水蒸気の体積はもちろん水や氷の体積よりはるかに大

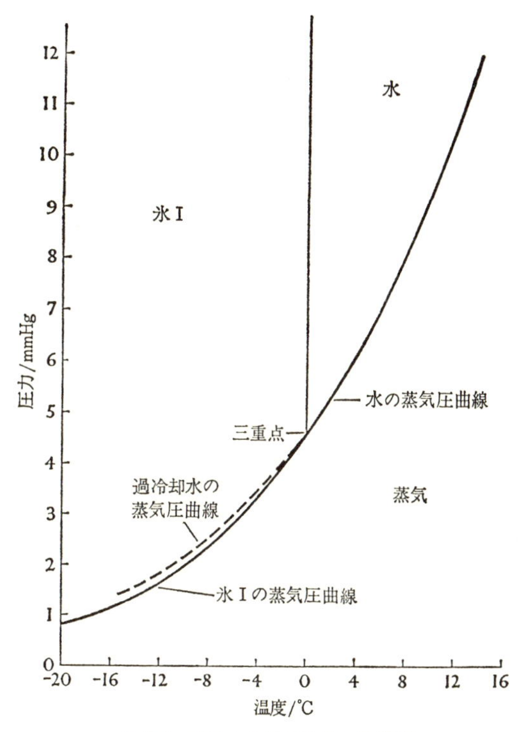

図 **2.7**　H_2O の 3 重点付近の P-T 図

きい．すなわち，この条件下での水，氷，および水蒸気の体積は 1 グラムあたり，それぞれ 1.00, 1.09 および 206100 cm^3 である．3 重点以下の温度において氷は水蒸気と共存しうる．気温の低い日に氷が消えてゆくのはこの平衡を通じてである．この平衡が存在する圧力をその温度における氷の蒸気圧という．Washburn(Dorsey 1940, p 598) によると氷の蒸気圧は次式で表わされる．

$$\log_{10} P = \frac{A}{T} + B\log_{10} T + CT + DT^2 + E, \qquad (2.23)$$

ここで P(mmHg 単位) は温度 t°C における氷 I の蒸気圧である．また，

$$T = t + 273.1, \qquad C = -1677.006\times10^{-5},$$

$$A = -2445.5646, \qquad D = 120514\times10^{-10},$$

$$B = 8.2312, \qquad E = -6.757169$$

である．

図 2.7 に示されるように過冷却状態にある水の蒸気圧は，氷の蒸気圧よりわずかばかり高い．また図では明らかでないが，過冷却された水の蒸気圧は安定

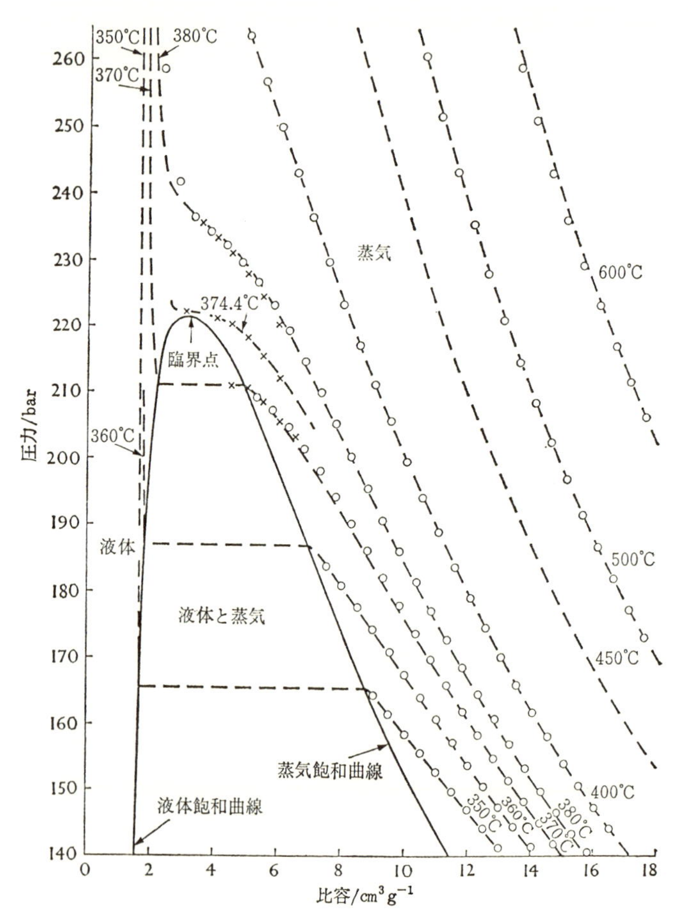

図 2.8 H_2O の臨界点付近の $P-V$ 図

- - - - -　実験による等温曲線

○○○○　式 2.26 による計算値

××××　式 2.27 による計算値

実験データは Nowak *et al.* (1961 b) による 374.4°C の値を除いて Bain (1964) のものである．

な水の蒸気圧と滑らかに連なっているに対し，氷の蒸気圧はそうではない．水の蒸気圧曲線は -5C° から臨界点の範囲でオズボーン-マイヤーズ（Osborne and Meyers）の式（Dorsey 1940, p. 574）によって表わされる．

$$\log_{10} P = A+\frac{B}{T}+\frac{Cx}{T}(10^{Dx^2}-1)+E10^{Fy^{5/4}}, \qquad (2.24)$$

ここで P は t°C における蒸気圧を気圧単位で表わしたものであり，また

$$\begin{aligned} T &= t+273.16, & C &= +1.3869\times10^{-4}, \\ x &= T^2-K, & D &= +1.1965\times10^{-11}, \\ y &= 374.11-t, & K &= 293700, \\ A &= 5.4266514, & E &= -0.0044, \\ B &= -2005.1, & F &= -0.0057148 \end{aligned}$$

である．この公式で計算される値と実測値の差は 5/10000 以下である．なお，この公式はいうまでもなく図 2.6 に示した蒸気飽和曲線と液体飽和曲線の P-T 面への射影をあらわす式である．

P-V-T 曲面においていまひとつ特に興味深い領域は臨界点近傍である．図 2.8 は P-V-T 曲面のこの領域を P-V 平面に射影したものである．蒸気飽和曲線と液体飽和曲線は臨界点で出会う．この点において 2 相の密度は等しい．

表 2.5　H_2O と D_2O の臨界定数

	臨界温度，T_c (°C)	臨界圧力，P_c (atm)	臨界容体積，V_c ($cm^3\ mol^{-1}$)
H_2O	374.15†	218.3†	59.1±0.5†
D_2O	370.9‡	215.7‡	..

† Nowak *et al.* (1961 *a*).　‡ Oliver and Grisard (1956).

表 2.5 に H_2O と D_2O の臨界定数が与えられている．臨界体積は 3 重点における水の体積のおよそ 3 倍にすぎないことが注目される．換言すれば 0°C から 374°C に至る間に液体の密度は 1/3 に減少する．これに対して気体の密度は 3 重点と臨界点の間で 62000 倍も増大する．D_2O の臨界点は H_2O の臨界点より 3.2°C だけ低い．これは融点も沸点もまたすべての 3 重点もともに H_2O より D_2O のほうが数 °C だけ高いことを考えると全く奇妙な事実である（表 3.5 および表 3.7 参照）．

等温線の振舞は図 2.8 に見ることができる．臨界点以下の温度において，体

積の小さい領域で等温線は不連続があり，それに続いて圧力の急激な上昇が生じることはすでに述べた．また臨界温度のはるか上では，理想気体の法則による双曲線に近づく．臨界点の近傍では等温線の形は複雑であり，強く温度に依存する．実験の示すところによると等温線の勾配と曲率は零となる．

$$\left(\frac{\partial P}{\partial V}\right)_{T_c} = \left(\frac{\partial^2 P}{\partial V^2}\right)_{T_c} = 0. \qquad (2.25)$$

図 2.8 において 374.4C° の等温線を調べてみると，これらの条件がほとんど完全に満たされていることがわかる．臨界点において等積線——すなわち体積の等しい状態を結ぶ曲線——が満たす条件のひとつは

$$\left(\frac{\partial^2 P}{\partial T^2}\right)_{V_c} = 0 \qquad (2.25\,\mathrm{a})$$

であることが実験的に知られている．水蒸気の P-V-T データの解析（Nowak and Grosh 1961）によると，この関係は 440°C にいたるすべての等積線について成立する．すなわち，圧力は一定体積のもとにおいて温度の一次関数である．

状態方程式*

気体の状態方程式を第 1 原理から導く試みは，現在さかんにおこなわれている研究題目である．そのひとつの方向は状態方程式のビリアル展開（式 2.14）に現われる係数を統計力学に従って分子的パラメータで表現することである．水蒸気に関するこの方向の進歩は第 2.1(a) 節で見たようにごく限られたものである．したがって現在得られている最良の状態方程式は基本的に経験的なものであり，実験的に定められるべき多くのパラメーターを含んでいる．

この種の方程式で成功したもののひとつとして Keyes (1949) の式がある．これは圧力を温度と比容の関数として表現する関係式であって，T_c より下の温度では気体定数の他に 5 個の定数を含む．その関数形は次式で与えられる．

$$\log_{10}\frac{RT}{PV} = \log_{10}\left(\frac{\omega}{v}\right) + \frac{\omega\phi}{v^2}, \qquad (2.26)$$

ここで

$T=$ ケルビンを単位とする温度，

$\tau = 1/T$

* 十指にあまる経験的な状態方程式が Nowak and Gosh (1961) によってレビューされている．

$v = $ cm$^3\,g^{-1}$ で表わした比容,

$P = $ 気圧単位で表わした圧力,

$R = 4.55465,$

$\omega = v - \delta,$

$\delta = 2.0624 \times \exp(-0.87498/v),$

$\psi_0 = 1260.17\tau \times \exp(17.09 \times 10^4\,\tau^2),$

$\psi = \psi_0(1 + \psi_1/v + \psi_2/v^2)$

である．また

$T < T_c$ について

$\psi_1 = 305.6\psi_0\tau \times \exp(34.19 \times 10^4\,\tau^2),$

$\psi_2 = 0,$

$T > T_c$ について

$\psi_1 = (479.76 + 141.5 \times 10^3\,\tau)\psi_0\tau,$

$\psi_2 = (75.364 - 27.505\psi_0)/\psi_0^3$

である．この方程式は体積が大きく，温度が高い領域でディエテリチ(Dieterici)の式と同じ形となる．式 2.26 は 460C°，367 atm までの実験データにもとづくものである．この式に蒸気密度の実測値を代入すれば，0°C～360°C の範囲において水の蒸気圧を 1/1000 よりよい精度で再現する．比容が 20 cm g^{-1} より大きい領域において，この式による蒸気圧の計算値は実測値の誤差範囲内にある．比容の小さい領域での計算値が図 2.8 に示されている．

臨界点の近くでは P-V-T 関係が急激に変化するので，それを解析的に表現することは難しくなる．それ故，式 2.26 がこの領域で完全に満足すべき結果を与えないのは驚くにあたらない．上式の $T > T_c$ に対応する表現から臨界等温式を決定すると $T < T_c$ に対応する式から計算されたものより 1.5 atm だけ高い臨界圧が得られる．これらは実験値をはさんで両側にある．また，臨界等温曲線の計算値は $(\partial^2 P/\partial T^2)_{V_c} = 0$ の条件を満たさない．

臨界領域の経験的な状態方程式が Nowak and Grosh(1961) によって研究された．彼らによるとこの方程式は V_c から $2V_c$ の体積と蒸気飽和曲線から 400°C までの温度領域にわたって実験値をその誤差の範囲内で再現するものであるがこの範囲を越えると使えない．その関数形は次のようなものである．

$$Pv - P_c v - R(T - T_c) = \sum_{n=3}^{5} a_n (v - v_c)^n, \qquad (2.27)$$

ここで

$T = \mathrm{K}$ を単位とする絶対温度,
$v = \mathrm{cm}^3\, g^{-1}$ を単位とする比容,
$P = \mathrm{bar}$ を単位とする圧力,
$R = 8.7045,$
$a_3 = -4.2201,$
$a_4 = 1.0828,$
$a_5 = -0.17548$

である. この式による圧力の計算値は図 2.8 に示されている.

(b) 熱エネルギー

水蒸気のエンタルピーとエントロピーの正確な数値がいくつかの水蒸気表 (steam table) にまとめられている (例えば Bain 1964)*. つぎに, これらの関数の温度および圧力依存性を決定する方法を考察しよう.

熱力学的諸量の間には種々の関係式が成立するのでエンタルピー, エントロピーおよび自由エネルギーの決定にはいく通りかの異なる方法が可能である. もっとも直接的な方法の 2 つは次に挙げるものである.

(1) 理想気体としての水蒸気の熱力学的関数と経験的状態方程式の組合せによる方法. 理想気体としての水蒸気の熱力学関数とは分子間相互作用がないと仮定した場合に水蒸気が有するであろうエンタルピー, エントロピー等である. これらは以下に説明するように分光学的データから計算される. 温度 T, 圧力 P にある水蒸気の 1 モルあたりのギブズ自由エネルギー $G(T, P)$, エンタルピー $H(T, P)$, およびエントロピー $S(T, P)$ は次式によって与えられる.

---

* 物質のエンタルピー, エントロピー, および自由エネルギーはある基準状態をもとにして表わされる. 種々の水蒸気表において, それぞれ異なる基準状態が採用されている. NEL Steam Table (Bain 1964) は 3 重点にある水を基準にしている.

$$\left.\begin{aligned} G(T,P) &= G^\circ(T)+RT\ln P+\int_0^P\left(V-\frac{RT}{P'}\right)\mathrm{d}P' \\ H(T,P) &= H^\circ(T)-T^2\int_0^P\frac{\partial}{\partial T}\frac{V}{T}\mathrm{d}P' \\ S(T,P) &= S^\circ(T)-R\ln P+\int_0^P\left(\frac{R}{P'}-\frac{\partial V}{\partial T}\right)\mathrm{d}P' \end{aligned}\right\} \quad (2.28)$$

ここで $G^\circ(T)$, $H^\circ(T)$, および $S^\circ(T)$ は表 2.6 に与えられた理想気体の熱力学関数であり，V は 1 モルあたりの体積，R は気体定数である．積分変数 P' はプライム ′ を付けて終圧力 P と区別した．被積分関数における P, V, および T の関係は経験的な状態方程式から見出される．

(2)　定圧熱容量 C_p を測定しそれを数値積分する方法．ここで問題となる積分は熱力学第 3 法則と関連して第 3.3 (b) 節で論じられる．

Keyes (1949) はいくつかの異なる方法で決定された水蒸気の熱力学関数を比較して，それらの結果は相互によく一致することを見出した．比較の詳細に関心のある読者は，彼の論文を参照されたい．

方法 (1) に関連して述べた理想気体の熱力学関数は，実在蒸気の性質を決定するために重要であるばかりでなく，氷の残余エントロピー（第 3.3(b) 節）と昇華エネルギー（表 3.8）の決定にも重要である．理想気体の熱力学関数は，統計力学の方法によって計算される．分配関数は水分子の慣性モーメント，振動数，その他の分光学的定数を使って書かれるので，これらの定数の値が知られていれば熱力学関数が計算される．この種の最も綿密な計算は Friedman and Haar (1954) によるものである．彼らは水の分配関数を並進，振動，回転およびこれらの相互作用による寄与の積で表現した．この分配関数には分子の回転による遠心力の効果，分子振動の非調和性，および回転と振動の相互作用がとりいれられている．計算に必要な分光学的定数は Benedict *et al.* (1953) の正確な研究から採られた．Friedman and Haar は H_2O, HDO, D_2O, HTO, DTO および T_2O の理想気体熱力学関数を 50～5000 K の温度範囲にわたって計算した．H_2O に関する彼らの計算結果を，50～600 K の温度について表 2.6 に再録した．彼らによると $XY^{16}O$——ここで X, Y は H, D もしくは T を表わす——と自然に存在する $XY^{16}O$, $XY^{17}O$ および $XY^{18}O$ の混合物の熱力学

表 2.6 H_2O の理想気体熱力学関数†

(数値はすべて無次元の単位で与えられている．下つき添字0は0Kを意味する．R は気体定数である.)

$\frac{T}{\mathrm{K}}$	$\frac{C_P{}^\circ}{R}$	$\frac{(H^\circ-E_0{}^\circ)}{RT}$	$\frac{-(G^\circ-E_0{}^\circ)}{RT}$	$\frac{S^\circ}{R}$
50	4.00719	3.90579	11.63213	15.53793
60	4.00634	3.92262	12.34582	16.26844
70	4.00590	3.93454	12.95144	16.88599
80	4.00573	3.94345	13.47744	17.42089
90	4.00571	3.95037	13.94232	17.98269
100	4.00581	3.95591	14.35883	18.31474
110	4.00599	3.96045	14.73609	18.69655
120	4.00622	3.96425	15.08086	19.04512
130	4.00649	3.96749	15.39830	19.36580
140	4.00680	3.97029	15.69243	19.66273
150	4.00715	3.97273	15.96644	19.93918
160	4.00755	3.97490	16.22290	20.19781
170	4.00803	3.97683	16.46394	20.44078
180	4.00860	3.97858	16.69130	20.66989
190	4.00931	3.98018	16.90646	20.88664
200	4.01020	3.98166	17.11065	21.09231
210	4.01132	3.98304	17.30495	21.28800
220	4.01272	3.98436	17.49027	21.47463
230	4.01446	3.98563	17.66741	21.65304
240	4.01658	3.98687	17.83706	21.82394
250	4.01912	3.98811	17.99984	21.98796
260	4.02214	3.98936	18.15628	22.14565
270	4.02565	3.99063	18.30687	22.29751
280	4.02970	3.99196	18.45202	22.44398
290	4.03428	3.99334	18.59213	22.58547
300	4.03942	3.99478	18.72753	22.72232
310	4.04511	3.99631	18.85855	22.85486
320	4.05136	3.99794	18.98545	22.98339
330	4.05815	3.99966	19.10850	23.10816
340	4.06547	4.00148	19.22793	23.22941
350	4.07329	4.00342	19.34395	23.34737
360	4.08160	4.00548	19.45676	23.46224
370	4.09038	4.00765	19.56653	23.57419
380	4.09958	4.00995	19.67344	23.68339
390	4.10920	4.01237	19.77763	23.79000
400	4.11919	4.01491	19.87925	23.89417
450	4.17394	4.02948	20.35295	24.38243
500	4.23453	4.04691	20.77837	24.82529
550	4.29891	4.06687	21.16500	25.23188
600	4.36590	4.08898	21.51980	25.60879

† Friedman and Haar (1954) による計算値.

的性質の間には無視できる程度の差しか存在しない（第1.1 (a) 節参照).

つぎに水蒸気の熱力学的性質の圧力と温度に対する依存性についてつけくわえておこう．水蒸気のエントロピーは他の気体の場合と同様に温度上昇にともなって増加し，圧力上昇にともなって減少する．この様子が図2.9に示されている．この曲面の一気圧に対応するひとつの断面が，図3.12に示された曲線

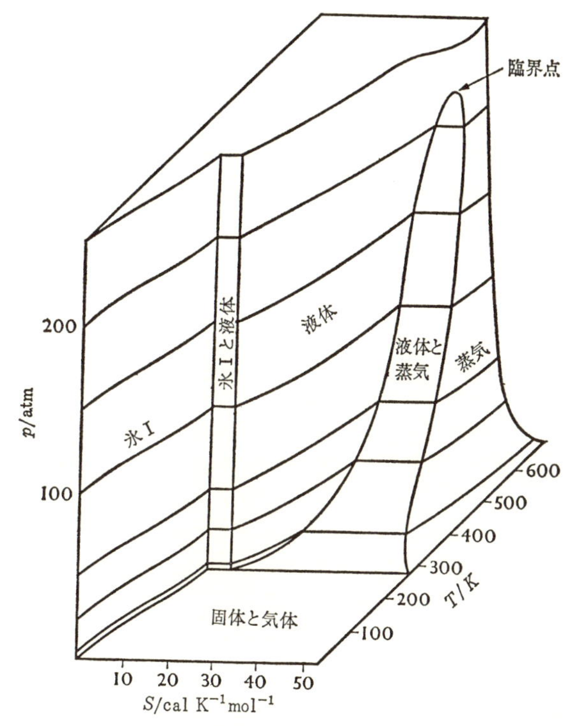

図 2.9 H_2O のエントロピーの温度および圧力依存性．曲面上に等圧線が描かれている．Slater (1939) をもとにして描きなおしたもの．

である．

ギブズ・エネルギーの温度依存性は $(\partial G/\partial T)_P=-S$ で与えられる．われわれが上で見たとおり，水蒸気のエントロピーは正であり温度上昇にともなって増加する．したがって，ギブズ・エネルギーは温度上昇とともに減少し，しかも，高温になる程急激に減少する．この振舞いは図 2.10 に見られるとおりである．ギブズ・エネルギーの圧力依存性は $(\partial G/\partial P)_T=V$ で記述される．したがって，蒸気の体積が大きい低圧においてギブズ・エネルギーは昇圧にともなって急激に増大するが，高圧においては蒸気の体積が小さく，したがってギブズ・エネルギーは圧力の増大にともなって，わずかずつ増加する．ギブズ・エネルギーは，エントロピー，エンタルピー，および体積とちがって相変化に際

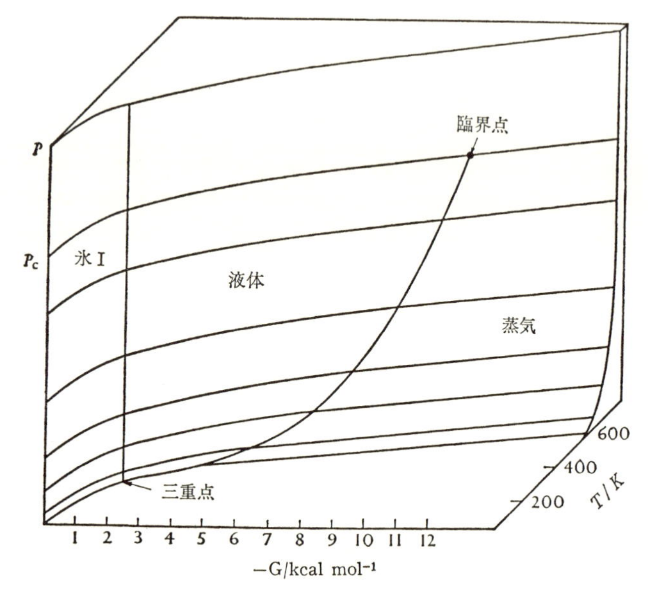

図 2.10 H_2O のギブズ・エネルギーの温度および圧力依存性．0 K の氷が基準状態にとられている．Slater (1939) をもとにして描きなおしたもの．

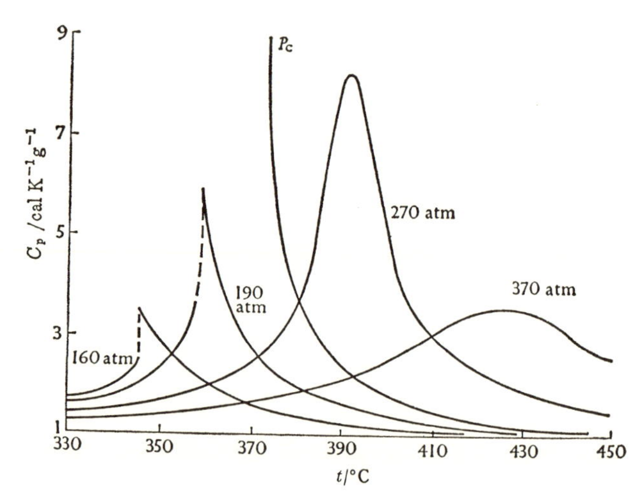

図 2.11 H_2O の比熱容量．臨界等圧線にそう比熱容量は，温度が上から臨界点に近づくにつれて無限大となる．Wilson (1957) より再録．

して T と P の連続関数である．

熱容量の振舞は複雑である．1気圧における沸点での水の比熱容量（1グラムあたり熱容量）は 1.01 cal^{-1} g^{-1} K^{-1} である．蒸発にともなって比熱容量は 0.50 cal g^{-1} K^{-1} まで急激に減少する．1気圧のもとで加熱を続けると 200°C 付近で比熱容量はわずかな極少を経て，ふたたび増大する（図 3. 12）．もうすこし高い圧力のもとでは C_p の値がすこしばかり大きいという点を除いて大略同様の振舞をするが，極少値はより高温側で現われる．しかし，臨界圧に近づくと C_p 対温度の曲線に著しい異常が目立つようになる（図 2. 11 参照）．すなわち水の比熱容量は蒸発にいたる前に増大し，水蒸気の比熱容量も蒸気飽和曲線の近くにおいて著しく大きい値をとる．さらに高圧下でも C_p 対温度曲線に極大が見られるが，この極大は昇圧とともに次第に目立たなくなる．

第3章　氷

氷は水とちがって比較的よく理解されており，その諸性質は結晶構造，分子間力，および分子内のエネルギー準位にもとづいて解釈されている．この章では通常の氷の構造について記述し，また氷の多形の構造についても現在までに知られている事実を述べる．そののち，氷の熱力学的，電気的，および分光学的な諸性質を概観し，可能な限りそれらを氷の結晶構造と水分子の性質とに関連づけることを試みる．いくつかの性質はとくに詳しく扱ったが，それはそれらの性質が種々の観点から異常であったり，それ自身で興味深いということの他に第4章，第5章で水の性質を論ずる際に役立つからである．最後に水素結合が氷の物性をいかに左右しているかを論じてこの章を終る．

3.1　氷Iの構造

(a)　酸素原子の位置

通常の六方晶氷（氷I）の結晶構造の基本的な特徴はすでに確立されている．各酸素原子は約2.76 Å だけ距ったところにある4個の隣接酸素原子によって四面体的に囲まれており，各水分子と隣接水分子の間は水素結合によって結ばれている．すなわちその O—H 結合は隣接4分子のうちの2つの孤立電子対に向っており，それらと2本の O—H……O 水素結合を作る．また中心分子のもつ2個の孤立電子対は，それぞれ残りの2つの隣接分子の O—H 結合に向って O……H—O 水素結合を形成する．この配列は，空間の多いしかも分子間凝集力の強い格子を作る．図3.1に示したとおり，水分子の6員環はシクロヘキサンの椅子型にあたる配置をとりながら，凹凸のある平面をなして連らなり，結晶の c-軸方向に重なっている．また隣り合う2つの面に属する3個ずつの水分子も6員環を作るが，これはボート型をなしている．このような酸素原子の配

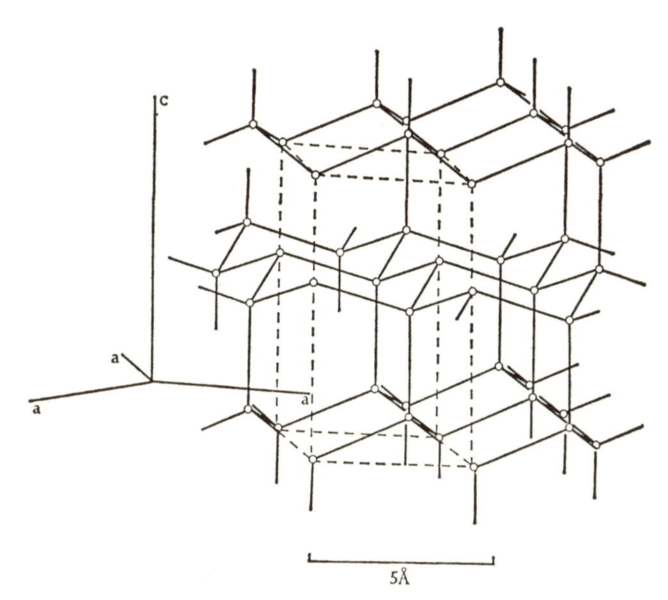

図 3.1　氷 I における酸素原子の配列．図中，破線は単位胞を示し，4 個の分子を含む．Owston (1958) より．

列は硫化亜鉛のウルツ鉱型のものと同形であり，また二酸化硅素のトリジマイト型における硅素原子の配列とも同形である．それ故，氷 I をウルツ鉱型もしくはトリジマイト型の氷と呼ぶ研究者もある．

この構造の重要な特徴は，図 3.2 に示されるように c-軸に対して平行，および垂直な細長い空洞が走っていることである．この空洞のために氷 I の構造は空間の多いものとなり，氷が水に浮かぶ理由ともなっている．この自分自身の液体に浮くという特異な性質は，ダイアモンド，硅素，ゲルマニウムも示すものであるが，これらの物質も氷と関連した構造をもっている*．

W. H Bragg (1922) が図 3.1 に示された酸素原子の位置をはじめて提案して以来，H_2O と D_2O の氷 I は X 線，電子線，および中性子線回折によって詳しく研究されている．この配置が基本的に正しいということは疑いの余地を残さないが，いくつかの立入った点が現在なお不確実である．単位胞が 4 個の酸素を含み，その対称が $P6_3/mmc$ であることは一般に認められているが，不確かなままになっているのは，単位胞の精密な大

* これらの結晶構造は実は氷 I_c における酸素原子の配列と同形である（第 3.2 (c) 節）．

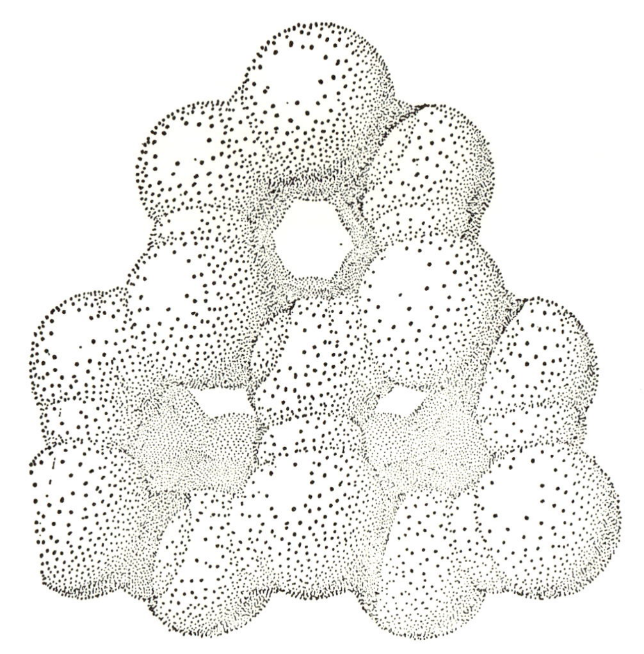

図 3.2 氷 I 結晶の構造を原子のファン・デル・ワールス半径にもとづいて描いたもの．*c*-軸方向に沿って空洞の連なりによる空き間が示されている．Pimentel and McClellan (1960) より再録．

きさとその温度依存性である．

Lonsdale (1958) はこの問題のレビューにおいて単位胞の軸比 c/a が正四面体から作られた結晶に特徴的な値すなわち 1.633 より 0.25% 程度小さいと考えられることを指摘した．このような軸比の非理想性は *c*-軸方向の最隣接酸素原子間の距離が他の酸素—酸素距離にくらべて短いか，あるいは O…O…O 角が厳密には四面体角に等しくないということを示している．両方の不規則性が氷の結晶中に存在することも考えられる．

Lonsdale は第 1 の解釈をとり，X 線および電子線回折から得られた単位胞パラメーターの値を整理することによって H_2O と D_2O の氷の最隣接酸素—酸素間の距離を温度の関数として計算した*．彼女の得た結果は表 3.1 に与えられている．この結果からわかるとおり H_2O と D_2O の氷の酸素—酸素距離の間に有意の差はない．また，すべての最隣接 O—O 距離は 0°C において 2.77 Å から 0.01 Å 以上にははずれていない．しかしいずれ

* データは Megaw (1934), Vegard and Hillesund (1942), Truby (1955) および Blackman and Lisgarten (1957) のもの．

表 3.1　大気圧下における氷 I の最隣接酸素—酸素間距離．Lonsdale (1958) によって回折データから計算された値．O—O′ 距離は c-軸方向，O—O″ 距離は c-軸と四面体角をなす方向のものである．

温度/°C	H_2O 氷 OH…O′/Å	H_2O 氷 OH…O″/Å	D_2O 氷 OD…O′/Å	D_2O 氷 OD…O″/Å
0	2.760	2.770	2.761	2.772
−30	2.758	2.767	2.758	2.768
−60	2.755	2.763	2.756	2.764
−90	2.752	2.759	2.754	2.760
−120	2.748	2.755	2.751	2.755
−150	2.745	2.750	2.748	2.750
−180	2.740	2.743	2.744	2.744

の氷においても，c-軸方向の O—O 距離は他の O—O 距離にくらべて約 0.01 Å だけ短い．低温においてこの差は減少し（すなわち c/a 比が理想値 1.633 に近づく），−180°C においていずれの O—O 距離も約 2.74 Å となる．La Placa and Post (1960) による氷 I の新しい X 線的研究によれば，Lonsdale によって要約されたデータとは対照的に 0°C における軸比の非理想性が，そのまま低温においても残っている．低温において La Placa and Post の値の方が Lonsdale の値より信頼性に富むことのひとつのしるしは，彼らのデータから計算される熱膨脹係数の値の方が Lonsdale による計算値より実測値とよく合うということである（第 3. 3 (c) 節参照）．

すでに述べたとおり，氷の軸比の非理想性は O……O……O 角が厳密には正四面体角でないことに由来すると考えることもできる．Brill(1962)によると La Placa and Post の軸比 c/a は四面体角 $\left(\cos^{-1}\left(-\frac{1}{3}\right)\cong 109.47°\right)$ からのずれが ±0.16° であるとして説明される．ここで負符号は図 3. 3 の O′……O……O″ 角に対応し，正符号は O″……O……O‴ 角に対応する．

(b)　水素原子の位置†

氷における水素原子の位置の決定は，水素原子が X 線や電子線に対する散乱源として酸素原子ほどに有効でないということが主たる理由となって難しい問題であった．中性子回折がこの問題に適用される以前には，いくつかの間接的な方法が用いられたが，それらの方法も水素原子の位置に関して重要な知見をもたらしたので，中性子回折の結果を考察する前にそれらをまず見ておこう．

† Owston (1958) は，このトピックを詳しくレビューしている．

Bernal and Fowler (1933) と Pauling (1935) は氷と水蒸気の性質が多くの点で——とくに振動スペクトルにおいて——類似していることから，氷の中でも水が分子として存在すると考えた．これは氷の分子がイオン化しているという考えや，水素原子が2個の隣接酸素原子のちょうど中間に位置しているという考え（例えば，Barnes 1929）を否定するものである．しかし H_2O が分子として存在し，各 O—H 結合が4個の隣接分子の方向を向くと仮定しても，各水分子には6つの可能な方向が残されているので，氷の結晶全体として莫大な数の水素原子の配置が可能である．これらの配置のうちどのひとつが，もしくは，どのひと組がエネルギー的に有利であるかは直ちには明らかではない．

ポーリング（Pauling）は1935年に，次の3つの条件に合う配置はすべて同じように実現されるであろうと論じた．すなわち

(1) ごくわずかのイオン化した分子を除いて，氷の H_2O は分子として存在する．

(2) 各水分子の2つの O—H 結合は，隣接する4分子のうちの2つに向っている．

(3) 隣り合う2つの水分子は，その酸素原子の間にただひとつの水素原子が存在するような配向をとる．

これらの条件のみに従う結晶は0 K においても完全な秩序状態になく，したがって残余エントロピーをもつということが Pauling の議論の基礎となっている．彼は，この無秩序にもとづくエントロピーの値を見積ることが可能であり，その値が0 K における残余エントロピーの実測値と極めてよく一致することを示した．

Pauling による残余エントロピーの計算は，次のようなものである．まず，1モルの氷には N 個の酸素原子と $2N$ 個の水素原子がある．(1) の条件を無視すると，各水素原子（むしろ水素原子核）はひとつの酸素原子の近くと，それに隣接する酸素原子の近くに，ひとつずつ占めうる場所をもつ．したがって全体として 2^{2N} 通りの可能な配置ができる．ここで条件 (1) を課せば（すなわち氷は水分子より成るとすれば），ひとつの酸素原子のまわりに2個の水素原子核がついて，H_2O 分子を作る配置以外はゆるされない．ひとつの酸素原子のまわりに零個から4個までの水素原子核を並べる仕方は 2^4 通りあるが，そ

のうち6通りは H_2O 分子に対応し，その他のものは H_3O^+ 等に対応する．したがって結晶全体でゆるされる配置の数は

$$W = 2^{2N} \times \left(\frac{6}{16}\right)^N = \left(\frac{3}{2}\right)^N$$

である．この無秩序から生じるエントロピー，S_0 は次式で与えられる．

$$S_0 = k \ln W = 0.805 \text{ cal K}^{-1} \text{ mol}^{-1}.$$

この値は氷 I の残余エントロピーの実測 0.82±0.15 cal K^{-1} mol^{-1} (Giauque and Ashley 1933, Giauque and Stout 1936) と見事に一致する．さらに，D_2O の氷 I の残余エントロピーの実測値，0.77±0.1 cal K^{-1} mol^{-1}(Long and Kemp 1936) は，実験誤差の範囲で H_2O の値と同じであり，Pauling の説をうらづけるものである．

Pauling による残余エントロピーの計算は厳密でない．Onsager and Dupuis (1960) はこのことに注目し，Pauling の結果が正しい値の下限を与えることを示した．Dimarzio and Stillinger (1964) はこの問題に格子統計の方法を適用した．彼らの研究は Nagle (1966) によって拡張された．Nagle は S_0 の正しい計算値が氷 I と氷 I_c のいずれについても 0.8145±0.0002 cal K^{-1} mol^{-1} であることを示した．Pauling の値は正しい値の1.2% 以内にある．

中性子回折 (Peterson and Levy 1957) の結果は，Pauling の無秩序構造が −50°C と −150°C において基本的に正しいことを確認した．すなわち，D_2O の氷の回折像は各酸素原子のまわりに4個の「半重陽子」が存在することを示したが，これはちょうど Pauling の無秩序構造が与えるものである．Peterson and Levy は彼らのデータにもとづいて重水素が例えば c-軸方向に秩序化しているとしても，その秩序化の程度は 20% を越えないと考えている．

Peterson and Levy の中性子回折のデータは，さらに氷における D_2O 分子の大きさに関する数値をもたらした．彼らは，O—D 結合長が 1.01 Å であることを見出したが，これは孤立分子の値 0.96 Å よりわずかに長い (図3. 3参照)．また彼らは D—O—D の原子価角が O……O……O 角とほとんど等しく，したがって孤立分子の場合よりおよそ 5° だけ大きいことを見出した．この結果に対して Chidambaram (1961) によって疑問が提出されている．O—D…O 水素結合は D—O—D 原子価角より曲りやすく，したがって氷 I における D—O—

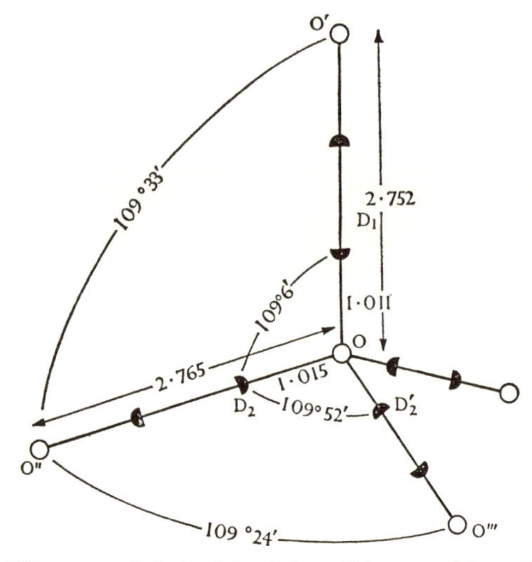

図 3.3 −50°C における D_2O 氷の分子の大きさ．Peterson and Levy (1957) によって決定されたもの．酸素原子は白丸で，重水素核は黒い半丸で示されている．言うまでもなく，任意の瞬間にただひとつの重水素が各 O……O 軸の上にある．与えられた数値の確度は桁数が示すほどに高くないであろう (Lonsdale 1958 参照)．Owston (1958) より再録．

D 角は凝縮によって 109.5° まで増大するとは考えられない，というのが彼の論点である．彼は気相での原子価角 104.5° からの変形をごくわずかにとどめ，そのかわりに O—D…O 結合をすこしばかり曲げた構造が Peterson and Levy のデータと同様に矛盾しないことを示した．この構造において，重陽子は約 0.04 Å だけ O…O 軸からずれている．言いかえれば O—D…O 結合は平均 6.8° だけ曲がっているのである．このモデルのうらづけとして Chidambaram は H—O—H の変角振動が水蒸気から氷への変化にともなってわずかしか変らない (1595 cm から 1640 cm^{-1}) こと，および水和物において水分子の H—O—H 角が 104.5° からわずかしかずれないことを挙げている．氷の核磁気共鳴による研究 (第 3. 5(c) 節) も Chidambaram の構造を支持する．

(c) 熱振動の振幅

氷 I における原子の熱振動の振幅は X 線，および中性子線回折のデータから推算され，また熱力学的データからも求められている．Peterson and Levy (1957) は D_2O の氷について中性子線回折のデータから −50°C と −150°C に

表 3.2　氷 I における熱振動の二乗平均振幅（単位 Å）

研　究　者	実験データ	温度 C°	H_2O 酸素	H_2O 水素	D_2O 酸素	D_2O 重水素
Peterson and Levy (1957)	中性子回折	−150			0.138	0.167
		−50			0.173	0.201
Owston (1958)	X線回折	−10	0.25			
Leadbetter (1965)	熱力学	−273	0.092	0.150	0.090	0.129
		−173	0.132	0.178	..	...
		−150	..	..	0.145	0.173
		−73	0.185	0.221	..	..
		−50	..	..	0.195	0.217
		0	0.215	0.248	0.214	0.236

おける酸素と重水素の2乗平均振幅を決定した（表 3. 2）．その結果によると酸素の振動は近似的に等方的であるが，重水素の振動は著しく異方的である．Owston (1958) は X 線のデータにもとづいて，−10°C における氷の H_2O 分子の2乗平均振幅を 0.25 Å と推算した．

Leadbetter (1965) は H_2O と D_2O における各原子の振幅を熱力学的データから計算した．彼は，分子間の ν_L と ν_T の振動モード（3. 5(a) 節）から来る寄与と分子内モードの零点振動から来る寄与を計算したが，表 3. 2 には全2乗平均振幅が与えられている．Leadbetter の D_2O に関する結果が，Peterson and Levy のものとよく一致することは注目される．

（d）　氷 I の構造：まとめ

氷 I の構造に関して目立った特徴はすでに確立されているが，いくつかの詳細な点は，まだ明らかでない．H_2O と D_2O の氷 I の構造の間に明らかな差異はない．0°C において，いずれについても隣接酸素原子間の間隔は 2.76 Å である．酸素原子の配置が 0°C において正四面体配位からずれているという証拠があるが，そのずれの温度依存性については一般的な一致が得られていない．正四面体配位からのずれの起因として c-軸方向の水素結合が他のものより短いこと，結晶学的に非等価な O…O…O 角の大きさが互いに異なること，およびこれら2つの効果の組合せが考えられる．いずれにしてもこのずれの原因の分子間力にもとづく解釈はされていない．

氷 I における水分子の大きさは，孤立分子と比較して著しく違わない．すなわち O—H 距離は約1.01 Å であり，H—O—H 角は孤立分子の原子価角104.5 Å よりあまり大きくないと考えられる．

氷の結晶中で H_2O 分子がとる様々の方向に対応して数多の水素核の配置が可能であるが，そのうち78頁で述べた条件に合致するものは近似的に等しいエネルギーをもつ．他の配置，例えば第3.4(b) 節で論じる欠陥を含むものなどはそのエネルギーが高く稀にしか実現しない．このような条件のもとでも，1モルの氷について可能な水素原子の配置は $(3/2)^{6.02\times10^{23}}$ 通りもある．氷の誘電定数が高い（第3.4(a) 節）のは融点よりあまり低くない温度において氷の結晶が，これらの可能な状態の間をたえず移り変っているからである．

融点近くの温度で見られる無秩序状態よりも水素原子の配置が秩序化した状態の方がおそらく低い内部エネルギーをもち，したがって低温においてこの秩序状態が熱力学的に安定な状態となるのであろう．しかしながら低温では分子の配向変化が極めて遅く，有限の時間内に熱力学的平衡は到達されない．言い換えれば，氷 I が冷却されるにつれて分子の再配向が次第に遅くなり，ついに結晶は秩序状態より高いエネルギーを持ったまま，無秩序状態に「凍りつく」のである．

3.2 氷の多形の構造

通常の氷 I を含めて，少くとも9種類の氷の多形が知られている．氷 II から氷 VII までは高圧下で作られる氷であって，Tamman(1900) および Bridgman (1912, 1935, 1937) によって発見された．氷 VIII は氷 VII の低温形であって，ごく最近，氷 VII とは別の結晶であることが認められた．高圧形の多くは液体窒素温度に冷却すれば常圧下で準安定的に存在するので，その構造や物性を研究することは，甚しく困難であるというわけではない．このような準安定状態を「凍結されている」(quenched) と呼ぶ．

図3.4にこれらの多形の安定領域が P-V-T 曲面によって示されている．この曲面上に示された多形以外に，この領域内で準安定的に存在する3つの状態が知られている．すなわち，氷 V の安定領域内に氷 VI が Bridgman によって見出された．また氷 I の安定領域の低温部分に立方晶氷とも呼ばれる氷 I_c と，ガラス性氷*の存在が知られている．ガラス性氷は本来の意味の多形ではなく，

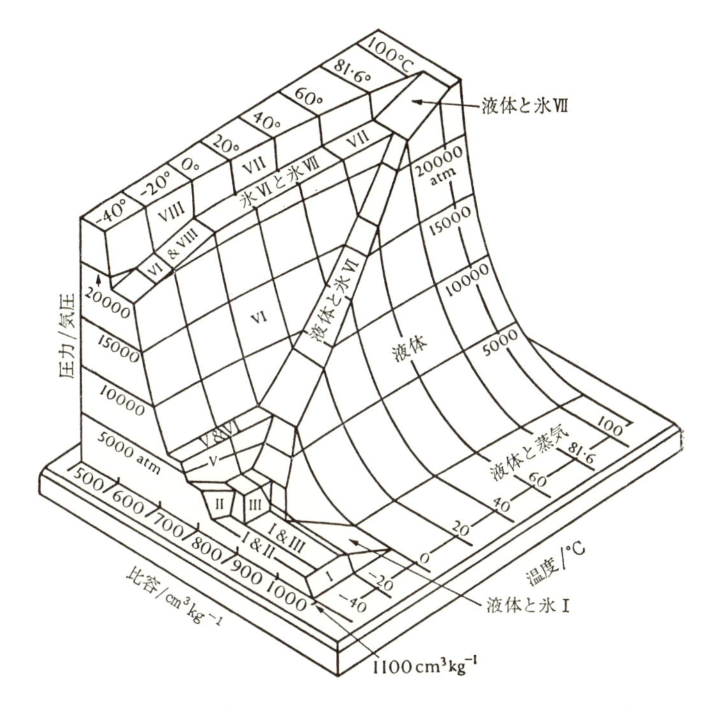

図 3.4　H_2O の P-V-T 曲面. Zemansky (1957) より修正を加えて再録.

いわゆるガラス状態にあるもので極度に過冷却された水である.

(a)　氷 II, III および V

氷 II, III および V は Bridgman の相図の中心部を占めている. Kamb と彼の共同研究者によって決められたこれらの構造は, 互いに多くの類似点をもつ. 各水分子は 4 個の隣接分子と水素結合しているが, それによって作られる四面体は氷 I におけるものよりもはるかに不規則な形をしていて, これらの結晶型での水素結合がゆがんでいることを示す. また 1 気圧のもとでの最隣接分子間の距離は 2.8±0.1 Å であって, 氷 I における値と同程度である. しかし水素結合していない分子で最も近いものが, 氷 I の場合には 4.5 Å の距離にあるのに対し, これらの多形においては 3.2～3.5 Å の範囲にある. したがって, これらの多形が氷 I にくらべて密に填っているのは水素結合が短いためではな

*　これはむしろガラス性水と呼ばれるものである [訳者]

表 3.3　氷の多形の結晶学的性質†

氷	I	I_c	II	III
結　晶　系	六　方	立　方	菱面体	正　方
空　間　群‡	$P6_3/mmc$	$F\bar{4}3m$	$R\bar{3}$	$P4_12_12$
単位胞の大きさ/Å§	a 4.48 c 7.31	a 6.35	a 7.78 α 113.1°	a 6.73 c 6.83
単位胞あたりの分子数	4	8	12	12
−175°C, 1 気圧における密度/gcm^{-1}	0.94	..	1.17	1.14
(t°C, P キロバール) における密度/gcm^{-1}	0.92 (0°C, 1)	0.93 (−130°C, 1)	1.18 (−35°C, 2.1)	1.15 (−22°C, 2.0)

氷	V	VI	VII	VIII
結　晶　系	単　斜	正　方	立　方	立　方
空　間　群‡	A2/a	$P4_2/nmc$	Im3m	Im3m
単位胞の大きさ/Å§	a 9.22, b 7.54 c 10.35, β 109.2°	a 6.27 c 5.79		a 3.41
単位胞あたりの分子数	28	10	2	2
−175°C, 1 気圧における密度/gcm^{-1}	1.23	1.31	..	1.50
(t°C, P キロバール) における密度/g cm^{-1}	1.26 (−5°C, 5.3)	1.34 (15°C, 8)	~1.65 (25°C, 25)	~1.66 (−50°C, 25)

†　氷 I と I_c のデータは Lonsdale (1958) によるもの．高圧多形のデータは Kamb (1965 a. b), Kamb (1967), および Kamb *et al.* (1967) による．

‡　氷 ‡VI, VII, および VIII の空間群は確実ではない．

§　1 気圧，−175°C における値，ただし，氷 I_c については −130°C の値．

く，最隣接以外の分子が互いに近づきあえるように，水素結合がゆがんでいるからであるということができる．

氷 II，III および V の構造のもっとも著しい相違は，水素原子の秩序化にある．氷 V と氷 III は，それぞれの安定領域において水素原子の位置が無秩序状態にあるという点で氷 I と類似している（すなわち，分子の配向が 78 ページ

図 3.5　(a)　氷 II における水素結合のトポロジー．各線は O—H…O 結合を表わし，4 本の線の結び目は H_2O 分子を表わす．水素結合距離と結合角は下の (b) 図とちがってスケール通りには描かれていない．図中，7 本の，氷 I のものと同様な 6 角柱が見られるであろう．Levine (1966) より再録．

(b)　氷 II の構造．この構造に対して菱面体晶系もしくは六方晶系の単位胞をとることができる．ここでは菱面体の単位胞が六方晶の c-軸方向より見て描かれている．

各酸素原子の六方晶 (0001) 面からの高さが c-軸の長さの 100 分の 1 を単位として与えられている (c=6.25 Å)．Kamb によって提案された水素原子の秩序配置が 2 つの環について図示されている．水素結合は破線で表されている．上下の環を結ぶ結合は混乱をさけるために省略されている．酸素 O_I と O_{II} については本文中で論じられている．Kamb (1964) より．

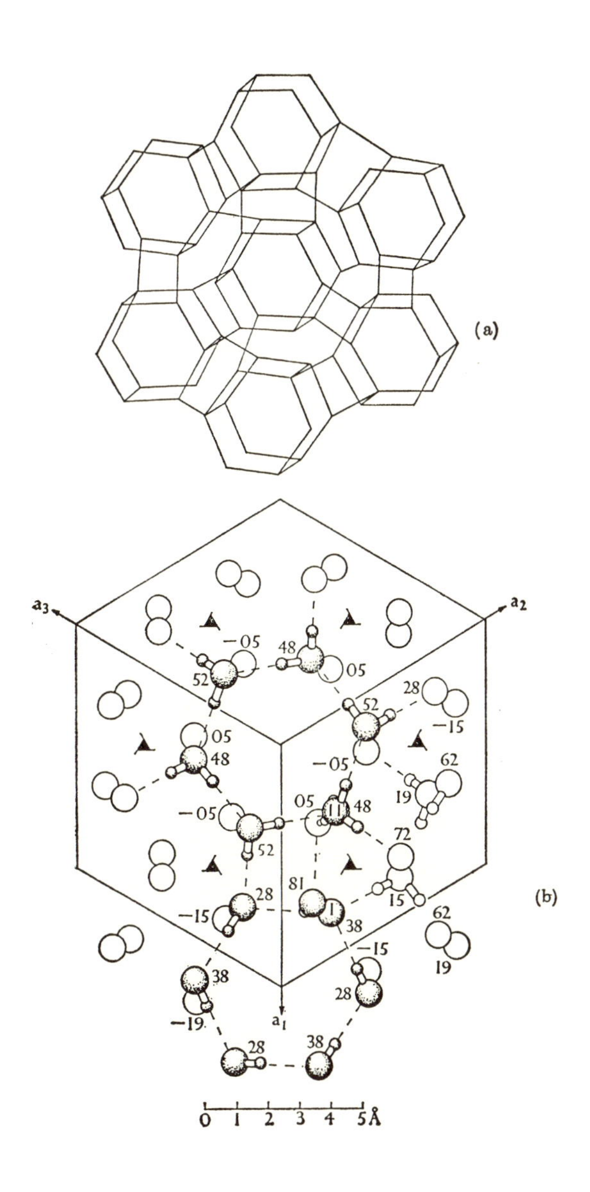
(a)
a3
a2
a1
(b)
−05
48
52
05
28
−15
05
48
−05
62
19
−05
05
11
48
52
72
81
28
15
−15
1
38
62
−15
19
38
28
−19
28
38
0 1 2 3 4 5Å

表 3.4　氷の多形の構造的特徴†

氷	I	I_C	II	III
最隣接分子の数	4	4	4	4
最隣接分子間の距離/Å	2.74	2.75§	2.75–2.84	2.76–2.80
水素結合で結ばれない最も近い分子までの距離/Å	4.49	4.50§	3.24	3.47
O…O…O 角	109.5°±0.2°	109.5°	80°–128°	87°–141°
水素原子の位置	無秩序	無秩序	秩　序	-40°C 以上で無秩序

氷	V	VI	VII	VIII
最隣接分子の数	4	4	8‡	8‡
最隣接分子間の距離/Å	2.76–2.87	2.81	2.86‖	2.86‖
水素結合で結ばれない最も近い分子までの距離/Å	3.28, 3.46	3.51	2.86‖	2.86‖
O…O…O 角	84°–135°	76°–128°	109.5°	109.5°
水素原子の位置	無秩序	無秩序	無秩序	秩　序

† とくに断らない限り −175°C, 1 気圧のデータを示す. 氷 I と I_C のデータは Lonsdale(1958), 高圧多形のデータは Kamb and Datta (1960), Kamb (1965 a. b), Kamb (1967), および Kamb *et al.* (1967) のもの.

‡ このうち 4 個は中心分子に水素結合で結ばれている.

§ −130°C における値.

‖ 25 キロバールにおける値. 凍結された氷 VII の大気圧における最隣接分子間距離は 2.95 Å である (Bertie *et al.* 1964).

に述べた条件のもとで無秩序である). 氷 II と過冷却した氷 III は秩序化した水素原子の配置をもつと考えられる.

Kamb (1964) による X 線回折の結果に従うと凍結された氷 II の単位胞は菱面体であり, 12 個の水分子を含む(表 3. 3). この構造は凹凸のある 6 員環の積重なったコラムから成っている. この 6 員環は氷 I のものと類似しているが, より密に填っている (図 3. 5 (a)). Kamb は氷 II と氷 I の関係を次のように表現した. すなわち, 氷 I の 6 員環のコラムを切りはなし, *c*-軸方向に上下にすこしずつずらせたのち, 30° だけ回転させて, 図 3. 5 (a) に示されるように密に再結合させると, 氷 II の構造ができる. 再結合させる際の立体的な要請から, 各コラムの 6 員環が相対的に約 15° ずつ回転し, また環がひとつおきにかなり平面に近くなる. Kamb によれば, 陽子の位置が秩序化することにより, 図 3. 5 (b) の 0_{II} を含む環がほとんど平面化するとともに, 0_I を含む環は氷 I における 6 員環よりさらに強くパッカーリングさせられることになったと考えられる．

表3.4に，氷IIおよびその他の多形の構造上の特徴がまとめられている．氷IIにおける最隣接酸素—酸素間距離は2.75～2.84(±0.01)Åの範囲にあって，氷Iにおける値よりすこしばかり大きい．氷IIの各酸素原子から3,24Åの位置に，中心原子と水素結合していない酸素原子がある．図3.5(b)の酸素Iと酸素IIは，このような相互関係にある．氷IIには18種の異なるO…O…O角があって80°から120°の範囲に分布している．しかしこの結晶形においては水素の位置が秩序化しているので，すべてのO…O…O角がH—O—Hグループの水素結合に関与しているのではない．言いかえれば，必ずしもすべてのO…O…O角が**供与体角**ではないのである．実際Kamb(1964)はただ2つのO…O…O角が供与体角であると論じた．彼の論点を認め，さらにH—O—H角が約105°であるとすれば，このO—H…O水素結合が平均として角$\theta=8°$だけ曲っているという結論となる．

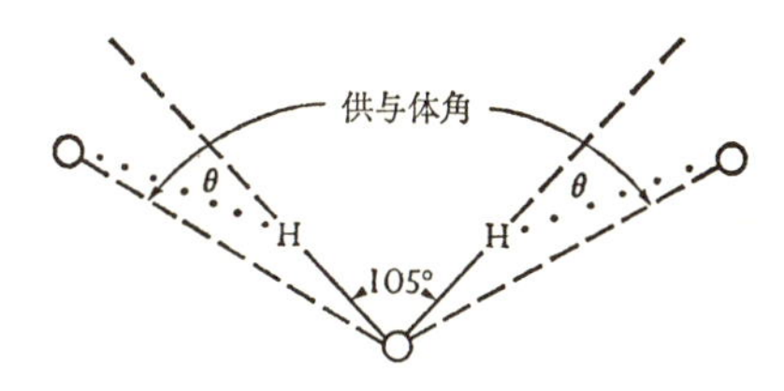

氷IIにおいて，水素原子の配置が秩序状態にあるという仮説には，いくつかの根拠がある．

(1)　熱力学より：氷IIはそれに隣接する相より$k\ln(3/2)^N$だけ少いエントロピーをもつ．Kambが指摘したとおり，この差は，氷IIが秩序化した水素の配列をもつこと，そのまわりの相では水素の位置が無秩序であること，および，その他の点ではすべての相が同じエントロピーをもつことを仮定すれば予期されるところのものである．

(2)　分光学より：氷IIの赤外線スペクトル（第3.5節）は秩序化した水素の配置と矛盾しないものである．Bertie and Whalley(1964 b)は分光学的なデータから水素が秩序状態にあることを予想した．

(3)　誘電物性より：氷IIの誘電定数が小さく，また誘電緩和が見られないこと（第3.4節）は水素原子が定った位置にある構造とよく呼応する．

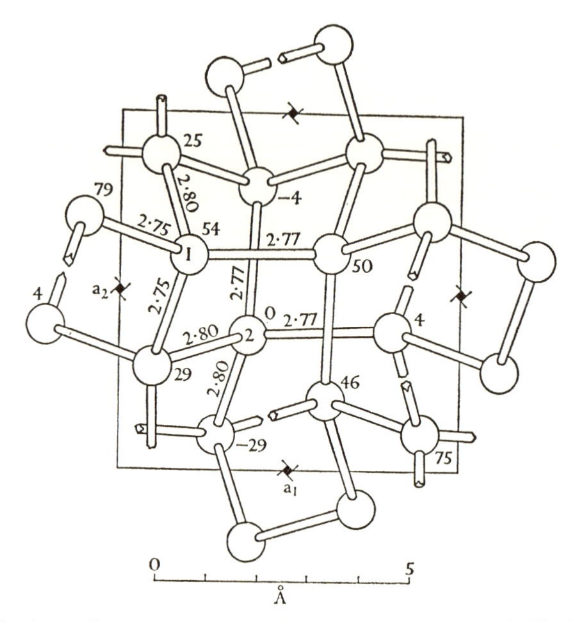

図 3.6 氷 III の構造．c–軸方向に沿って見たもの．酸素原子は球で，O–H…O 水素結合は棒で表されている．各酸素原子に付けた数はその z–座標を c–軸の長さの 100 分の 1 を単位として示したものである．また，各結合にそって与えられた数はその長さを Å で表わす．O_1 と O_2 については本文中で論じられている．Kamb (1967) より．

Kamb の提出した水素原子の秩序配置は図 3. 5 (b) に示したものであるが，これは水素原子の位置が秩序状態にあること自体ほどに確立されたものではない．この配置を主張する Kamb の論拠は複雑であるが，ひとつには，この配置の供与体角が有利な値であることと，いくつかの可能な配置のうち，この配置の X 線構造因子が X 線のデータと最もよく合うことが挙げられている．

凍結された氷 III の構造は，X 線の方法を使って Kamb and Datta (1960) によって研究された．彼らは単位胞が正方晶系に属し 12 個の分子を含むことを見出した．この構造（図 3. 6）は 2 種の酸素原子によって記述される．すなわち，O_1 原子は 4 回らせん軸をもって水素結合したヘリックス上にある．これらのヘリックスは O_2 原子によって結びつけられている．各 O_2 原子は異なる 4 本のヘリックスに属する O_1 原子と水素結合しているのである．この多形における最隣接分子間距離は 2.76 Å から 2.8 Å の間にある (Kamb 1967)．表

3.4参照.

氷IIIの誘電的研究（第3.4節）によると-30°C付近の温度において，分子の配向はたえず変化しており，無秩序状態にある．他方，分光学的研究（第3.5節）によると，分子は液体窒素温度において秩序状態にある．これは，明らかに-30C°以下の温度で，秩序-無秩序転移が起ることを意味する．事実Whalley and Davidson (1965)は，相図上にこのような転移が起っているという証拠を見出した．凍結された氷IIIの水素原子の配置が秩序状態にあることを確証するに足る高い精度の回折実験は，まだ報告されていない．

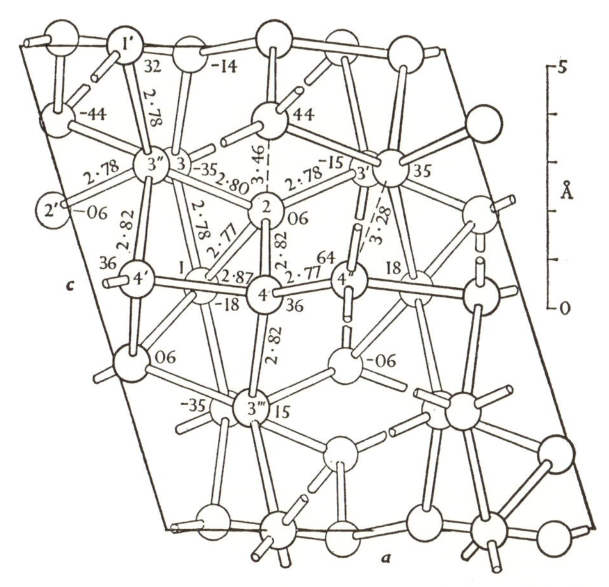

図 3.7　*b*-軸に沿って見た氷Vの構造.酸素原子は球で，O—H…O水素結合は棒で表されている．水素原子は図示されていない．各酸素原子に付けた数はその*y*座標を*b*軸の長さ（7.54 Å）の1/100を単位として表わしたもの．各結合に沿って与えられた数はその長さ（Å）．番号を打った分子については本文中で論じられている．Kamb *et al.* (1967) より．

氷Vは単斜晶系に属し，その単位胞には28個の水分子が含まれる．Kamb *et al.* (1967) はその構造を次のように表現している．すなわち，結晶の*a*-軸方向に水素結合した分子による2種のジグザグ鎖が走っている．一方の鎖はO_2，O_3分子が交互に連なってできており，他方はO_4分子からできている（図3.7

参照)．O_2—O_3 の鎖は対になって O_4—O_4 の鎖と水素結合し，O_2—O_3 鎖どうしは O_1 分子によって結ばれている．

氷 V における酸素原子のまわりの四面体配置は，氷 II や氷 III のものよりも平均として強くひずんでいる．氷 V での最隣接分子間距離は 2.76 Å から 2.87 Å の範囲にあり，O…O…O 角は 84° から 135° におよぶ．水素結合していない分子の最も近いものは，3.46 Å と 3.28 Å の位置にある．これらの分子対は図 3.7 において破線で示されている．

Kamb *et al.* (1967) は，凍結された氷 V の水素原子が無秩序状態にあると考えている．実測の構造因子と，酸素の位置を精密化した後のデータから計算された構造因子の差を用いてフーリエ合成した結果，水素原子に帰属することのできるピークが得られた．実測された 16 個のピークのうち，13 個は水素が O—O 軸上の両酸素原子から約 1 Åだけ距った位置にあるとして理解されるものである．分光学的研究（第 3.5 節）も無秩序構造を支持している．

氷 IV は Bridgman (1935) によって氷 V の安定領域内に見出された準安定相である．この多形は Bridgman によって，しかも D_2O の相図においてのみ明確に観測された．

(b) 氷 VI，VII，および VIII

氷 IV，VII および VIII は今まで知られている氷の多形のうちで，最も密度の高いものである．これらの多形が高い密度をもつのは，互いに入り組んだ網目構造より成るからである．これらは水素結合でできた全く同等な 2 つの網目構造であって，一方の網目構造のもつ空洞に他方の網目構造を作る分子が入り込んでいる．このように 2 つの網目構造は，互いに組合されているが，結合はしていない．

Kamb(1965 a) は X 線回折によって氷 VI を研究し，その構造が正方晶系に属していて，単位胞に 10 個の分子を含むことを見出した．解析の結果によると水分子は *c*-軸方向に鎖を形成し，その鎖が互いに水素結合で結ばれて完全な網目構造を作る (図 3. 8)．各 4 本の鎖の間には他方の網目構造に属する鎖が走っている．

氷 VI の構造には 3 種類の隣接分子対があるが，それらの分子間距離はすべて 2.81 Å である．また各分子は，3.51 Å 隔ったところに水素結合で結ばれて

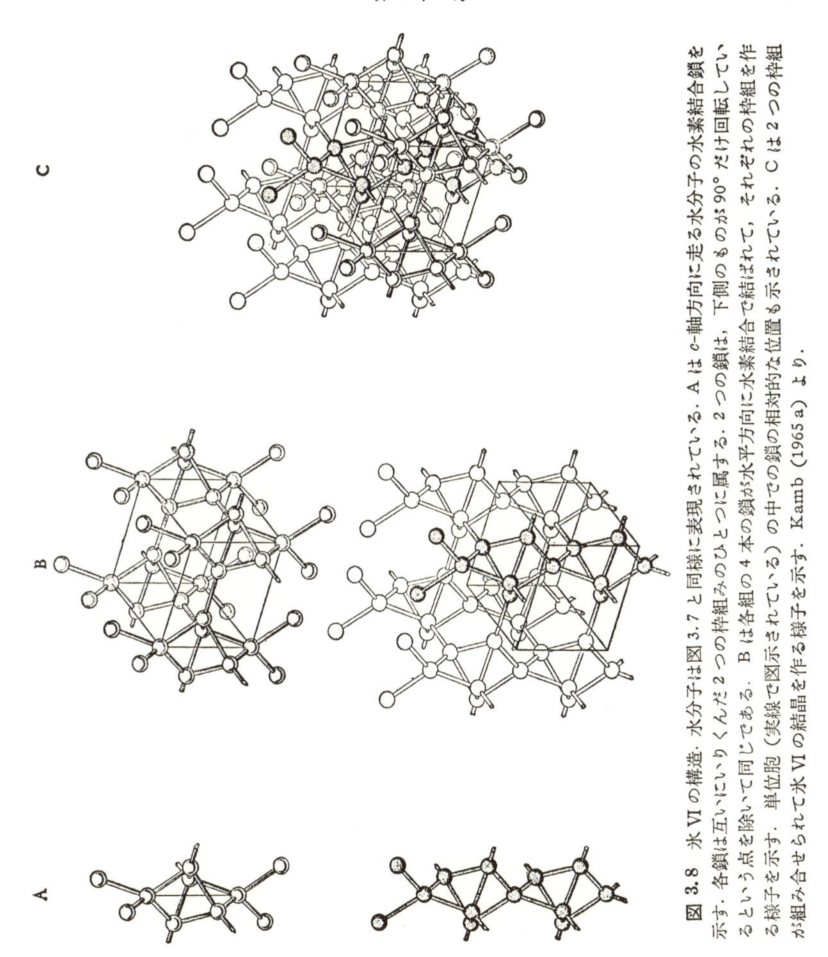

図 3.8　氷 VI の構造．水分子は図 3.7 と同様に表現されている．A は c-軸方向に走る水分子の水素結合鎖を示す．各鎖は互いにいりくんだ 2 つの枠組みのひとつに属する．2 つの鎖は，下側のものが 90° だけ回転しているという点を除いて同じである．B は各組の 4 本の鎖が水平方向に水素結合で結ばれて，それぞれの枠組を作る様子を示す．単位胞（実線で図示されている）の中での鎖の相対的な位置も示されている．C は 2 つの枠組が組み合せられて氷 VI の結晶を作る様子を示す．Kamb (1965 a) より．

いない 8 個の隣接分子をもつ．これらはもうひとつの網目構造に属するものである．O…O…O 角は 128° から 76° の間にいく通りかあって，109.5° から著しくずれている．

氷 VII は Bridgman (1937) が発見し，水と氷 VI に対するその相の境界を決定した (図 3.4)．Whalley and Davidson(1965) はこの相図を詳細に検討して，氷 VII が 5°C 以下の温度に冷却されると秩序-無秩序相転移を起すであろうと推論した．この種の転移が実際に起ることは，熱力学的および誘電的研究によって確認されている（第 3.3，3.4 節）．すなわち 5C° 以上において，分子はたえずその方向を変えているが，それ以下では固定しており，またこの転移にともなうエントロピー変化はほぼ $-k\ln\left(\frac{3}{2}\right)^N$ に等しい．つまり，氷 VII は無秩序な水素の配置をもっており，5°C 以下に冷却されると，それが秩序状態に転移すると考えられるのである．Whalley *et al.* (1966)は，この低温相を氷 VIII と呼ぶことを提案した．

Kamb and Davis (1964) は X 線の方法によって 25 kbar，−50°C の条件にある氷を研究した（おそらく氷 VIII であると考えられる）．彼らはこの結晶形が体心立方構造をもち，各酸素原子は 2.86 Å の距離に 8 個の最隣接分子をもつことを見出した．彼らによると，各水分子はこれら 8 個の分子のうちの 4 個と四面体的に水素結合している．図 3.9 に示されたこの構造は，2 つの氷 $\mathrm{I_c}$ 型

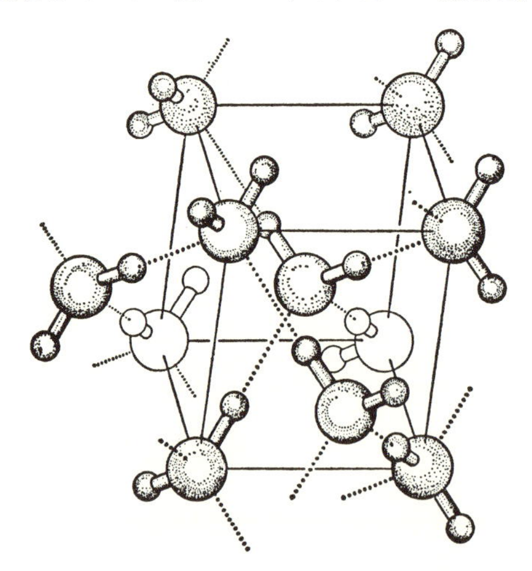

図 3.9 氷 VII と氷 VIII の構造．水素結合は点線で，単位胞は実線で示されている．水分子については氷 VII においてとりうる数多くの配置のひとつが示されている．氷 VIII において水分子の配向は秩序状態にある．しかし，どのような秩序状態をとるかは知られていない．一方の枠組みに属する分子と他方の枠組みに属する分子の間の静電的相互作用が秩序配置において有利になると考えられる．Kamb and Davis (1964) より．

の格子が互いに結合することなく入り組んで出来上ったものと見ることができる．一方の格子に属する原子は，他方の格子によって作られた空間に位置を占

めているのである．ただし，氷 VIII の密度（25 kbar において 1.66 gcm^{-1}）は氷 Ic のちょうど2倍になっていないが，これは氷 VIII における酸素—酸素間距離が長いからである．この距離が氷 Ic における値 2.75 Å より大きいのは，各分子とそれに水素結合によって結ばれていない4個の分子の間に強い反発力が作用していることを意味するものと考えられる．

（c）ガラス性氷*と氷 Ic

ガラス性氷は水蒸気を −160C° 以下に冷却した器壁に蒸着させることによって作られる．この生成物は散漫な X 線および電子線回折像を与えるので，ガラス性という名称で呼ばれる．このものがガラス状態にある水であることに，ほとんど疑問の余地はないが，その構造については事実上何も知られていない．ガラス性氷は加熱によって不可逆的に氷 Ic に転移する．この転移にともなって 0.2 から 0.3 kcal mol^{-1} の熱が放出される（Ghormley 1956, Dowell and Rinfret 1960）．McMillan and Los(1965) はガラス性氷を加熱した際に，−139 °C にガラス転移を，また −129°C に氷 Ic への結晶化を観測することができたと報告している．

氷 Ic は立方晶氷とも呼ばれ，ガラス性氷を加熱するか，−140°C から −120 °C に保たれた器壁に水蒸気を蒸着するか（Blackman and Lisgarten 1958)，もしくは凍結された高圧相の氷のいずれかを加熱すること（Bertie *et al.* 1963, 1964）によって作られる．作り方のいかんによらず氷 Ic はさらに加熱することによって，わずかのエンタルピー変化をともなって不可逆的に氷 I に転移する．

Blackman and Lisgarten(1958) はガラス性氷と氷 Ic に関する1958年までの研究をレビューした．ガラス性氷から氷 Ic への転移温度は明確に定められないようである．いく人かの研究者は −160°C 付近に転移を見出した．他の研究者は −120°C に転移を観測している．氷 Ic から氷 I への転移も −130°C (Dowell and Rinfret 1960) から −70 °C (Beaumont et al. 1961) までの広い温度範囲にわたって報告されている．Bertie *et al.* (1963) はこの転移の速度が試料の温度と熱履歴に依存することを見出した．

氷 Ic の構造は X 線および電子線回折の方法で研究された．酸素原子の配置

* （訳注）83 ページの訳注参照．

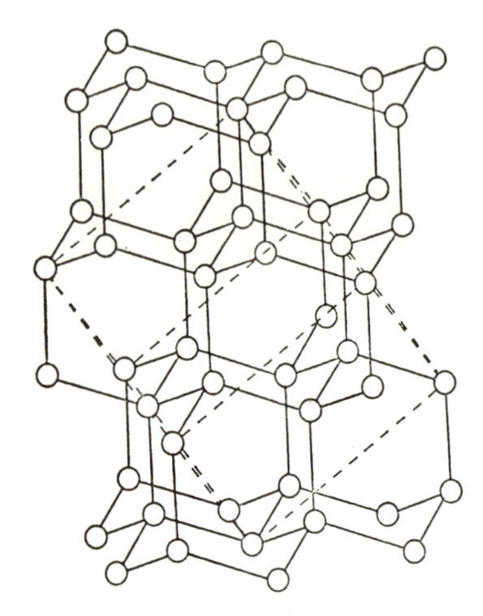

図 3.10 氷 I_C における酸素原子の配置．この配置はダイアモンドと同型である．単位胞は破線で示されている．Brill (1962) より．

は氷 I のものと類似し，ダイアモンドにおける炭素原子の位置と同じである(図 3. 10)．各水分子は 4 個の最隣接分子と水素結合で結ばれており，その距離は −130°C において 2.75 Å である．この数値は同温度にある氷 I のものと同じである．また酸素原子が「椅子型」の 6 員環よりなる凹凸の層をかたちづくる点も，氷 I と同じである．しかし，この層の積み重ね方が氷 I のものと違っていて，ひとつの層に属する 3 個の酸素原子とそれに隣接する層に属する 3 個の酸素原子より成る 6 員環も，やはり「椅子型」の構造をとっている．Honjo and Shimaoka(1957) は電子回線折の強度の実測値と種々のモデルに対する計算値の比較から，氷 I_C の水素原子が氷 I のものと同様に無秩序状態にあると結論した．また，彼らは電子線回折の結果にもとづいて，氷 I_C における O—H 距離を 0.97 Å と推算した．この数値と氷 I における O—D 距離 1.01 Å の間の差は有意ではないと考えられる．

(d) 氷の多形の構造的特徴；まとめ

氷の多形の構造上の特徴が表 3. 4 にまとめられている．いくつかの特徴はすべての多形に共通したものであるが，高圧相のみに見られる特徴もある．まず現在までに知られているすべての多形に共通する特徴として次の点がある．

(1) H_2O の分子が存在し，その H—O—H 角と O—H 結合長は孤立分子のものと著しく異らない*.

(2)　各水分子は4個の隣接分子と水素結合する.

(3)　これらの水素結合した隣接分子は近似的に四面体的に配位している.

高圧相においてのみ見られる構造上の特徴としては次のものがある.

(1)　水素結合で結び合っていない分子が4.5 Å以内の位置にある.

(2)　平衡水素結合角が180°から数度以上ずれたものがある(氷 I の平衡O…H—O 角の180°からのずれは大きく見つもっても7°である).

(3)　隣接 O…O 間の平衡距離は2.76 Å より目立ってずれている.

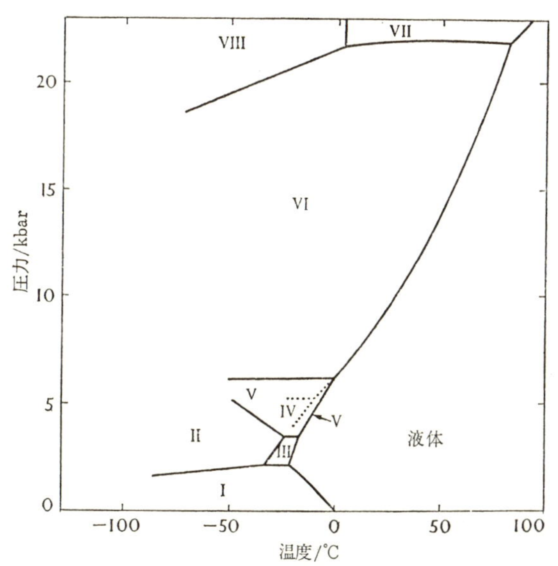

図 3.11　H_2O の相図. Bridgman (1912, 1935, 1937) および Brown and Whalley (1966) のデータにもとづく. 点線は氷 VI の準安定領域を示す. ただし, この領域は Bridgman によって D_2O についてのみ描かれたものであることに注意. Kamb (1965a) より修正ののち再録.

---

* 氷の多形における水素原子の位置に関して直接的な証拠があるのは氷 I, Ic, II, および V に対するもののみである. しかし, 氷 III と VI の赤外線およびラマンスペクトルは氷 I, Ic のものとよく似ており, これらの相においても H_2O 分子が存在すること, およびその H—O—H 角と O—H 結合長が氷 I, Ic におけるものに近い値をとることが示される (Bertie and Whalley 1964 b, Taylor and Whalley 1964, Marckmann and Whalley 1964). また, 氷 VII, および VIII の結晶構造はこれらの相においても H—O—H 角が105°から著しくずれていないことを意味するものと思われる.

低温領域もしくは低温で存在する相のみに見られる特徴として次のひとつがある.

(1)　水素原子の配置が秩序状態にある.

次節では，これらの多形の構造上の特徴と相図におけるその安定領域の間の関係を考察しよう.

3.3　熱力学的性質

(a)　相関係

準安定形を除いて氷の各結晶形は，はっきりと定った温度と圧力の領域において安定に存在する. Bridgman による H_2O と D_2O の圧力-体積-温度関係の測定によって，各結晶形の安定領域の概要が描き出された. 彼の発見した事実はその後の新しい研究結果を補足して，図 3.11 に示されている. まず，この相図と P-T 面に投影する前の P-V-T 曲面（図 3.4）の構造を考察しよう.

表 3.5　水の三重点

平衡にある相	H_2O		D_2O	
	圧力 キロバール†	温度 °C	圧力 キロバール†	温度 °C
氷Ⅰ—水—水蒸気	6.1×10^{-6}	0.01	..	..
氷Ⅰ—水—氷Ⅲ	2.07	−22.0	2.20	−18.8
氷Ⅰ—氷Ⅱ—氷Ⅲ	2.13	−34.7	2.25	−31.0
氷Ⅱ—氷Ⅲ—氷Ⅴ	3.44	−24.3	3.47	−21.5
氷Ⅲ—水—氷Ⅴ	3.46	−17.0	3.49	−14.5
氷Ⅴ—水—氷Ⅵ	6.26	0.16	6.28	2.6
氷Ⅵ—水—氷Ⅶ	22.0	81.6	..	..
氷Ⅵ—氷Ⅶ—氷Ⅷ	21	∼5	..	..

†　1 キロバール$=10^9$ dyn cm^{-2}$=986.9$ 気圧

相図上で 3 つの相が出会う点を **3 重点**と呼ぶ. 水には 8 個の 3 重点が知られている（表 3.5）. これらのうち 7 個が図 3.11 に示されている. 他のひとつは氷Ⅰ—水—水蒸気の共存する 3 重点であるが，これは圧力が低くすぎて同じスケールでは図 3.11 に示すことができない. 5 個の 3 重点は液相との境界にあり，他の 3 個は固相どおしの境界にある. 液相と共存しえない安定な固相は，氷Ⅱと氷Ⅷだけである. 現在知られている以外の相がさらに高圧の領域で存在す

るかもしれないが，氷 VII の融解曲線を 220000 kbar まで追跡した Pistorius *et al.* (1963) によると新たな 3 重点は発見されなかった．この圧力のもとで氷 VII の融点は 442°C である．これは水蒸気の臨界温度より 68°C も高い．

Bridgman は Clapeyron の式

表 3.6　氷—氷転移の熱力学的特性

転移の方向	t / °C	P / kbar	ΔV / cm^3 mol^{-1}	ΔS / cal K^{-1} mol^{-1}	ΔH / cal mol^{-1}	ΔU / cal mol^{-1}	$P\Delta V$ / cal mol^{-1}
I ⟶ II	−35	2.13	−3.92	−0.76	−180	19	−199
I ⟶ III	−22	2.08	−3.27	0.4	94	256	−162
	−35	2.13	−3.53	0.16	40	219	−179
	(−60)‡	(2.08)‡	(−3.70)‡	(−0.46)‡	(−99)‡	(83)‡	(−182)‡
II ⟶ III	−24	3.44	0.26	1.22	304	283	21
	−35	2.13	0.39	0.92	220	200	20
II ⟶ V	−24	3.44	−0.72	1.16	288	347	−59
III ⟶ V	−17	3.46	−0.98	−0.07	−17	64	−81
	−24	3.44	−0.98	−0.06	−16	65	−81
V ⟶ VI	0.16	6.26	−0.70	−0.01	−4	101	−105
VI ⟶ VII	81.6	22	−1.05	∼0	∼0	550	−550
VI ⟶ VIII§	∼5	∼21	‥	∼−1.01	−282	‥	‥
VII ⟶ VIII§	∼5	∼21	0.000 ±0.0005	∼−0.93	−260	−260	‥

† とくに断らないかぎり Bridgman (1912, 1935, 1937) によるデータ．ΔH, ΔU および $P\Delta V$ の値は著者が計算したもの．

‡ 過冷却状態にある氷III

§ Brown and Whalley (1966) と Whalley *et al.* (1966) によるデータ．

$$\frac{dP}{dT}=\frac{\Delta S}{\Delta V} \tag{3.1}$$

に彼の相図における共存曲線の勾配と転移にともなう体積変化の実測値を代入して氷—氷の転移のエントロピーを決定した．転移にともなうエンタルピーと内部エネルギーの変化は次式で与えられる．

$$\Delta H = T\Delta S,\ \text{および}\ \Delta E = \Delta H - P\Delta V.$$

Bridgman の結果は表 3.6 にまとめられている．以下の議論で，われわれはしばしばはこの結果を引用するであろう．

Bridgman (1935) は D_2O についても圧力-体積-温度関係を調べた．その結果によると D_2O の各 3 重点は対応する H_2O の各 3 重点（図 3.5 参照）より高い温度にある．また転移線はほぼ水平に走っているものを除いてすべて高温側にある．これらの 3 重点温度に対する同位体効果はほぼ 3°C である．圧力の低い領域では D_2O の各氷のほうが対応する H_2O の氷より大きい融解エンタルピーをもつ．この差は圧力の増加とともにしばらく増大し，その後減少して液相-氷 V-氷VIの 3 重点で H_2O と D_2O は同じ融解エンタルピーをもつにいたる．融解にともなう体積変化は一般的に D_2O のほうが大きいが，体積変化の詳しい振舞いは極めて複雑である．

Bridgman によると D_2O の 3 重点と融解エンタルピーの値が大きいのは D_2O の氷の零点エネルギーが小さいことに帰することができる．すなわち，D_2O の零点エネルギーが小さいので融解に際して H_2O より多くの熱エネルギーを吸収しなければならないのである．Bridgman が注意したように，この説明は液相の零点エネルギーが固相の零点エネルギーより小さいということを前提としている．

以上で，われわれは氷の多形の構造と相図の関係を論じる準備ができた（構造上の特徴については第 3.2 (d) 節参照）．まず，氷 II と氷 VIII に見出された水素原子の秩序配置について考察しよう．これらの相は高温では不安定なものである．

表 3.6 に掲げられた ΔS の値からわかるように，氷 II とそれに隣り合う相の間の転移および，氷 VIII とそれに隣り合う相の間の転移には 0.8-1.2 cal K^{-1} mol^{-1} のエントロピー変化がともなう．これに対し，他の氷の間の転移エントロピーはこれより 1 桁ほど小さい．Kamb (1964) と Davidson and Whalley (1965) はこれらのエントロピー変化を水素原子の位置が，氷 II と氷VIIIにおいては秩序状態にあるとして説明した（第 3.2 節）．水素原子の位置の乱れによ

る氷 I のエントロピーは Pauling によって計算されたが，彼らの説明は，この計算に基礎を置いている．このエントロピーは第 3.1(b) 節で述べたように約 0.8 cal K^{-1} mol^{-1} である．氷 III，V，IV および VII の水素原子もやはり無秩序状態にあるので，これらの相も氷 I と同様に約 0.8 cal K^{-1} mol^{-1} のエントロピーを余分にもつと考えられる．それゆえ，氷 II，または氷 VIII から他の相への転移にともなうエントロピーの増分 0.8～1.2 cal K^{-1} mol^{-1} を主として水素配置の無秩序化に帰することは妥当な考え方であろう．

この考え方を受けいれるとすれば，氷の相図の複雑さが氷 II と氷 VIII の水素原子の秩序配置に由来することが理解される．相図上の共存線の勾配は式 3.1 によって与えられるが，表 3.6 に示されるように氷 II または氷 VIII の関与しない転移（すなわち，I—III，III—V，V—VI，VI—VII の各転移）の平均転移エントロピーは，非常に小さい値をもっている．したがってそれらの相転移に対する dP/dT の値も小さく，その共存線は水平に近くなる．これに対し，氷 II もしくは氷 VIII の関与する転移の ΔS 値ははるかに大きい．したがってこれらの相と，それに隣接する相の共存線は水平から著しくずれる．もちろんこの勾配の大きさは ΔS と ΔV の比できまる．もし（II から V への場合のように）ΔV が負であれば勾配は負である．また（I—II 転移の場合のように）ΔV が比較的大きい場合には，（VII—VIII 転移のように）ΔV が小さい場合にくらべて共存線が水平に近くなる．要するに，もし水素原子の秩序化が起らず，したがって氷 II と氷 VIII が存在しないとすれば，氷の相図の共存線はすべて水平に近いものとなったであろう．

上のパラグラフで，われわれはひとつの重要な点を無視してきた．すなわち，I—III 転移の ΔS 値は，全温度領域にわたって平均すれば小さいが，実際には -60°C での値 -0.46 cal K^{-1} mol^{-1} から -22°C での値の 0.4 cal K^{-1} mol^{-1} まで変化しているのである．最低温度から最高温度にいたる間の ΔS の変化は 0.86 cal K^{-1} mol^{-1} もあって，この値は Whalley and Davidson(1965) が指摘したように水素原子の位置の乱れにもとづくエントロピーにほぼ等しい．このことから彼らは氷 III の水素原子の位置が -30°C 付近の温度では無秩序であるが，-60°C まで冷却するにつれて次第に秩序化するものと考えた．この考えは氷 III の分光学的データ（第 3.5 節）と合っている．

われわれは，水素原子の位置の秩序化が比較的低い温度で存在する相においてのみ見られるという事実を，まだ説明していなかった．これは，次のように理解される．よく知られているように，物質のとり得る種々の結晶構造のうち，与えられた温度と圧力のもとで安定に存在するのは自由エネルギーが最小となるものである．2つ結晶構造の自由エネルギー差 ΔG は次式で与えられる．

$$\Delta G = \Delta E + P\Delta V - T\Delta S, \qquad (3.2)$$

ここで ΔE は内部エネルギー差である．すなわち，ある結晶形の内部エネルギーが大きいか，体積が大きいか，あるいはエントロピーが小さいならば，その結晶形は相対的に不安定である．温度が高ければ高いほど，エントロピーの小さい状態はますます不安定となる．さて氷の水素原子の位置が無秩序状態から秩序状態に移ると，それにともなうエントロピー変化は $-0.8\ \mathrm{cal\ K^{-1}\ mol^{-1}}$ 程度であるから，自由エネルギーは $0.8\times T\ \mathrm{cal\ mol^{-1}}$ だけ増加する．300 K において この値は約 $240\ \mathrm{cal\ mol^{-1}}$ であって，氷—氷の転移にともなう ΔE と同程度の大きさである（表 3.6）．無秩序状態にある結晶形を冷却すると $T\Delta S$ の項が減じ，ついに秩序化した多形に転移する．このような転移が起るためには，無秩序結晶より内部エネルギーまたは，体積のいずれかが（あるいはいずれも共に）小さい秩序結晶が存在しなければならない．このような結晶構造が存在すれば，転移にともなって式 3.2 の $T\Delta S$ の項から生じる自由エネルギーの増分は ΔE および $P\Delta V$ の項から生ずる減少によって埋め合わせられるのである．

第 3.2(d) 節で，高圧相の氷にだけ見られる構造上の特徴をいくつか述べた．それは水素結合がゆがんでいること，水素結合していない隣接分子が比較的近い距離にあることなどであった．このような構造によって，水素結合を切断せずに比較的高い密度をとることが可能となっている．これらの特徴が高圧多形で見られる理由は，式 3.2 から明らかであろう．すなわち，高圧下で体積が大きいことは多形に非常な不安定化をもたらすのである．例えば VI—VII 転移にともなう体積変化は比較的小さく $\Delta V = -1\ \mathrm{cm^3\ mol^{-1}}$ 程度であるが，転移点での P が極めて大きいために $P\Delta V$ としては $\sim 500\ \mathrm{cal\ mol^{-1}}$ の減少となる．このように高圧多形においては小さい体積をとりうる構造が有利となるのである．

表 3.6 からわかるように，氷の高圧相は氷 I より高い内部エネルギーをもっている．これは，疑いもなく水素結合のゆがみと水素結合していない分子の

接近にともなう反発に由来する．氷 I においては著しくゆがんだ水素結合も，近接した非水素結合分子も存在しない．それは，もしそのような構造をとることによって体積が小さくなり得るとしても，低圧下ではそれにともなう内部エネルギーの増加を埋め合せることができないからである．

第3.2(d)節では，いくつかの構造上の特徴が氷の多形のすべてに共通して見られることに注意した．例えば，いずれの結晶形においても各分子は4個の隣接分子と水素結合で結ばれる．そしてこれら4個の隣接分子は中心分子のまわりに四面体を形成する（氷 II, III, V および VI においてこの四面体はすこしばかりひずんでいる）．この特徴がすべての多形に存在するという事実は言うまでもなく，この基本的配置が広い温度と圧力のもとで自由エネルギーを低下させるのにとくに有効であることを示すものである．

氷の相図の議論を終るにあたり，氷 I が氷 Ic より安定であるという事実の完全に満足すべき説明は，まだ与えられていないということを付加えておこう．Bjerrum(1951, 1952) は水分子の点電荷モデルにもとづいて計算をおこなった．それによると，氷 I は c-軸方向に並んだ分子の静電的相互作用によって安定化している．しかしながら，彼の計算に従えば氷 I の水素原子の位置が融点にいたるまである程度の秩序性を保たねばならず，第3.1節に述べた事実に反するのである．Pitzer and Polissar (1956) はのちに Bjerrum のモデルにさらに多くの相互作用をとりいれれば，水素原子が強く秩序化するという予想が導かれないことを示した．しかし，彼らはわずかでも秩序化が起っていれば氷 I の方が安定形であることを見出した．しかし，実際に氷 I において秩序化が起っているという決定的な証拠はないので，氷 I が氷 Ic より安定であるという事実は，まだ説明がついていないと言うべきであろう．

（b） 熱エネルギー

氷 I の熱容量は 2K から融点にいたる温度範囲にわたって実測されている (Giauque and Stout 1936, Flubacher *et al.* 1960)．極低温において熱容量は零に近づく．例えば 2.144 K における C_p は 0.00042 cal K^{-1} mol^{-1} である．温度の上昇とともに C_p は次第に増大し融点において約 9 cal K^{-1} mol^{-1} となる（第3.12図参照）．融解によって C_p は約2倍に増大する．水の熱容量は 0°C から 100°C にいたるまで，ほとんど一定であるが，35°C 付近に浅い極小がある．

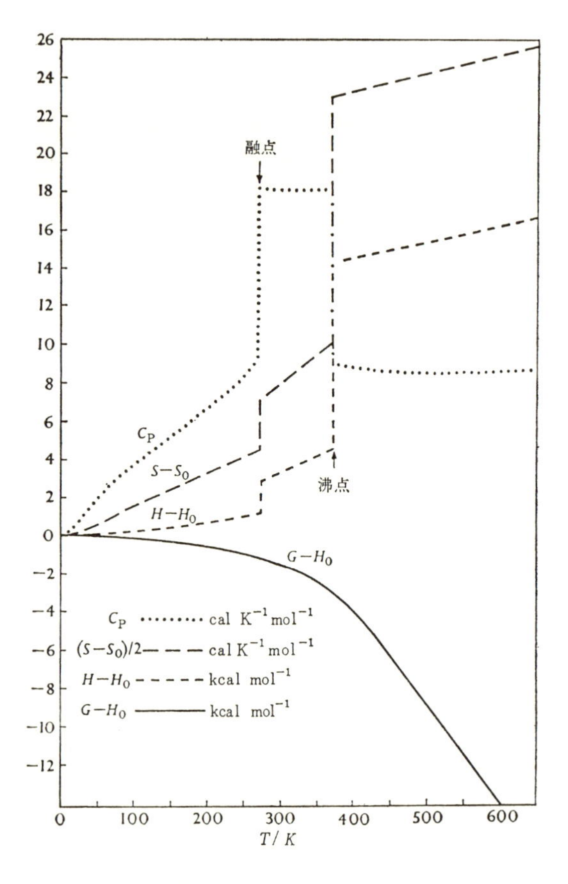

図 3.12 H_2O の1気圧におけるエンタルピー，エントロピー，自由エネルギーおよび定圧熱容量．エンタルピーと自由エネルギーは kcal mol^{-1}，熱容量は cal K^{-1} mol^{-1}，エントロピーは 2 cal K^{-1} mol^{-1} を単位として描かれている．Dorsey (1940) のデータをもとにして描く．

蒸気になると C_p はもとの約9 cal K^{-1} mol^{-1} にもどる．

Giauque and Stout (1936) の見出したところによると 85—100 K の間において，氷は熱平衡に達するのが遅くなる．この注目すべき事実の原因は，まだわかっていない*．

0 Kの氷を基準としたH_2Oのエンタルピー，エントロピーおよび自由エネルギーはC_pを数値積分することによって得られる．物質のT Kと0 Kにおけるエンタルピーの差は，次式で与えられる．

$$H_T - H_0 = \int_0^T C_p \mathrm{d}T + \Delta H_{pc}, \tag{3.3}$$

ここでΔH_{pc}は0 KからT Kまでの間で起る相変化のエンタルピーの総和である．T Kと0 Kの間のエントロピー差は次式で与えられる．

$$S_T - S_0 = \int_0^T \frac{C_p}{T} \mathrm{d}T + \Delta S_{pc}, \tag{3.4}$$

表 3.7　水の相変化に関連した定数

(a)　1気圧におけるH_2OとD_2Oの融解と蒸発

	融解		蒸発	
	H_2O	D_2O	H_2O	D_2O
温度/K	273.15	276.97[a]	373.15	374.59[a]
ΔC_p，定圧熱容量の変化/cal K^{-1} mol^{-1}	8.911[b]	9.48[b]	−10.021	..
ΔH，エンタルピー変化/kcal mol^{-1}	1.4363[b]	1.501[b]	9.7171[b]	9.927[a]
ΔS，エントロピー変化/cal K^{-1} mol^{-1}	5.2581[b]	5.419	26.0400[b]	26.501
ΔV，体積変化/cm^3 mol^{-1}	−1.621[d]	..	3.01×10^4	..
ΔU，内部エネルギー変化/kcal mol^{-1}	1.4363	..	8.988[c]	..

(b)　H_2OとD_2Oの昇華

	氷I-水-蒸気の三重点において.		0 Kにおける理想水蒸気へ	
	HO_2	D_2O	H_2O	D_2O
温度/K	273.16	276.98	0	0
ΔH，エンタルピー変化/kcal mol^{-1}	12.203[b]	12.63[f]	11.32[h]	11.92[e]
ΔS，エンタルピー変化/kcal K^{-1} ol^{-1}	44.674	45.60	0	0
ΔU，内部エネルギー変化/kcal mol^{-1}	11.661[c]	12.08[g]	11.3[e]	..

[a] Shatenshtein *et al.* (1960).
[b] Rossini *et al.* (1952).
[c] Dorsey (1940) によって報告されたデータをもとに計算.
[d] Dorsey (1940).
[e] 表 3.8 を参照のこと.
[f] Kirshenbaum (1951).
[g] Némethy and Scheraga (1964).

* 訳者らは氷の熱容量をこの温度領域において注意深く測定し，熱容量の異常を見出した．この異常は水素原子の配置の部分的秩序化によるものと解釈される．O. Haida *et al.* Proc. Japan Acad., **48**, 489 (1972) および J. Chem. Thermodynamics, **6**, 815 (1974).

ここで ΔS_{pc} は 0 K と T K の間でおこる相変化のエントロピーの総和である．完全に秩序化した結晶の S_0 は通常零とおかれる．第 3.1 (b) 節で論じたように，氷 I は 0 K において完全な秩序状態にない．このことに対する証拠のひとつは，以下に導くように S_0 の値をひとつの論拠としているのである．

T K と 0 K のギブズエネルギー差 $G_T - G_0$ は次式で与えられる．

$$G_T - G_0 = H_T - H_0 - TS_T, \tag{3.5}$$

ここで $G=H-TS$ であるから G_0 は H_0 に等しいことに注意されたい．

図 3.12 は大気圧下における H_2O の $H_T - H_0$, $S_T - S_0$ および $G_T - G_0$ を 0K から 650 K にわたってプロットとしたものである．これらは上式にもとづいて計算された．

融点と沸点での熱力学的性質の変化が表 3.7 にまとめられている．氷 I -水-水蒸気の 3 重点と 0 K における昇華エンタルピーおよび昇華内部エネルギーも同表に与えられている．0 K における昇華の ΔH と ΔE は表 3.8 に示さ

表 3.8 氷 I の 0 K における昇華エネルギーと昇華エンタルピー (単位はすべて kcal mol⁻¹)

昇華エンタルピー	H_2O	D_2O
$H_{298.16}$ (蒸気)† $-H_{298.16}$ (水)	10.5196±0.0031[a]	10.8505±0.0086[a]
$H_{298.16}$ (水) $-H_{融点}$ (水)	0.4370±0.0002[b]	0.4231±0.0007[b]
$H_{融点}$ (水) $-H_{融点}$ (氷)	1.4363±0.0009[c]	1.501 ±0.004[b]
$H_{融点}$ (氷) $-H_0$ (水)	1.290 ±0.001[b]	1.530 ±0.003[b]
$-[H_{298.16}$ (蒸気)† $-H_0$ (蒸気)$]$	−2.3669±0.0007[a]	−2.3795±0.0007[a]
H_{0k}(蒸気)† $-H_{0K}$ (氷)	11.316 ±0.004	11.925 ±0.01
昇華内部エネルギー		
$U_{273.16}$ (蒸気) $-U_{273.16}$ (氷)	11.66[d]	
$U_{273.16}$ (氷) $-U_{0K}$ (氷)		
$\cong H_{273.16}$ (氷) $-H_{0K}$ (氷)	1.29[b]	
$-[U_{273.16}$ (蒸気) $-U_{0K}$ (蒸気)$]$	−1.61[e]	
U_{0K} (蒸気) $-U_{0K}$ (氷)	11.3	

† 理想蒸気

[a] Rossini, Knowlton and Johnston (1940)

[b] Whalley (1959). Whalley の数値はジュール単位で与えられているので 1J=0.239045 cal の関係によって換算した.

[c] Rossini *et al.* (1952).

[d] 表 3.7 を参照のこと.

[e] Bernal and Fowler (1933).

れるように一連のエンタルピーおよび内部エネルギー変化を加え合わせることによって計算された．0 K での昇華エンタルピーは氷の分子間力の大きさに関する直接的な目安であって，後に第3.6(a) 節で水素結合エネルギーを論ずるときにこの量を利用する．

つぎに氷の熱容量の内容を考察しよう．氷の熱容量に寄与するのは分子間振動であって，室温までの温度では分子内振動はほとんど励起されない（第1.1(f) 節）．分光学的研究によると氷の分子間振動は2つの異った型式のものに分けることができる．すなわち，束縛並進と束縛回振（通常 libration 衡振*と

表 3.9　氷 I の残余エントロピー(すべて単位は cal K^{-1} mol^{-1})

(a) H_2O の 298.1 K，1気圧における分光学的エントロピー(S_{spec}) への寄与 (Rushbrooke 1962 による計算)		
S_{trans}	Sackur-Tetrode 式	34.61
S_{rot}	古典的分配関数	10.48
S_{vib}	ν=3652, 1592, 3756 cm^{-1}	0.00
		45.09
(b) H_2O の 298.1 K，1気圧における熱測定エントロー S_{cal} への寄与 (Giauque and Stout による計算)		
0–10K：デバイ近似，$h\nu/k$=192K		0.022†
10–273.1K：C_p/T のグラフ積分		9.081
273.1K における融解		5.257
273.1–298.1K：C_p/T のグラフ積分		1.580
298.1K における蒸発		35.220
蒸気の不完全性に対する補正		0.002
1気圧への圧縮		−6.886
		44.28±0.05
(c) 氷の残余エントロピー		
S_{spec}		45.09
S_{cal}		44.28
S_0 (残余エントロピー)‡		0.81

† S_{cal} に対する 10K 以下の寄与のデバイ関数による補外計算はここで与えられた確度の範囲内で Flubacher *et al.* (1960) による直接測定と同じ数値を与える．

‡ この値は Giauque and Stout によって報告されたものより 0.01 calmol^{-1} K^{-1} だけ小さい．その差は S_{spec} の値のちがいに由来する．

* 回転的振動，束縛回転と同じ意味で使われるが，語義に従って衡振と訳した（訳者）．

呼ばれる）である．幾人かの研究者（例えば Blue 1954, Flubacher *et al.* 1960, Leadbetter 1965）は，氷の熱容量がこれらの運動によって説明されることを示した．氷を 0 K から加熱すればまず束縛並進の運動が励起される．この振動の特性振動数（平均 200 cm^{-1} 程度）は衡振運動の特性振動数（500～800 cm^{-1}）より小さいので，励起に要する熱エネルギーの量子が小さいのである．Leadbetter(1965) の解析によると 80 K 以下での熱容量は，ほとんどすべて束縛並進運動の励起によるものである．150K では衡振も熱容量にかなりの寄与をする．

前に残余エントロピーの値を使って氷における水素原子の配置を論じたが（第 3. 1(b) 節），この値がどのようにして決定されたかを次に見よう．氷の残余エントロピーは 1 気圧，298.1K における理想気体としての水蒸気 1 モルのエントロピーを，2 通りの異なる方法で求めることにより決定される．この 2 通りの方法とは次のようなものである．

(1) 分光学的データを使って統計力学的に計算する．その結果得られる値は S_{spec} と記され，第 3. 9 (a) 表に水分子の並進，回転，および振動にもとづくその内訳けとともに与えられている．

(2) 式 3. 4 にもとづいて熱的データから計算する．その結果は S_{cal} と記され，その内訳けとともに表 3. 9(b) に示されている．

さて表 3. 9 から明らかなように S_{spec} は S_{cal} より大きく，その差は実験誤差をはるかに越えている．S_{spec} は上に明記された条件のもとにある水蒸気と 0 K において仮想的な完全秩序状態にある氷のエントロピー差であるから，S_{spec} と S_{cal} の間に見出された不一致は実在の氷が 0 K において完全な秩序状態にないことを意味する．S_{spec} と S_{cal} の差は残余エントロピーと呼ばれ S_0 と書かれる．

(c) 氷 I の *P-T-V* データ

この節では氷 I の密度，熱膨脹係数，および圧縮率の値を論じよう*．氷の密度と熱膨脹係数はバルクの結晶を使った測定と X 線回折の実験の両方から決定されているが回折実験より得られた値のほうが有意であると考えられる．その理由は，回折法の結果が

* 線膨脹係数 α は温度変化にともなう物体の長さの変化の割合を表わす量である．試料の長さを l_0 とすれば $\alpha=l_0^{-1}(\partial l/\partial T)_P$ で定義される．氷 I の線膨脹係数は c-軸方向とそれに垂直な方向とで必ずしも等しくない．体膨脹係数は V_0 を試料の体積として $\beta=V_0^{-1}(\partial V/\partial T)_P$ によって定義される．また断熱圧縮率 γ_S は $\gamma_S=-V_0^{-1}(\partial V/\partial P)_S$ によって定義される．

表 3.10　氷 I の大気圧における P-V-T データ

(a)　バルクの氷に関する測定値より

質　　性	温　度/°C	値	文　献
密度 ρ_0/gcm^{-3}	0	0.91671±0.00005	a
体膨脹係数 β/10^{-6} K^{-1}	−13	152	b
	−53	125	
	−93	96	
	−133	69	
	−173	39	
	−213	−3	
	−253	−9	
断熱圧縮係数 γ_S/10^{-12} cm^2 dyn^{-1}	−13	12.8	c
	−53	12.2	
	−93	11.7	
	−133	11.3	
	−173	11.1	
	−213	10.9	
	−253	10.9	

(b)　氷の X 線回折より

温　度/°C	密 度 ρ_0/gcm^{-1}	線膨脹係数 α/10^{-6} K^{-1}		体膨脹係数 β/10^{-6} K^{-1}
		⊥c-軸	//c-軸	
−10	0.9187	46	63	156
−20	0.9203	45	48	138
−40	0.9228	44	41	129
−60	0.9252	40	35	115
−80	0.9274	34	30	99
−100	0.9292	22	27	71
−120	0.9305	12	25	50
−140	0.9314	32	23	88
−160	0.9331	14	22	51
−180	0.9340			

[a] Ginnings and Corruccini (1947).

[b] Powell (1958) and Dantl (1962) のデータをもとにした Leadbetter (1965) の計算値.

[c] Bass *et al.* (1957) と Zarembovitch and Kahane (1964) のデータをもとにした Leadbetter (1965) の計算値.

[d] Laplaca and Post (1960) のデータ. ρ_0 と β は H_2O の分子量を 18.01534 アボガドロ定数を 6.02380×10^{23} mol^{-1} として著者らがこのデータから計算した.

格子定数のみに依存するのに対し，バルクの結晶による方法では用いた試料の結晶組織の如何にも依存するからである.

LaPlaca and Post (1960) が X 線回折法から定めた熱膨張係数（表 3. 10 (a)）は表 3. 10 (b) に示したバルクの測定による値と程よく一致している．バルクの測定値は，Powell(1958) と Dantl(1962) の数値を Leadbetter(1965) が平均し，かつ平滑化したものである．Leadbetter によるとこの値は $-173°C$ 以上の温度において 5% 以内の確度をもっている．Lonsdale (1958) は，幾つかの回折実験の結果を平滑化することによって一組の熱膨張係数の値を得たが，その結果は低温で β が増大することを示しており，他の研究結果と一致しない．しかしながら 0°C での氷の密度について Lonsdale の得た値 ($0.9164\ \mathrm{gml^{-1}}$) は，バルクの実験による Ginnings and Corruccini (1947，第 3. 10 表参照) の値に近いことは注目される．

単結晶を使った Dantl(1962) の実験によると 63K 以下において氷の β は負となり，25K 付近で極小値をとる．四面体構造をもつ他の多くの物質（例えばダイアモンド，硅素，ゲルマニウム，ガラス状シリカ，InSb 等）も低温で負の熱膨張を示す (Collins and White 1964)．この現象はこの温度領域で励起される束縛並進振動と何らかのかたちで関連していると考えられる．Dantl は氷の熱膨張に異方性を検出し得なかった．また彼は D_2O の熱膨張が H_2O のものとわずかしか異ならないことを見出した．

表 3. 10(a) に与えた断熱圧縮率の値は Leadbetter(1965) によって弾性定数から導か

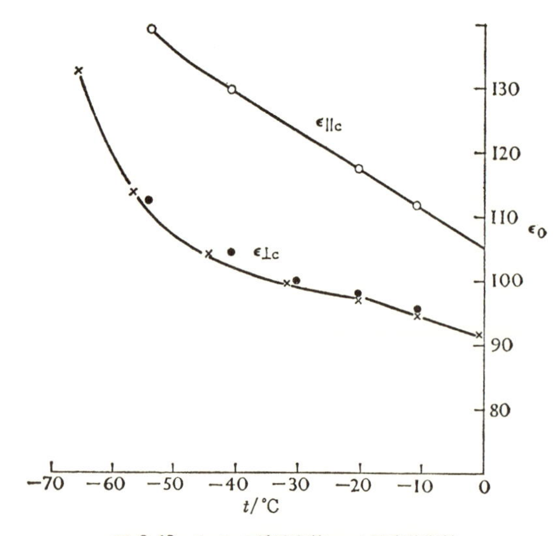

図 3. 13　氷 I の誘電定数 ϵ_0 の温度依存性
×× 多結晶試料 (Auty and Cole 1952).
○○ 単結晶；電場 $//c$-軸 (Humbel *et al.* 1953)
●● 単結晶；電場 $\perp c$-軸 (Humbel *et al.* 1953)

れたものである．Leadbetter によるとこの数値の誤差は 10% を越えない．氷の力学的および弾性的性質に関心のある読者は Glen(1958) と Stephens (1958) のレビューを参照されたい．

3.4 電気的性質と自己拡散

(a) 誘電定数と双極子モーメント

氷 I の静的誘電定数 ϵ_0 は多結晶および単結晶試料を用いて，注意深い測定がおこなわれた (Auty and Cole 1952, Humbel *et al.* 1953). 図 3.13 に示されるように ϵ_0 は温度の低下とともに増大し，c 軸に平行な値は垂直のものよりわずかに大きい．氷多結晶の 0°C における誘電定数は同じ温度での水の値より大きい．これは融解によって体積が減少することから，予想されるのとは逆の変化である．また，氷 I に圧力を加えると，図 3.14 に示される如く ϵ_0 は増大する．

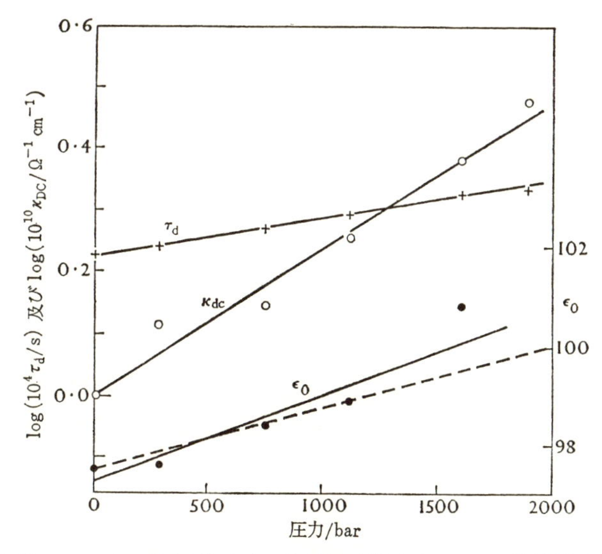

図 3.14 氷 I の静的誘電定数 (ϵ_0), 誘電緩和時間 (τ_d), および直流電導度 (κ_{DC}) の −23.4°C における圧力依存性．Chan *et al.* (1965) のデータ．破線については本文中で論じられている．Chan *et al.* (1965) より修正ののち再録．

高圧多形の誘電的性質は Wilson *et al.* (1965) によって研究された．Whalley *et al.* は氷 II, III, V, および VI の ϵ_0 を温度と圧力との関数として測定した．図 3.15 に一定温度 −30°C における彼らの結果が示されている．彼らは氷 II

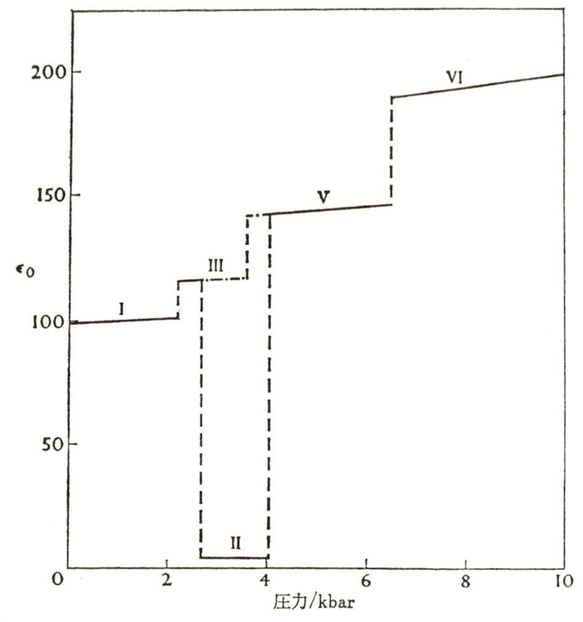

図 3.15 氷 I, II, III, V および VI の静的誘電率 ϵ_0 の −30°C における圧力依存性. Wilson *et al.* (1965) より.

を例外として高圧で安定な多形ほど誘電率 ϵ_0 が大きいことを見出した. 氷 II は $\epsilon_0=4.2$ という低い値をもつ. この値は温度と圧力に依存しない. Whalley *et al.* (1966) は氷 VII の ϵ_0 が 22°C, 21 kbar において約 150 であることを見出した. これは氷 VI の ϵ_0 を同じ温度と同じ圧力に補外して得られる値 (約 185) よりすこしばかり小さい. また彼らは氷 VIII が氷 II と同様に極めて小さい ϵ_0 の値をもつことを見出した.

氷 I, III, V, IV, および VII の誘電定数が大きいことは, これらの多形において水分子が熱擾乱のためにたえず配向を変えていることを示すものである. 次節では分子配向が変化する頻度を考察する. ここではカークウッドの理論 (Kirkwood 1939) を使って, ϵ_0 の実測値を氷結晶中での分子の極性とその局所的な相関にもとづいて解釈しよう.

厳密には Kirkwood の理論は非分極性分子より成る等方的物質に適用される (例えば Buckingham 1956). しかし, 半定量的には氷の誘電的性質をも記述することができる．非常に極性の強い物質について Kirkwood の式は次のように書かれる*．

$$\epsilon_0 = 2\pi N^* \frac{\boldsymbol{m}\cdot\boldsymbol{m}^*}{kT}, \tag{3.6}$$

ここで N^* は単位体積あたりの分子数，kT はボルツマン定数と絶対温度の積，$\boldsymbol{m}$ と $\boldsymbol{m}^*$ は，次に示すように分子の双極子モーメントに関係した量である．

1. $\boldsymbol{m}$ は隣接分子によって囲まれた水分子の平均双極子モーメントである．氷の各分子はそのまわりの分子が作る電場によって分極させられるので，この値は孤立水分子の双極子モーメント μ より大きい（図 3.16 参照）．隣接分子に起因する一様な静電場を $\boldsymbol{F}$ とし，中心分子の分極率を α とすれば $\boldsymbol{m}=\mu+\alpha\boldsymbol{F}$ である．後程 $\boldsymbol{m}$ の大きさについて妥当性のある数値を論じよう．

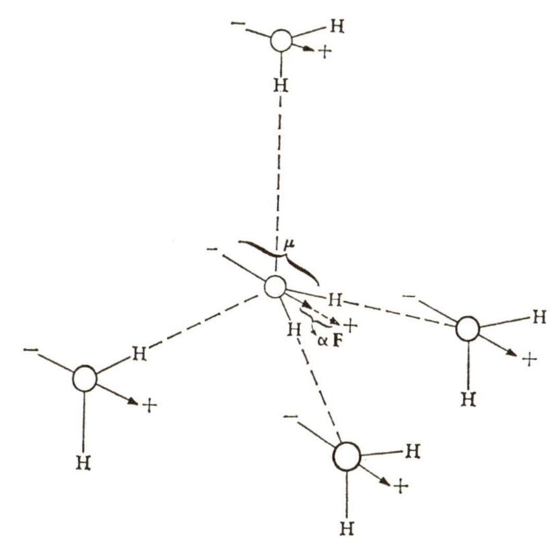

図 3.16　氷における H_2O 分子の双極子モーメントの大きさ m は孤立水分子の値 μ より大きい．これは隣接する双極性分子の静電場に起因する効果である．ここでは任意の分子を中心としてそのまわりの4個の最隣接分子を図示する．隣接分子の作る電場 F は中心分子に付加的なモーメント αF(α は分子の分極率）を誘起する．

2. $\boldsymbol{m}^*$ は任意に択ばれた「中心分子」と，その隣接分子の双極子モーメントのベクトル和である．図 3.16 からわかるように，四面体的に水素結合した

* この式の簡単な導出方とその議論については Edsall and Wyman(1958) を参照のこと．

氷の構造において隣接分子は，その双極子モーメントの方向が中心分子のモーメントの方向と一致するように列ぼうとする：$\boldsymbol{m}^*$ は $\boldsymbol{m}$ の大きさと隣接分子の相対的な配向に依存する．**Kirkwood の相関パラメーター** g は隣接分子の相対的な配向のみに依存する量であり，次式で与えられる．

$$g=\frac{\boldsymbol{m}^*\cdot\boldsymbol{m}}{\boldsymbol{m}^2}=1+\sum_i N_i\langle\cos\gamma_i\rangle, \qquad (3.7)$$

ここで $m=|\boldsymbol{m}|$，N_i は i 番目の配位殻に属する分子数，$\langle\cos\gamma_i\rangle$ は i 番目の殻に属する分子の双極子モーメントと中心分子のモーメントのなす角の余弦の平均値である．以下で g の意味と，その妥当性のある値について論じよう．

$\boldsymbol{m}$ も $\boldsymbol{m}^*$ も共に外部電場が作用していない物質に関する量であることに注意されたい．

式 3.6 と式 3.7 を合わせると Kirkwood の式を次のように書くことができる．

$$\epsilon_0=2\pi N^*\frac{m^2g}{kT}. \qquad (3.6\,\mathrm{a})$$

この式の物理的な意味は次のようなものである．すなわち，物質の誘電定数はその構成分子の永久双極子モーメントの大きさと単位体積中の分子数に依存するばかりでなく，分子がどの程度に相互に双極子モーメントを誘起し合うか，また，分子の方向がどの程度に相関し合うかにも依存する．双極子の方向の相関が強い（すなわち g が大きい）ということはひとつの分子が電場によって整列させられたときにその隣接分子も整列しやすいことを意味する．氷の誘電定数が大きいのは四面体構造によって各分子の双極子モーメントが大きくなっており（すなわち m 大），また双極子モーメント間の角相関も強くなっている（すなわち g 大）からである．式 3.6(a)における誘電定数と温度の間の逆数関係は言うまでもなく外場方向への双極子の整列を熱擾乱がさまたげようとすることに由来する．

つぎに氷 I における $\boldsymbol{m}$ の大きさを考察しよう．μ とちがって m は直接測定で得られる量ではない．オンサーガー（Onsager）とその他の研究者は氷の誘電的性質から m の値を推算した．また幾人かの研究者は計算によって m を求めた．Onsager の理論（1936; Böttcher 1952, p. 70）によると，極性の強い

誘電体において $\boldsymbol{m}$ と μ の大きさは次式によって関係づけられる．

$$m \cong \left(\frac{n^2+2}{3}\right)\mu, \qquad (3.8)$$

ここで n はその媒体の屈折率である．氷Ｉにこの式を適用すれば m の値として2.3Dを得る．Onsagerの理論は連続媒体中に分子の大きさ程度の空洞を考え，その中心に置かれた点双極子によって中心分子を表わすことに注意しよう．このモデルは氷のように空間の多い水素結合性の構造に対しては不適当なものであろう．もっと大きい m の推算値（3.8D）が ϵ_0 の温度依存性からOnsager and Dupuis (1962) によって得られた．この数値は μ (1.8D) の2倍以上であり，隣接分子より生ずる静電場が極めて大きいものであることを示している．

$\boldsymbol{m}$ の大きさを水分子の多極子モデルによって計算すると2.6Dという値が得られる (Coulson and Eisenberg 1966 a)．またこの計算によると中心分子に作用する電場の強さは 0.52×10^6 esu cm^{-2}（およそ150 000 000 Vcm^{-1}）であり，その方向は中心分子の永久双極子モーメントの方向と一致する．これは各水分子の双極子モーメントと隣接分子の作る電場の相互作用が最小値をとっていること，すなわち結合エネルギーが最大となっていることを示す．中心分子に作用する電場のうち20％程度は隣接分子の四極子，および八極子に起因する．また中心分子より数えて第2層にある分子およびそれ以上距った分子の寄与も20％程度である．

次に氷Ｉに対する g の大きさを考察しよう．式3.7から明らかなように隣接分子が中心分子に対して無秩序な方向をとっていれば，g の値は1に等しい．しかし氷においては水素結合のもつ特殊な様式のために隣接分子の双極子モーメントは中心分子のモーメントと同じ方向をとりやすい（図3.16）．それゆえ式3.7の $\langle\cos\gamma_i\rangle$ は大きな値となり，したがって g も1より大きくなる．氷Ｉの構造にもとづいて g を計算する試みがHollins (1964) によってレビューされている．彼の結論によると第1近似としての値は3である．Hollinsによると4個の最隣接分子の寄与は1.333，12個の第2隣接分子の寄与は0.44，25個の第3隣接分子の寄与は約0.48である．

m と g の値が与えられると，われわれは式3.6aを使うことによりKirkwoodの理論から ϵ_0 の温度依存性を計算することができる．m=2.6D，g=3とすれば，われわれは $\epsilon_0 \cong 2.8 \times 10^4/T$ を得る．Hollins は Auty and Cole(1952) のデータに $1/T$ 依存性を仮定して，もっともよく合う式 $\epsilon_0 \cong 2.50 \times 10^4/T$ を見出した．

Kirkwood の理論は ϵ_0 の圧力依存性を解釈するうえでも有用である．圧力の増大とともに ϵ_0 が増加するという実験結果（図 3. 14）は密度の増加（すなわち単位体積中の双極子の数が増加する），m の増加，および g の増加に原因を求めることができよう．密度の増加の効果は図 3. 14 の破線で近似的に表わされる．この破線を定めるとき氷 I の等温圧縮率を $11.1 \times 10^{-12}\,\mathrm{cm^2\,dyn^{-1}}$ とした．もし単位体積中の双極子の数の増加が加圧のもたらす唯一の効果であるならば，誘電定数はこの破線にしたがって変化するであろう．加圧に対する ϵ_0 の増加の割合はこの線で表わされるよりすこしばかり大きく，したがって圧縮にともなって m ないしは g も増加するように思われる．隣接分子が近づくと分子に作用する電場が増大するので，m の増大は期待されるところである．

ϵ_0 の圧力依存性に対して，もうすこし定量的な解釈が Chan *et al.* (1965) によって与えられた．彼らは m が式 3. 8 で与えられると仮定した．式 3. 6(a) を圧力に関して微分し，その結果を，屈折率が Lorenz-Lorentz の式によって分子の分極率と関係づけられるという仮定のもとに簡単化すれば，ϵ_0 の圧力依存性として次式が得られる．

$$\left(\frac{\partial \ln \epsilon_0}{\partial P}\right)_T = \frac{2n^2+1}{3}\gamma_T + \frac{2(n^2-1)}{3}\left(\frac{\partial \ln \bar{\alpha}}{\partial P}\right)_T + 2\left(\frac{2 \ln \mu}{\partial P}\right)_T + \left(\frac{\partial \ln g}{\partial P}\right)_T, \tag{3.9*}$$

ここで γ_T は等温圧縮係数である．右辺の第 1 項は単位体積中の双極子の数が増大することと誘起双極子モーメントが大きくなることに由来する ϵ_0 の増加を表わす．以下の 3 項は α, μ, g の圧力変化にもとづく ϵ_0 の変化を表現する．

Chan *et al.* (1965) の実験結果によると $(\ln \epsilon_0/\partial P)_T$ の値は温度 -23.4°C，圧力 0-2 kbar において $14(\pm 3) \times 10^{-6}\,\mathrm{bar^{-1}}$ である．さて $\gamma_T = 11.1 \times 10^{-12}\,\mathrm{cm^2\,dyn^{-1}}$，$n^2 = 1.77$ とおけば式 3. 9 の右辺第 1 項は $17 \times 10^{-6}\,\mathrm{bar^{-1}}$ となる．したがって他の 3 項は小さいか，あるいは打消し合っていると考えられる．

高圧多形のうち氷 II と氷 VIII だけが小さい ϵ_0 の値をもつ．これらの多形にお

---

* Chan *et al.* (1965) はこの式の最後の項を零と仮定した．

いて H_2O 分子は「凍結」しているように思われる．すなわち水分子は外場の存在下でも配向を変えることができないのである．この結論は，これらの氷において分子配向が秩序状態にあるということを示す他のデータとよく呼応するものである（第3.2節）．

これら以外の高圧多形の誘電定数は，氷 I のものより大きい．これらの多形の密度が大きいことは，すなわち単位体積中の双極子の数が多いことと m の値が大きいことを意味し，これら2つの要因は ϵ_0 を増加させる．Wilson *et al.* (1965) と Whalley *et al.* (1966) は，これらの多形の g 値が氷 I のものとあまり違わないことを論証した．彼らは式3.8からまず m を推算し，それを用いて式3.6a から各多形の g を求めた．こうして得られた g 値は氷 I，III，V，IV，およびVIIについて2.4から3.4の間にある．Wilson によると g の値が，このように限られた範囲にあるのは氷 III，V およびVIが氷 I と同様に4配位をもつことの裏付けである．もし隣接分子の配列が異なるものならば相関の強さに差が生じ，したがって g 値に差ができたであろう．

（b） 誘電分極と緩和

氷の多形の多くは大きい誘電定数をもつが，これは水分子が結晶中で配向を変えうることを示す．誘電定数 ϵ の振動数依存性から，この配向変化の頻度とその機構についての知見が導き出されている．ここではまず外部電場の振動数の関数として ϵ の一般的な挙動を考察し，次いで氷の ϵ の振動数依存性に関するデータを考察しよう．分子の再配向の機構は本節の終りで論じよう．

ϵ の振動数依存性

外部電場の振動数が比較的小さいときには誘電定数の95％以上が H_2O 分子の再配向にもとづくものである．振動数が増大すると分子の再配向が外部電場に追随できなくなって誘電定数ははるかに小さい値 ϵ_∞ に減少する．この現象は誘電分散と呼ばれ，多数の物質（水と氷 I を含む）について次のような単純な式で記述される（例えば Smyth 1955）．

$$\epsilon = \epsilon_\infty + \frac{\epsilon_0 - \epsilon_\infty}{1+(\omega\tau_d)^2}, \tag{3.10}$$

ここで τ_d は誘電緩和時間，ω はヘルツで表わした外部電場の振動数の 2π 倍である．τ_d は外部電場を取り去ったときに，物質の巨視的な分極が減衰する時間

表 3.11 氷の多形の誘電緩和に関するパラメーター．P_0 と t_0 はそのパラメーター値があてはまる領域の中心の圧力と温度．

氷	P_0/kbar†	t_0/°C	ϵ_∞	E_A/kcal mol^{-1}	A/s	$\Delta S^\ddagger$/cal K^{-1} mol^{-1}§	$\Delta V^\ddagger$/cm^3 mol^{-1}	α (−30°C における値)	異なる格子サイトの数	文献
I (H_2O)	0	−23.4	3.1	13.25	5.3×10^{-16}	9.8	2.9	0	1	*a*,*b*
I (D_2O)	0	..	..	13.4	7.7×10^{-16}	..	..	0	1	*a*
III	3	−30	3.5	11.6	9.5×10^{-17}	13.1	4.5	0.04	2	*c*,*d*
V	5	−30	4.6	11.5	2.5×10^{-16}	11.3	4.8	0.015	4	*c*,*d*
VI	8	−30	5.1	11.0	7.0×10^{-16}	9.2	4.4	0.05	2	*c*,*d*
VI	19	22	..	13.6	4.0×10^{-17}	15	..	..	2	*e*
VII	22	22	..	11.6	6.4×10^{-16}	9.2	2.5	>0	1	*e*

† この数値は式 3.12 に適用される．

§ $\Delta S^\ddagger = -R\ln(AekT/h)$ の関係に従って Whalley *et al.* (1966) によって計算された．

[a] Auty and Cole (1952).

[b] Chan *et al.* (1965).

[c] Wilson *et al.* (1965).

[d] Davidson (1966).

[e] Whalley *et al.* (1966).

を反映する量である．これはひとつの分子が再配向する間の平均時間，すなわち分子回転の相関時間 τ_{rd} よりすこしばかり大きい．Glarum(1960) と Powles (1953；式 4.21 参照）の理論的研究によると氷と水については $\tau_{rd}\cong 0.7\tau_d$ であることが示される．氷の τ_d は 0°C において約 2×10^{-5} s である．つまり H_2O 分子は平均として毎秒 10^5 回の再配向を経験しているのである．

分子の再配向は熱擾乱のために生じるのであって，系に外部から交番電場が加えられていると否とにかかわらず再配向が起っていることに注意する必要がある．外部電場は，実のところ分子の配向を極くわずかだけ偏らせるだけである．このことは，氷について Debye (1929) によって注意された．彼の議論は電気分極の基本式

$$\epsilon_0 - 1 = \frac{4\pi \boldsymbol{P}}{\boldsymbol{E}} \tag{3.11}$$

にもとづくものである．ここで $\boldsymbol{P}$ は，電場 $\boldsymbol{E}$ によって誘起された単位体積あたりの電気双極子モーメントである．Debye はこの式を用いて，1 V cm^{-1} の電場によって 0°C にある氷に誘起される双極子の配向が 10^6 に1個の分子の 180° 回転に相当するものにすぎないことを示した．

高振動誘電定数 ϵ_∞ は温度に依存しない．以下ではこの量を論じよう．

氷の多形の ϵ の振動数依存性

氷の多形のうち分子回転の起り得る相について誘電緩和時間は次のように表わすことができる．

$$\tau_d = A\exp\left\{\frac{E_A}{RT} + \frac{\Delta V^{\neq}(P-P_0)}{RT}\right\}, \tag{3.12}$$

ここで P_0 は基準圧力，A, E_A，および $\Delta V^{\neq}$ は実験的に決定されるパラメーターであり，その数値は表 3.11 に与えられている．E_A と $\Delta V^{\neq}$ はそれぞれ誘電緩和の活性化エネルギーと活性化体積と呼ばれる．

氷 I の誘電緩和時間は 0°C において 2×10^{-5} s である．低温になると緩和時間は急激に増大し −65°C ではおよそ 4×10^{-2} s となる．また図 3.14 に示されたように圧力を高くすれば τ_d は増大する（すなわち $\Delta V^{\neq}$ は正である）．−40°C での緩和時間を比較すると，氷 III, V および VI は氷 I より 100 倍も速く緩和する（Wilson *et al.* 1965）．言いかえれば，これらの氷においては氷 I にくら

べて水分子が100倍も速く向きを変えているのである．また，22°C, 21.4 kbar において氷 VII は氷 VI よりも3倍も速く緩和する（Whalley *et al.* 1966）．

Wilson *et al.* (1965) によると，高圧氷の緩和過程は各相に固有の単一緩和時間によって表わすことができない．表 3.11 中の α は各氷の緩和時間が式 3.10 で与えられる振動数依存性からずれる程度を表わす．このパラメーターは0から1までの値をとりうる（0は単一緩和時間に対応）．氷のうちでもっとも大きい α をもつのは氷 VI であり，$\alpha=0.05$ である．

各氷の高振動数誘電定数 ϵ_∞ の値も表 3.11 に与えられている．氷 I の ϵ_∞ は 3.1 である．後に見るように ϵ_∞ のうち約1.7は電子分極によるものである．したがってその差 3.1−1.7 は原子の動きに由来する．この差は，他の多くの物質で見られる値よりはるかに大きい（Smyth 1955）．通常このような差は，分子内の各原子が電場によって相対的に変位することに帰せられている．しかし氷の場合には，この差の一部分が原子変位によって説明されるにすぎない．大部分は，むしろ H_2O 分子の分子間振動が外場によって偏ることから生ずる．Whalley (1967) はこの差の大部分が分子の束縛並進運動による吸収帯 ν_T によって説明されることを赤外線吸収の絶対強度測定にもとづいて示し，また衡振運動によるバンド ν_L もある程度の寄与をすることを見出した．これらの運動は分子の再配向にくらべて極めて速いから，それに付随する分極は誘電分散よりはるかに高振動数領域まで続くのである．

外場の振動数が光の領域のものであれば ϵ は屈折率の2乗に等しく，氷については約1.7である．氷 I は1軸性であって複屈折を示す．しかし，その複屈折はごくわずかなものである．すなわち −3°C においてナトリウムの D 線について常光（c-軸方向に進む）の屈折率は 1.3090 であり，異常光（c-軸に垂直に進む）の屈折率は 1.3104(Merwin 1930) である．Dorsey(1940, p. 484) は常圧で安定な H_2O の3相について比屈折

$$\frac{n^2-1}{n^2+1}\times\frac{1}{\rho_0}$$

が互いに極めて近い値をもつことを指摘した．上式において ρ_0 は密度である．ナトリウム D 線に対する比屈折の値は，次のとおりである．

氷 I	−3°C	常光	0.2097 cm^3g^{-1}
		異常光	0.2105
水	20°C		0.2061
水蒸気	110°C		0.2088

これらの数値の間にわずかのひらきしか見られないが，これは H_2O の平均電子分極率が相によって変らないことを示す．

氷における水分子の再配向機構

以上で氷における水分子の再配向機構を論ずる準備ができた．現在ひろく受けられている機構は 1951 年に Bjerrum が提出したものである．Bjerrum は分子の再配向を説明するために氷の中に低濃度ではあるが，分子配向性欠陥があると仮定した．彼の考えは次のようなものである．すなわち，熱擾乱のために水分子がひとつの O—H…O 軸のまわりに 120° だけ回転すれば D-，および L-型の配向性欠陥対が生じ，その結果，あいだに水素原子をもたない O…O 原子対（L-欠陥）と 2 個の水素原子をもつ O—H H—O 原子対（D-欠陥）があとに残る．これらに隣接する分子がひきつづいて同様に回転すれば 2 つの欠陥は次第に互いから離れていく．図 3. 17 に，この過程が模式的に描かれている．

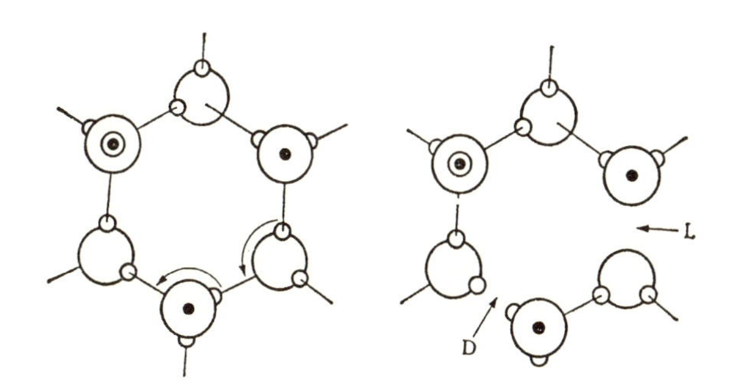

図 3.17　氷における D-および L-欠陥の対生成の模式図．c-軸は紙面に垂直である．

H_2O 分子の再配向はこれらの欠陥において起り，分子の再配向 1 回に対応して欠陥は 1 格子点ずつ動くものと考えられている．

欠陥のまわりの分子配列が，実際にどのようなものであるかよく知られていない．しかし厳密に図 3. 17 のとおりでないことは確かであろう．D-欠陥に属する 2 個の非結合水素原子は，それぞれの水分子を互いに遠くへ押しやるにちがいない．簡単な計算によると（Eisenberg and Coulson 1963），欠陥のまわりの水分子がそれぞれ約0.5 Å ずつ遠ざかれば，その結果生ずるひずみのエネルギーがちょうど水素原子の間の反発と，つり合う大きさとなる．他の研究者はD-欠陥を作る2個の水分子のいずれか（Dunitz 1963）もしくは両方（Cohan *et al.* 1962）が図3.17に示された位置から回転しているという可能性を考察した．また配向性の欠陥とイオン性の欠陥が会合することを示唆する研究者もある（Eigen and De Maeyer 1958, Onsager and Dupuis 1962)．これについては次節で論じよう．また割込み分子との会合も考えられた（Haas 1962)．

D-および L-欠陥が存在するという直接的な証拠は現在のところ知られていない．しかし，これらの欠陥が実在のものであると信ずべきいくつかの理由がある．

(1) 氷および氷と HF の固溶体の誘電的性質と電気伝導に関する実験事実と欠陥理論との間によい一致が見られる．欠陥にもとづく速度論の展開とそれによる実験結果の解釈は Gränicher *et al.* (1957)，Jaccard(1959)，Onsager and Dupuis (1962)，その他の研究者によっておこなわれた．Gränicher (1963) と Jaccard(1965) はこの研究の簡潔な要約を与えている．

(2) 欠陥モデルにもとづいて計算された E_A(Bjerrum 1951) と ΔV^{*}(Chan *et al.* 1965) の値が実験値とよく合う．

(3) 氷分子の再配向について他に妥当性のある機構が考えられない．Bjerrum(1951) と Gränicher(1958) は上述の機構に代る多数の機構を考察しそして却けた．イオン欠陥のみをとりいれた機構はかつて電場中での氷結晶の分極をよく説明すると考えられたが，Bjerrum(1951) はこの機構が誤った符号の分極に導くことを示した．Frank(1958) によって提出されたもうひとつの機構は結晶の局所的な融解を考えたものであるが，これから期待される ΔV^{*} は実測される正の値（Chan *et al.* 1965）ではなくて負の値をもつ．

Bjerrum(1951)，Jaccard (1959)，その他の研究者は氷 I の配向性欠陥の性質のいくつかを導いた．Bjerrum はひとつの分子が1秒間におこなう再配向の平均回数を n とすれば，これはおよそ $1/\tau_d$ に等しく $-10°C$ において約 $2\times10^4\ s^{-1}$ であることに注目した．これを彼は次のように書きかえた．

$$n = c\times n', \qquad (3.13a)$$

ここで c は配向性欠陥の濃度（1分子あたりの欠陥数），n' はひとつの欠陥が1秒間におこなう再配向の回数である．$-10°C$ において欠陥の濃度はおよそ 2×10^{-7} にすぎない（表 3.12）．したがって欠陥での分子の再配向の頻度は極めて大きく，およそ $10^{11}s^{-1}$ でなければならない．各分子は欠陥がそこへたどりつくまでに比較的長く（約 5×10^{-5} s）待たなければならないが，いったん欠陥が到着すると極めて短時間（約 10^{-11} s）に再配向するもののようである．

Bjerrum (1951) は実験的に決められる誘電緩和の活性化エネルギー E_A が一対の配向性欠陥を作るに要するエネルギー E_{DL} と欠陥の再配向に要するエネルギー E' の両方に関係することを指摘した．c も n' も温度に対して指数関数的に変化するから E_A は次式で与えられる．

$$E_A = \frac{1}{2}E_{DL}+E'. \tag{3.13 b}$$

Jaccard(1959) は E_{DL} と E' の値を純粋の氷と HF と氷の固溶体に関する実験から推算した．表 3.12 にその値が与えられている．Bjerrum はさらに D-，L-欠陥性の生成は 2N→D+L の反応に対応することに注目した．ここで N は正常な水素結合を表わす．独立な水分子から1本の水素結合を作る生成エネルギーを E_N，D-および L-欠陥を作る生成エネルギーをそれぞれ E_D, E_L とすれば次式が成立する．

$$E_{DL} = E_D+E_L-2E_N. \tag{3.13 c}$$

数多くの研究者（Bjerrum(1951), Cohan *et al.* (1962), Dunitz(1963)および Eisenberg and Coulson(1963) 等）は種々の欠陥のモデルにもとづいて E_D と E_L を計算した．

高圧多形の誘電緩和機構は氷 I のものと同じであろうと考えられる．氷 III, V, VI および VII における E_A, $\Delta S^{\neq}$ および $\Delta V^{\neq}$ は氷 I のものに近い値をもっており，配向性欠陥がこれらの相においても緩和過程に中心的な意味合いをもつことを示している．Wilson *et al.* (1965) は氷 III, V, VI の E_A がすこし小さいのはこれらの相の水素結合が弱いことを示すものであると述べている．水素結合が弱ければ E_{DL} と E' のいずれか，もしくは両方が小さく，したがって E_A が小さくなると考えられるからである．Davidson (1966) と Wilson *et al.* (1965) は分散パラメーター α と多形の結晶中にある異なる結晶サイトの数（表 3.11）の間に相関があることを示唆した．彼らの推論は異なる環境にある分子は異なる緩和時間をもち，したがってその誘電緩和時間は零より大きい α を用いて記述されるであろうというものである．

(c)　電気伝導度

氷 I は時間に依存しない直流電導度 κ を示す．−10°C における H_2O 氷 I の κ は約 $10^{-9}\ \Omega^{-1}\ cm^{-1}$ であって，これは融点での氷の κ より 1 桁小さい．電気分解の実験（Workman *et al.* 1954, Gränicher *et al.* 1957）によるとイオン（おそらく陽子）が唯一の電荷担体である．すなわち，電解に際して陰極には水素が，また，陽極には酸素が，それぞれファラデーの法則にしたがう量だけ生成する．電気伝導は H_2O 分子のイオン解離と密接に関連しているのである．この解離は次式で表現される．

$$2H_2O \underset{k_R}{\overset{k_D}{\rightleftarrows}} H_3O^+ + OH^-, \tag{3.14}$$

ここで k_D は解離の速度定数，k_R は再結合の速度定数である．これら 2 つの定数の比 K_{H_2O} は解離反応の平衡定数である．

Eigen and De Maeyer（1958, 1959）と Eigen *et al.*（1964）は氷の解離反応を一連の手際のよい実験によって研究した．彼らの実験結果と氷における電荷

表 3.12 −10°C における氷 I の配向性およびイオン性欠陥の性質，（Gränicher 1963 によって集められたもの）

性質	配向性欠陥	イオン性欠陥
反応式	$2N \rightleftharpoons D + L$	$2H_2O \rightleftharpoons H_3O^+ + OH^-$
生成エネルギー / kcal (mol of defect pair)$^{-1}$	$E_{DL} = 15.7 \pm 0.9$	$E_{\pm} = 22 \pm 3$
欠陥濃度 / mol of defect (mol of ice)$^{-1}$	$c = 2 \times 10^{-7}$	$\sim 3 \times 10^{-12}$
拡散の活性化エネルギー / kcal mol^{-1}	$E' = 5.4 \pm 0.2$	~ 0
易動度 / cm^3 V^{-1} s^{-1}	$\mu^L = 2 \times 10^{-4}$	$\mu^+ = 8 \times 10^{-2}$
易動度比	$\mu^L/\mu^D > 1$	$\mu^+/\mu^- \sim 10-100$

表 3.13 氷 I におけるイオン解離とイオンの移動．Eigen *et al.* (1964) による数値（すべて −10°C における値）

性質	H_2O 氷 I	D_2O 氷 I
直流電導度 $\kappa/\Omega^{-1}cm^{-1}$	1.0×10^{-9}	3.6×10^{-11}
電導の活性化エネルギー/kcal mol^{-1}	11	13
$H_2O(D_2O)$ の解離の速度定数 k_D/s^{-1}	3.2×10^{-9}	2.7×10^{-11}
$H_2O(D_2O)$ の再結合の速度定数 k_R/mol^{-1} ls^{-1}	0.86×10^{13}	0.13×10^{13}
解離反応の平衡定数 k_{H_2O}/mol l^{-1}	3.8×10^{-22}	0.2×10^{-22}
陽子（重陽子）の易動度 μ/cm^2 V^{-1} S^{-1}	~ 0.08	~ 0.01

輸送の機構に関してその意味することを考察しよう．原論文には実験の完全な記録と氷と水における電荷輸送の詳しい明快な議論が与えられている．またそれ以前の研究のレビューもこれらの論文に与えられている．

Eigen と彼の協同研究者は電気伝導度が電荷担体の濃度と易動度の積に関係し，したがって電気伝導度の測定のみでは，k_D，k_R，および K_{H_2O} などの反応（3.14）の詳細な記述を与えることができないことに注目した．そこで彼らは k_D の値を強電場における飽和電流から決定した．この実験においては氷の薄膜に強い電場が加えられる．このとき流れる電流の強さは氷分子の解離のみで制限されるので k_D と直接に結びつくものである．また k_R は緩和法で決定された．彼らはこの値を k_D と組合わせて K_{H_2O} の値，したがって氷の電荷担体としての陽子濃度を決定した．また，飽和電流の研究から得られる他の知見を電導度測定の結果と組合せることにより電荷担体陽子の易動度が決定された．それらの結果が表 3.13 と表 3.12 の右側のコラムに与えられている．

氷 I の電気伝導の分子論的な機構にイオン性欠陥が関与していることはまず間違いない（Bjerrum 1951, Eigen and De Maeyer 1958)．これらのイオン性欠陥は，H_2O 分子が結晶格子中で解離し，陽子のひとつが隣接する分子へと移動することによって生じるものである（図 3.18)．さらにひきつづいて陽子がジャンプすればイオン性欠陥は結晶中をめぐりあるくことになる．ただし，

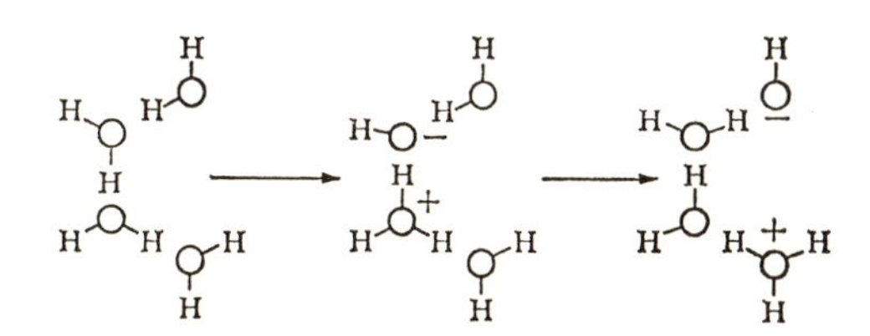

図 3.18　氷 I におけるイオン性欠陥の生成と移動の模式図

図 3.18 からわかるとおり，ひとつのプロトンが結晶中のある経路を経て負の電極にむかったとすれば，次のプロトンはその経路中の水分子が再配向しないかぎり，同じ経路を通ることはできない．しかし，このことは電気伝導がさまたげられることを意味するものではない．なぜなら，ひとつの水分子に注目すればそれが再配向する頻度はそこで陽子のジャンプが起る頻度よりはるかに大きいからである．前節で見たようにに，$-10°C$ おいて各分子は毎秒約 2×10^4 回

の再配向を経験する．他方，与えられた分子において陽子のジャンプが生じる回数は陽子がひとつの分子に滞留する平均時間の Eigen (1964) による推定値 (~10^{-13} s) とイオン性欠陥の濃度 (−10°C において 3×10^{-12} $\mathrm{molecule^{-1}}$, 表 3.12 参照) から見積ることができる．この二つの数の商 (~30) が −10°C において 1 秒間に氷の各水分子に到達する陽子の平均数である．つまり，陽子がジャンプする頻度は極めて大きいが，その濃度が小さいのでひとつの分子でジャンプが起る頻度は小さいのである．言い換ればひとつの分子に陽子が到達するのは配向性欠陥が到達するのに比較して稀な出来事であるということができる．

Eigen and De Maeyer (1958) と Onsager and Dupuis (1962) によれば，ある種のイオン性欠陥は氷中に捕捉されて電導性に寄与しないという可能性が考えられる．そのような可能性のある例は L-欠陥の隣りに捕捉された H_3O^+ イオンである．すなわち L-欠陥中の H_2O 分子に属する孤立対電子とそれに隣接する H_3O^+ イオンの間の引力がイオン性欠陥と配向性欠陥のいずれをも動き得なくしてしまうであろうと考えられる．

(d)　自己拡散*

Kuhn and Thürkauf は 1958 年に重水素 (^{2}H) と ^{18}O のトレーサーが氷 I の中を同じ速度で拡散することを報告した．その後まもなく Dengel and Riehl (1963) と Itagaki (1964) は 3 重水素 (^{3}H) が他のトレーサーとほぼ同じ速さで拡散することを見出した．これらの実験事実は，水分子が全体として氷の結晶中を何らかのかたちで移動しうることを示すものである．この自己拡散現象には格子欠陥が関与していると考えられるから誘電緩和および直流電導と合せて考察するのが便利である．これらはいずれも格子欠陥を通じて進行する現象

表 3.14　氷 I における自己拡散

研　究　者	トレーサー	温 度/°C	自己拡散係数 $\mathrm{cm^2\,s^{-1}}$	活性化エネルギー $\mathrm{kcal\,mol^{-1}}$
Kuhn and Thürkauf (1958)	^{18}O, ^{2}H	−2	10×10^{-11}	
Dengel and Riehl (1963)	^{3}H	0~−33	−7°C にて 2×10^{-11}	13.5±2
Itagaki (1964)	^{3}H	−10~−35	−10°C にて 2.8×10^{-11}	15.7±2

* 氷の自己拡散に関するデータは Kopp *et al.* (1965) によって簡潔にまとめられている．Kopp らは氷中の HF の拡散をも論じている．

である．3種のトレーサーを用いて測定された自己拡散係数の値と3重水素の拡散に対する活性化エネルギーが表3.14に与えられている．

氷の自己拡散の分子論的な機構は，あまり明確にされていない．Haas(1962)は自己拡散が割こみ分子を通じて起るという考えを提出した．これは第3.4(b)節で述べたD-およびL-型配向性欠陥に付随するものである．この考えのうらずけとしてHaasは自己拡散と誘電緩和の活性化エネルギーの値がほぼ同じであることに注意した．もし，割り込み分子が1回のジャンプで1格子点だけ変位するものとすれば，自己拡散係数の値からその移動の速さが配向性欠陥の移動の速さにほぼ等しいことが推論される．Onsager and Runnels(1963)はHaasによる計算と類似の計算を拡張して反対の結論に到達した，拡散分子の速さは配向性欠陥の移動速度より1桁も大きい．したがって，彼らは割込み分子の多くが配向性欠陥に伴って移動するというHaasの提案を否定した．それに代って彼らは水分子が“割込み空間”の中を数格子点もの距離にわたって拡散した後正常の格子点にもどるという考えを出した．彼らの提案は核磁気緩和時間の値にもとづくものであるが，その詳しい議論は発表されていない．拡散ジャンプの平均距離は彼らによると3格子点にわたるものである．

3.5　分光学的性質

(a)　氷Iの振動スペクトル

氷結晶の振動スペクトルは，結晶とエネルギーのやりとりをする種々の輻射線や粒子を用いて研究することができる．電磁波は赤外線およびラマン分光学の方法としてこの目的にひろく応用されている．冷中性子の散乱や熱容量曲線の解析などの方法も最近では氷の振動に関する知見を与えつつあるが，現在のところ赤外線およびラマン分光の方法がもっとも有力である*．

この節では氷の赤外スペクトルの全体的な様子を述べ，結晶構造と原子の運

* 1957年10月以前に出された氷の赤外線およびラマン分光の報告はOckman (1958) によって広範に集められている．1957年以降の重要な研究としてはZimmermann and Pimentel (1962), Bertie and Whalley(1967) による遠赤外線スペクトル，Hornig *et al.* (1958), Haas and Hornig (1960), Bertie and Whalley (1964 a) による H_2O-D_2O 混晶のスペクトル，Bertie and Whalley (1964 b), Taylor and Whalley(1964), Marckmann and Whalley (1969) による高圧氷の赤外線およびラマンスペクトルなどがある．

表 3.15　氷 I と水蒸気の振動スペクトルの比較

（振動数の単位は cm^{-1}，赤外スペクトルの値である．D_2O に対する数値はカッコの中に与えられている．）

振動数領域/cm^{-1}	水　蒸　気	氷　I	バンドの記号	測　定　法†
50～1200	分子回転より生ずる線スペクトル．室温では 200 cm^{-1} 付近でもっとも強く吸収する．	～60（～60）に束縛並進による強いバンド‡．	ν_{T2}	ラマン，中性子，熱容量
		229（222）に束縛並進による強く巾のひろいバンド．構造が見られる．	ν_T	赤外，ラマン，中性子，熱容量
		840（640）に衡振による強く巾のひろいバンド§．構造が見られる．	ν_L	赤外，ラマン，中性子，熱容量
1200～4000	4 つの振動回転バンド．これらは 3 つの基本モードと ν_2 の第 1 倍音によるもの．$\nu_1=3657$（2671）$\nu_2=1595$（1178）$\nu_3=3765$（2788）$2\nu_2=3151$	1650（1210）に弱く巾のひろいバンド．これは ν_2 に関連すると考えられる．	ν_2	赤外，ラマン
		2270（1650）に弱く巾のひろいバンド．これはおそらく ν_L と ν_T の倍音もしくはそれらの ν_2 との結合音と考えられる．会合バンドと呼ばれる．	ν_A	赤外，ラマン
		3220（2420）付近に非常に強く巾のひろいバンド．これは O-H 伸縮モードから生ずる．構造が見られる．	ν_S	赤外，ラマン
4000 以上	3 つの基本モードの倍音と結合音によって多数の振動回転バンドが現れる．第 1.3 表参照のこと．	数多くの比較的弱いバンド．これらは 3 つの基本モードの倍音と，それら相互および格子振動の結合音によるもの．確実に帰属されているものはほとんどない．		赤外，ラマン

† 赤外およびラマンスペクトルの詳細は表 3.16 に与えられている．冷中性子分光法は Larsson and Dahlborg (1962) による研究，熱容量曲線の解析は Leadbetter (1965) の研究である．

‡ このバンドは直接には赤外スペクトルに現れないが，光学密度/ν^2 のプロットによって明らかとなる (Bertie and Whalley 1967 を参照のこと)．

§ 冷中性子スペクトル (Larsson and Dahlborg 1962) においてこのバンドに該当するものはより低い振動数に極大を示す．これは熱容量の解析においても見られる (Leadbetter 1965)．

動にもとづいてその解釈をおこなう．その他の実験方法は現在のところ分光学的方法以上に立入った知見をあまり与えないので，ごく手短かにふれることにする．

表3.15に氷の振動スペクトルの主要な吸収帯が挙げられている．これらの吸収帯の大部分は131ページの図3.20上に認めることができる．50 cm^{-1}から1200 cm^{-1}の間に3つの強く巾のひろい吸収帯が見られるが，水蒸気の場合には回転遷移による巾のせまい多数の吸収線以外にこの領域に吸収帯は見られない．1200～4000 cm^{-1}の振動数領域は水蒸気の場合には基本モードの吸収帯を含む領域であるが，氷については1650と3220 cm^{-1}に吸収極大をもつ吸収帯が見られる．前者の振動数は水蒸気のν_2モードよりいくぶん高く，後者の振動数はν_1およびν_3モードよりかなり低い．これらの他に2270 cm^{-1}に吸収帯が現れるが，これは水蒸気のスペクトルと対応がつかない．これは“会合バンド”(association band) と呼ばれることがある．

水分子の構造が簡単であり，しかも結晶中の分子相互の配置に関して豊富な知見が集められているにもかかわらず氷の振動スペクトルの解釈は容易でない．その理由は，氷結晶の規準振動モードが知られていないために各吸収帯を原子の変位と結びつけることができないということにある．吸収帯の帰属に関する現在までの進歩は，おおむね氷と水蒸気の振動スペクトルを比較することによってなしとげられたものである．これらの進歩のあとを論ずる前に，まず分子性結晶の振動に関する理論を概観しよう．この理論は抽象的に見えようが，後に氷のスペクトルの解析に応用することによって，その物理的意味が極めて明確になるであろう．

分子性結晶の振動

氷と水蒸気のスペクトルに差があるのは，これら2つの相において同一の変位に対して水分子のポテンシャルエネルギーのうける変化が異なるからである．この差異は数学的に次のように表現される．まず孤立水分子の振動を記述するポテンシャルエネルギー関数をU_0としよう(第1.1(d)節)．氷のポテンシャルエネルギーは数多くのこのような関数を単に加え合わせたものではなく，調和近似のもとでは次のように書かれる (Hornig 1950, Vedder and Hornig 1961):

$$U=\sum_j (U_j{}^0+U_j')+\sum_j\sum_k U_{jk}+U_\mathrm{L}+U_{\mathrm{L}j}, \qquad (3.15)$$

ここで U_j^0 は，j 番目の分子が孤立状態にあるときのポテンシャル関数である．その他の項はすべて隣接分子による摂動を表わしており，それによって結晶と水蒸気のスペクトルの差が説明される．

U_j' は隣接分子をその平衡位置に固定して置いたときに U_j^0 が受ける変化を表わしていて，隣接分子の平衡の位置と方向に依存する．これは結晶中の他の分子に属する原子がその平衡位置に静止していると仮定した場合に，それらが静電気力，水素結合などの力を通じて中心分子の振動数におよぼす変化を表現する．それゆえ U_j' に由来する種々の物理的効果は，「静電場効果」と呼ばれる．氷の場合には隣接分子との水素結合によって静電場効果の大部分が説明される．注意しなければならないのは，各分子のうける U_j' が必ずしも同じでないということである．U_j' は j 番目分子のまわりの様子に依存するので，もしそれが異なれば気体のスペクトルからのずれも異なることになる．結晶の吸収スペクトルに各分子が置かれた環境についての知見が含まれている場合があるが，それはこの理由にもとづくものである．

U_L の項は分子間振動，すなわち格子振動のポテンシャル関数である．U_L は隣接分子の位置と配向に依存する．格子振動のモードに対しては，第一近似として剛体分子の振動を考えればよい．そうすれば，分子は束縛並進，束縛回転（通常，衡振と呼ばれる），およびこれら 2 つの結合した運動をすることになる．束縛並進と束縛回転はスペクトルのうえで同位体効果によって実験的に区別される．氷の場合に H_2O と D_2O の束縛並進の振動数の比は $\sqrt{20/18}=1.05$ であるが，これに対し衡振の振動数の比はおよそ $\sqrt{2}$ である*．H_2O，D_2O いずれの氷の場合でも格子振動は水分子の内部振動よりかなり低い振動数にある．その理由は分子内で振動する原子が軽いこととその原子に作用する復元力が大きいことである．しかし格子振動においては分子全体が動くので質量，復元力ともに振動数を低くする要因となる．

式 3.15 の U_{ik} の項は j 番目分子と k 番目分子の分子内振動がカップルする効果を表わす．U_j^0 は j 番目分子に属する各原子の平衡位置からのずれのみに

* 振動数は振動子の質量の平方根に反比例する．衡振モードで動くのは水素であるから H_2O と D_2O の氷の衡振振動数の比は $1/\sqrt{1/2}=\sqrt{2}$ となるであろう．他方，束縛並進においては水分子全体が動くので，その振動数の比は $\sqrt{20/18}$ となるはずである．

依存するが，U_{jk} は j 番目と k 番目の分子に属する各原子の変位に依存する．ひとつの分子の内部振動が隣接する N 個の分子の同じ内部振動と結合すれば，そのモードのスペクトルは $N+1$ の成分に分裂する．その結果としてスペクトルの解釈は複雑になるが，さいわい，この複雑さは問題としている化合物を少量含んだ稀薄な同位体混晶を作り，そのスペクトルを研究することにより，しばしばさけることが可能である．例えば次に見るように，氷においてO—H伸縮振動は隣接分子のO—H伸縮振動とカップルするが，少量のHDOを含む D_2O の結晶においてO—Hの伸縮振動は他の振動とあまり強くカップルしない．このように稀薄な同位体混晶を使えば分子内振動に対する U_{jk} の効果を著しく減少させることができる．

カップリングの有無に対する物理的な基礎は，次のようなものである．まず，ほとんど同じ振動数をもつ振動子が弱く結びつけられているとき，それらの振動子はカップルしていると言われる．結晶中の隣接分子や，強く張ったひもに吊られた2つの振り子はカップルした振動子の例である（図3.19）．なぜなら，

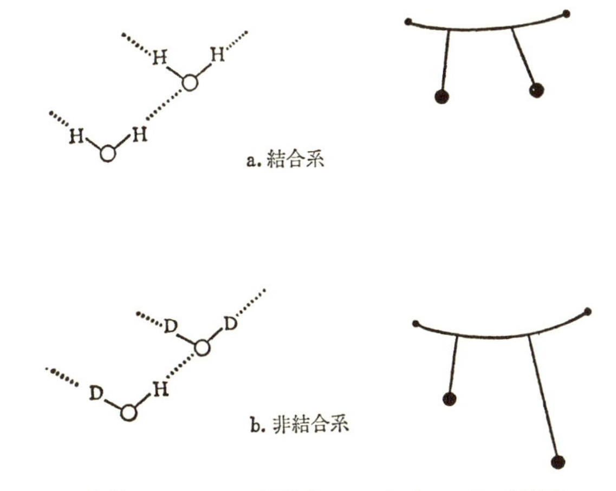

図 3.19　カップルした振動系とカップルしていない振動系．

これらに図3.19おいては一方の振動子の変位が，他方の振動子に力をおよぼすからである．2つの振動子が独立に運動するときの振動数がほとんど等しい場合には，それらが著しく異なる場合にくらべて，それらを物理的に結合することによって生ずる振動数のずれがはるかに大きい．著しく長さの異なる振り

子を結びつけた場合，振動数の変化は小さいのである．それ故，一方の振り子の長さを他方よりはるかに大きくすることによって，それらの間のカップリングを断つことができると言えよう．同じようにして通常の氷のひとつの O—H 結合は，そのまわりの O—H 結合と強くカップルしているが，もしまわりの陽子すべてが重陽子で置換されると（すなわち D_2O 格子の中に HDO 分子をいれると）この O—H 結合は格子とカップルしていないと言われる．同じ理由によって，ひとつの HDO 分子に属する O—H と O—D 結合は分子内的にカップルしていない．すなわち HDO 分子の 2 つの伸縮振動は，ほとんど純粋に O—H と O—D の伸縮である．

式 3. 15 の最後の項 U_{Lj} は格子振動と分子内変位のカップリングを表わす．氷の場合，格子振動と分子内振動の振動数が著しく隔っているので，このカップリングはおそらく重要でないと考えられる．われわれは，この項についてこれ以上考察しないことにする．

O—H 伸縮帯，ν_S

以上で原子の運動にもとづいて氷のスペクトルを解釈する準備ができた．まず最初に，3220 cm^{-1} 付近の巾ひろいバンドを見よう．これは水蒸気の O—H 伸縮モード ν_1 および ν_3（3657 および 3756 cm^{-1}，表 3. 15 参照）の近くに観測される唯一の強い吸収である．それゆえ，このバンドが O—H 伸縮振動に関係していることに疑問はない．しかしこのバンドの中心が，気相での伸縮モードよりおよそ 10 パーセントも低振動数側に移動している理由は明らかでない．また気相での 2 本の鋭い吸収に対し，氷においては 1 本の巾ひろいバンドが観測される理由も明らかでない．

詳しい研究によると，O—H 伸縮モードの振動数が 10 パーセント程度減少しているのは，主として水素結合の静電場効果（式 3. 15 における U_j' の項）によるものである．水素結合一般の分光学的研究によれば（Pimentel and McClellan 1960）数多くの系において水素結合が形成されると O—H 伸縮振動の振動数が 10 パーセント程度減少する．これは，定性的に O_A—H_A…O_B 水素結合において O_B 原子が H_A 原子を引きよせるために生ずると説明される．この引力は O_A—H_A 結合を引き伸ばすように作用し，したがって，伸縮モードの振動数を低下させると考えられるからである．この効果を Hellmann-Feyman

の定理にもとづいて定量的に論ずる試みは，Bader(1964 b) によってなされた．

次に気相において2本の鋭いバンドとして観測されたO—H伸縮モードが氷においては1本の巾ひろい吸収となる理由を考察しよう．HDOをH_2OおよびD_2Oの水に溶かせた稀薄溶液に関する分光学的研究（Hornig *et al.* 1958, Bertie and Whalley 1964 a, b）によると，氷において実際に観測されるのは

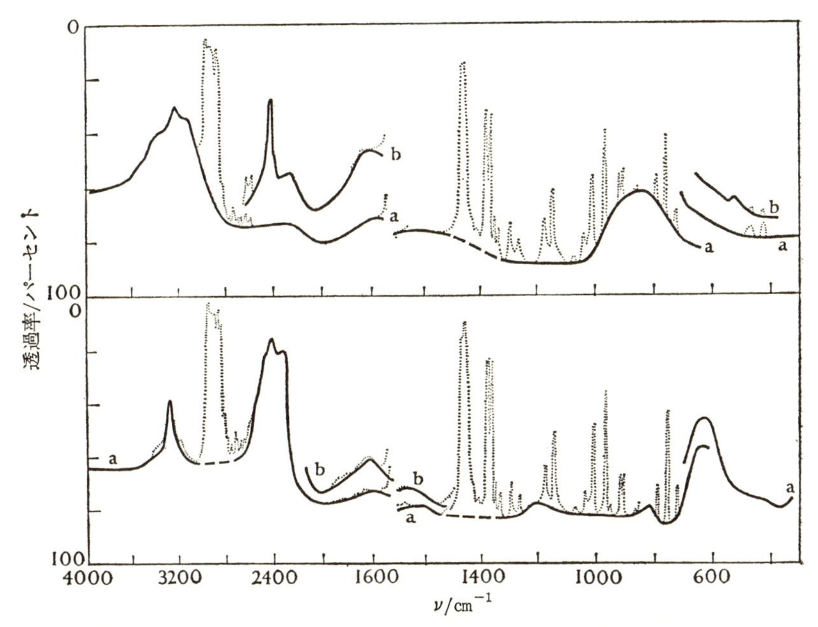

図 3.20 Bertie and Whalley (1964 a) による氷 I の～110K における赤外スペクトル．実線は氷による吸収，点線はマリング剤（イソペンタン）による吸収である．これは氷の粉末を固結させるために使用された．破線はマリング剤の吸収のために氷の吸収が不確実となっている領域である．これらのスペクトルのうち，あるものは氷 Ic から得られた．しかし氷 I のスペクトルは同じ条件下でそれと同じであることが知られている（次節参照）

上図　曲線 (a)：100% H_2O
　　　曲線 (b)：95% H_2O，5% D_2O†；曲線 (a) より厚い試料．
下図　曲線 (a)：5% H_2O，95% D_2O†．
　　　曲線 (b)：0.2% H_2O，99.8% D_2O†

Bertie and Whalley (1964 a) より修正ののち再録．

† 混合のときの組成を示す．まぜ合わせるとすぐに陽子のジャンプによってHDOと多い方の同位体の混合物となる．平衡混合物においては少い方の同位体濃度はごくわずかである．

数多くのモードの重ね合せである．このように数多くのモードが生ずる原因は次の 2 つの効果にあると考えられる*．

(1) ひとつの分子の分子内伸縮モード ν_1 および ν_3 が式 3.15 の項 U_{jk} を通じて隣接分子の対応するモードとカップルする．孤立分子にあっては明確な伸縮振動が，こうしてカップルした振動の巾ひろいバンドとなる．

(2) U_j' による摂動が分子ごとにすこしずつ違っているために各分子の伸縮振動が異なった振動数をもつ．言いかえれば，氷結晶中で各分子の置かれた環境が同じでないので各分子は異なった静電場効果を受ける．

実測されたスペクトル巾の原因として第 1 の効果が作用しているという証拠が図 3.20 に与えられている．すなわち，下側の図に見られるように，D_2O 氷中に溶かした HDO 分子の O—H 伸縮振動 (3277 cm^{-1}) は純粋の H_2O 氷の場合に比較して，はるかに巾が狭い．このような稀薄な固溶体では HDO 分子の O—H 伸縮モードと隣接分子の振動とのカップリングが著しく弱められている．したがって D_2O 中の HDO 分子の O—H 伸縮バンドの巾が純粋の H_2O の場合に比べて狭いという事実は，後者のバンド巾が少くとも部分的には振動のカップリングにもとづくものであることを示す (Horing *et al.* 1958, Bertie and Whalley 1964 a)．同様に H_2O 中に溶かせた HDO 分子の O—D 伸縮バンドの巾が純粋の D_2O の場合に比べて狭い (図 3.20，上側の曲線 (b)，2421 cm^{-1}) ことから振動のカップリングが純粋な D_2O の場合の巾に寄与していることがわかる．

つぎに，われわれはカップリングを除いた後の HDO 伸縮バンドの巾を解釈しなければならない．この巾は水蒸気の伸縮バンドの巾よりかなり広いのである．各分子に対する静電場効果の差 (すなわち上に述べた第 2 番目の効果) によってこの巾の大部分が説明されると考えられる．そのうらづけは H_2O 中に固溶させた HDO の O—D 伸縮バンドを氷 I と氷 II の相で研究することにより得られた (Bertie and Whalley 1964 a, b)．

それによると固溶体が氷 I の相にある場合には HDO 分子の O—D 伸縮バンドは半値巾約 30 cm^{-1} の 1 本の線より成っているが，氷 II の相では 4 本の鋭いピークに分裂し，各ピークの半値巾は約 5 cm^{-1} である (表 3.16)．重水の

---

* 第 3 の効果，すなわちフェルミ共鳴は後程論じられる．

濃度が低いので，この差異は振動子間のカップリングによるものではありえない．おそらく U_j' の項の変化に起因するのであろう．すなわち，氷 II の水素の配置は秩序状態にあるので，4 種類の酸素—酸素間平衡距離がある（第 3.2 a 節）．これら 4 種類の酸素—酸素間距離は O—D の振動に対して異なる静電的摂動 U_j' を与えるので，それぞれに応じて 4 本の鋭い伸縮バンドが現れる．これに対し氷 I においては水素原子の配置は無秩序状態にあるので酸素—酸素間平衡距離にある程度の分布があると考えられる．それに応じて U_j' の大きさにも分布が生じ O—D の伸縮振動に巾を与えると解釈される．

上に述べたいくつかの事実は，後に液体の水のスペクトルを解釈するときに役立つから繰り返し強調しておこう．すなわち

（1）　単一の O—D 伸縮振動の半値巾は 5 cm^{-1} を越えない．また単一の O—H 伸縮振動の半値巾は 18 cm^{-1} を越えない．おそらくそれ以下であろう (Bertie and Whalley 1964 a, b).

（2）　結晶中で分子のとりうる配置が幾通りかあれば，U_j' の項の差によって何本かの伸縮バンドが現れる．これらの吸収は，分子の環境の分布状況次第で，氷 I の場合のように重ね合せによって巾ひろいバンドになることもあるし，氷 II に見られるように明確に分離することもある．

（3）　隣接する分子の伸縮振動がカップルすれば観測される吸収帯は極めて巾ひろくなる．

氷の伸縮バンドの解釈を難しくする今ひとつの効果は，H—O—H 変角振動の倍音（以下を参照のこと）が O—H 伸縮振動の領域に入るということである．この倍音の吸収強度は，それ自身としては O—H 伸縮モードの強度と比較して無視されうる程度に弱い．しかし，これらのバンドが重なるために，変角の倍音は伸縮モードから強度を“借りる”．その結果，3200 cm^{-1} 付近で観測されるバンドの巾にかなりの寄与をすることになる．このように，ひとつのバンドが他のバンドから強度を借りるという現象は，**フェルミ共鳴**と呼ばれる．フェルミ共鳴が生じた場合に各モードの振動数はもとの値からずれる．HDO の稀薄な固溶体の伸縮振動の解釈はフェルミ共鳴によってくもらされるおそれはない．変角モードの倍音が伸縮モードと重なり合わないからである．

氷の伸縮モードの吸収線型は，まだ完全には理解されていない．次に述べるように，幾つかの解釈が提出されている．Haas and Hornig (1960) は主極大を H_2O 分子の ν_3 モード（おそらくカップルしていると考えられる）に帰属した．彼らは 3125 cm^{-1} と

3360 cm^{-1} に2本の副次的な吸収帯があり，それらはいずれも ν_1 と $2\nu_2$ を等しい割合で含んだ混合状態であると考えている．Bertie and Whalley(1964 a) によれば，カップルした ν_3 モードが主極大に大きく寄与していることに相違ないが，実測の吸収帯は，少くとも3つの成分の重ね合せである．各成分はあらゆる規準振動の複雑なカップリングの結果生じたものと考えられる．

O—H 変角バンド，ν_2，および会合バンド，ν_A

水蒸気の H—O—H 変角モード ν_2 は 1595 cm^{-1} にある．氷のスペクトルにおいては 1650 cm^{-1} に巾のひろい弱いバンドが現われる．変角振動は，水素結合の形成によってわずかながら高振動数側に移動することが知られている (Pimentel and McClellan 1960) ので，このバンドはおそらく H—O—H 変角振動によるものであろう．この帰属は振動数の温度依存性から，さらに確実なものとなる．すなわち，Zimmermann and Pimentel (1962) は，この吸収極大の振動数が温度の低下とともに減少することを見出した (0.3 $cm^{-1}{}^\circ C^{-1}$)．通常の格子振動は温度低下とともに振動数が増大するのである．したがって 1650 cm^{-1} のバンドが格子振動の倍音であるという可能性はない．また隣接分子間のカップリングが 1650 cm^{-1} のバンドにいかなる効果を及ぼしているかは，現在のところ明らかでない．この点について Zimmermann and Pimentel (1962) は稀薄な同位体混合物結晶スペクトルにカップリングが生じているという根拠を見出していない．彼らは，氷において H—O—H 変角振動のカップリングはないものと結論づけている．しかし，この結論は一般的に受け入れられているのではない (Bertie and Whalley 1964 a).

2270 cm^{-1} の ν_A に対応する吸収線は水蒸気のスペクトルに見られない．このバンドの吸収極大振動数の温度依存性は，格子振動によるものと類似している．このバンドは，おそらく格子振動の倍音もしくは結合音によるものであろう (Zimmermann and Pimentel 1962). Bertie and Whalley (1964 a) はこれを $3\nu_L$ と $\nu_2+\nu_L$ に帰属した．

格子モード

分子間振動にもとづく，3つのはっきりとした吸収帯が 50～1200 cm^{-1} の間に生じる．H_2O と D_2O の氷による吸収振動数の比から，いずれが束縛並進と衡振によるものかをきめることができる．表 3.15 に示されるように，800 cm^{-1}

表 3.16　種々の氷の基本モードおよび格子モード領域における振動スペクトルの比較

（とくに断らないかぎり赤外スペクトルに関する数値．カッコ外の数値は吸収極大の振動数を cm^{-1} で表わしたもの．カッコの中の数値はバンドの半値巾である．）†

振動バンド	氷 I				氷 II				氷 III				氷 V				氷 VI		氷 VII	
	H_2O	H—OD in D_2O	D_2O	D—OH in H_2O	H_2O	H—OD in D_2O	D_2O	D—OH in H_2O	H_2O	H—OD in D_2O	D_2O	D—OH in H_2O	H_2O	H—OD in D_2O	D_2O	D—OH in H_2O	H_2O	D_2O	H_2O	D_2O
O—X 伸縮バンド：ν_S						3373		2493				2461§								
赤外スペクトル	3220‡	3277	2425‡	2421§	3225‡	3357	～2380‡	2481	3250§	3318§	～2450‡	2450	3250§	3350	～2390‡	2461§				
	(～500)	(～50)	(～300)	(～30)	(～500)	3323		2460												
								2455												
								(各～5)												
ラマンスペクトル	3085‡		2283‡		3194‡		2353‡		3159‡		2327‡		3181‡		2344‡		3204	2370	3348	2462
	(～40)		(～25)		3314		2489		3281		2457		3312		2485		(～50)	(～35)	3440	2563
	3210		2416																3470	2546
会合バンド：ν_A	2270		1650		2220		1620		2225§		1615		2210		1610					
X—O—X′ 変角バンド：ν_2	1650	1490‖	1210		1690		1220		1690		1240		1680		1225					
衡振バンド：ν_L	～840§	～822	～640‡	～515	～800‡	～770	～593‡	～464§	～812‡	～786	～600‡	～473	～730	～780	～490	～445				
	(～200)		(−150)		～642§		～507		～734											
束縛並進バンド：ν_T																				
赤外スペクトル	229‡		222‡																	
ラマンスペクトル	225		217		～151‡		～146				166		169		159					

†　とくに断らないかぎり赤外のデータは Bertie and Whalley (1964 a, b, 1967) のもの，試料の温度は -160 ± 20°C である．ラマンのデータは Taylor and Whalley (1964；氷 I，II，III，V) および Marckmann and Whalley (1964；氷 VI，VII) のもの，試料の温度は -196°C である．すべてのスペクトルは大気圧下でとられた．

‡　2つもしくはそれ以上の極大が見られる．§　主ピークにショウルダーが見られる．‖　Haas and Hornig (1960)

付近に見られる吸収は H_2O/D_2O 振動数比が 840/640=1.3 であって，これは倍振に帰属される（例えば Ockman 1958）．229 cm^{-1} 付近のバンドの H_2O/D_2O 振動数比は 229/222=1.03 であって，これは束縛並進運動に帰属される．中性子散乱，およびラマンスペクトルで 60 cm^{-1} に出現するバンドも，束縛並進によるものである (Ockman 1958, Larsson and Dablborg 1962).

Bertie and Whalley(1967) は 50～360 cm^{-1} 領域の赤外線スペクトルを詳細に研究した．この領域には束縛並進によるバンドがある．彼らは 229 cm^{-1} の主極大の他に，164 cm^{-1} に弱い極大と 190 cm^{-1} にショウルダーを見出し，229 cm^{-1} と 164 cm^{-1} の極大をそれぞれ横波の光学振動，縦波の音響振動の状態密度極大にもとづくものとした．また 190 cm^{-1} のショウルダーを縦波の光学振動に帰属した．また光学密度/ν^2 のスペクトルにおいて，65 cm^{-1} に現れる極大は横波の音響振動によるものと考えられている．

Bertie and Whalley (1967) は，氷の温度を 100 K から 168 K に昇げれば 229 cm^{-1} の主極大が低振動数側にずれ，またその強度が減少することを見出した．彼らはこの変化をホット・バンド，すなわち励起した振動準位からさらに上の準位への励起によるものとしている．

水分子の小さな集合体の規準振動が幾人かの研究者によって論じられ，格子振動領域のスペクトルがその規準振動に帰属されている．この手続きはスペクトルの各バンドに対応する分子運動の様子を定性的に描くとともに，系のポテンシャルエネルギー関数を近似的に与えるものである（第 3.6 (b) 節）．Zimmermann and Pimentel (1962) は，この種のとりあつかいによって中心分子とそれに水素結合で結ばれた酸素原子より成る 5 分子系を考察した．Kyogoku (1960) はさらに詳細な研究において，中心の酸素原子とそれに結合した 4 個の水素原子，およびその外側の 4 個の酸素原子より成る 9 原子系を解析した．Walrafen(1964) は 5 原子系の規準振動を解析した（第 4.7(c) 節参照）．これらの研究において ν_L バンドは束縛回転に，ν_T バンドは束縛並進に帰属されている．

まとめ

最後にポテンシャルエネルギーを任意に変化させうるような仮想的な氷結晶を想像することによって，分子間力とスペクトルの関係をまとめよう．まず，各分子のポテンシャルエネルギーが U_0 であって分子の重心が動かないものとしよう．このような結晶の赤外線吸収は各分子の ν_1, ν_2, ν_3 の各モード（およびそれらの倍音，結合音）のみであって，それらは水蒸気の吸収バンドと同じ振動数に鋭い吸収線として現れるであろう．次に U_j' で表わされる静電場効果を導入する．ただし，分子内モードのカップリング U_{jk} はないものとする．これは，ひとつの分子が他の分子の位置に静電場を作り水素結合を形成することをゆるすが，その内部振動が隣接分子の振動に影響を及ぼすことはないという仮定である．また，氷結晶中のすべての水素原子の位置は秩序状態にあるとしよう．そうすれば，酸素—酸素間の距離は1種類であり，U_j' も各分子について同じである．U_j' をいれると各線の振動数がすこしずれる．すなわち，もともと 3657 cm^{-1} と 3756 cm^{-1} にあった ν_1 と ν_3 モードが 3200 cm^{-1} 付近に移動する．変角振動 ν_2 は 1595 cm^{-1} から約 1650 $^{-1}$ に移動する．さて，つぎに水素原子が結晶中で無秩序な配置にあるとしよう．そうすれば，各分子の U_j' が異なるので吸収線が巾をもつことになる．ただし，その場合でも O—H 伸縮振動の半値巾は 50 cm^{-1} を越えない．

これまで分子の重心が動かないと仮定してきたが，次にこの制限をはずすことにしよう．すなわち，格子振動のポテンシャル U_L をとりいれる．そうすれば分子は束縛並進と束縛回転の運動をおこない，吸収帯が 60, 229, 840, および 2270 cm^{-1} に現れる．最後に U_{jk} の摂動項を導入すると各分子の ν_1, ν_2, ν_3 モードが隣接分子の対応するモードとカップルする．この最後の段階で 3200 cm^{-1} 領域の様子が著しく変化する．すなわち，ν_1 と ν_2 モードは多数の振動に分裂し，それらが ν_2 の第1倍音とカップルする．これらすべての吸収帯が重ね合わせられて実測される吸収帯を形成することになる．

（b） 氷の多形の振動スペクトル

氷 Ic および凍結された氷の高圧形の赤外およびラマン・スペクトルが，限られた振動数領域ではあるが，近年になって測定された．これらの研究は表 3.16 にまとめられている．これらのスペクトルは相互に，また氷 I のスペクトルと極めて類似している．

その類似点は次のようなものである．

(1) 氷 I，I$_c$，II，III，および V の赤外スペクトルにおいて 3200 cm^{-1}(D_2O

にあっては 2400 cm^{-1}) 付近に現れる強いバンド．これは疑いなく O—H 伸縮振動によるものである．いずれの結晶についても，水蒸気の振動数付近には鋭い吸収は見られない．したがってすべての水分子は完全に水素結合していると考えてよいであろう．氷 VI と VII について，この領域の赤外スペクトルは得られていないが，ラマン・スペクトルが得られている．この 2 つの多形においても，各分子は完全に水素結合していると思われる．ただし，氷 VII のラマン線の位置が蒸気での振動数に近いことから，この多形の水素結合は他の結晶型のものより弱いと考えられている (Marckmann and Whalley 1964)．これらの結論は，今までに得られている結晶学的な事実とよく符合するものである（第 3.2 節)．すなわち，すべての多形において水分子は完全に水素結合しているが，氷 VII の常圧における水素結合距離（~2.95 Å）は他の多形のものよりかなり長い．

(2)　氷 I$_c$, II, III および V の赤外線スペクトルに見られる 800 cm^{-1} (D_2O にあっては 600 cm^{-1}) 付近の強く巾ひろいバンド．このバンドは氷 I の場合と同様に分子全体の回転的振動に帰属されよう．また，氷 I$_c$, II, III, および V のラマン・スペクトルは 200 cm^{-1} 付近に巾ひろいバンドを示す．これは，氷 I の束縛並進による吸収帯に類似するものである．氷 II, III, および V におけるこれらのバンドが氷 I のものと類似していることから，隣接分子間に作用する力が，これらの多形においてほとんど同じであると考えることができる．言い換えれば，これらの多形における水素結合が氷 I のものと質的に異なるものではないということである．

(3)　氷 I$_c$, II, III および V における 1650~1700 cm^{-1} (D_2O にあっては 1200~1250 cm^{-1}) に中心をもつバンド．この吸収は分子の ν_2 モードに関係したものであろう．氷 II, III および V におけるこれらのバンドの伸縮バンドに対する相対強度は氷 I における相対強度より大きい．Bertie and Whalley (1964 b) によるとこのバンドが相対的に大きい強度をもつのは，これらの結晶相において水素結合が著しく曲つていることにもとづくと考えられる．

(4)　氷 I と I$_c$ の赤外スペクトルはほとんど同じである (Hornig *et al.* 1958, Bertie and Whalley 1964 a)．これらの結晶構造（第 3.2(c) 節）が類似していることから，ほとんど同じスペクトルを与えることが理解される．

氷多形のスペクトルの間にはいくつかの小さい差異がある．最も興味深いの

は D_2O もしくは H_2O の結晶中に溶かした稀薄な HDO 分子の伸縮に見られる差異であろう．HDO 分子は要するに H_2O または D_2O の結晶において，分子のまわりの様子が結晶相の変化にともなつてどのように変るかを調べる探索子として使われるのである．HDO 分子の O—D(または O—H) 伸縮モードはそのまわりの H_2O(または D_2O) 分子の伸縮モードと式 3. 15 の U_{jk} を通じて極く弱いカップリングしか受けないので，もし，異なる HDO 分子の O—D（または O—H）伸縮振動が異っていれば，その差は大部分それらの分子が受ける静的摂動 U_j' のちがいによるものである．したがって H_2O または D_2O 結晶に溶かした稀薄な HDO 分子について，実測される O—D（または O—H）伸縮バンドの形は HDO 分子のまわりの様子に関する情報を含んでいる．

すでに述べたように，H_2O の氷 II に固溶させた稀薄な HDO の O—D 伸縮バンドは幅のせまい 4 本のピークより成っている．これに対し氷 I および氷 V において対応するバンドは比較的幅がひろく，また構造をもたない（表 3. 16, Bertie and Whalley 1964 a, b)．またこの実験結果に従って氷 II の各 O—D グループは 4 つの異なる静的摂動 U_j' のひとつを受けていると考えられること，および Bertie and Whalley(1964 b) は異なる U_j' の原因を氷 II に存在する 4 つの異なる平衡酸素—酸素間距離に求めていることもすでに述べた．Bertie and Whalley は，氷 II の中の水素原子が秩序配置をとっていると予想した．この予想は結晶学的，熱力学的，および誘電的データによって裏づけられている（第 3. 2, 3. 3(a), 3. 4(a) 節)．凍結された氷 III の O—D 伸縮バンドが 2 つのピークより成ることも同様の推論によって，この結晶相に少くとも 2 種の酸素—酸素間距離が存在するとして説明される．氷 I と氷 V におけるこれらの吸収帯は氷 II, III のピーク全体に匹敵する幅をもち，しかも微細構造を示さない．これは，これらの結晶相にわずかずつ異なる静的摂動項 U_j' が存在することを示すものであろう．氷 I と V に，このようにすこしずつちがった U_j' が存在するのは酸素—酸素間距離の分布に由来するのであろう．このバンドの半値巾は O—O 間距離に 100 分の数 Å の巾をもつ分布をゆるすことによって説明される (Bertie ans Whalley 1964 a, b)．この程度の原子間距離の分布は，水素原子の配置がこの結晶相において無秩序であることから生ずると考えることができる．なお，氷 VI および VII については稀薄な同位体混晶のスペクトルは今のところ報告されていない.

種々の氷多形のスペクトルに見られる第2の差異は，800 cm^{-1} 付近を中心とした分子の回転振動バンド ν_L の微細構造である．氷 II と III の ν_L バンドは多くの微細構造をもつが，氷 V と I については，ほとんど構造が見られない．Bertie and Whalley (1964 a, b) によれば，氷 II と III においては水素原子の位置が秩序状態にあるために厳密な選択律が成り立ち，したがって微細構造が現れると考えられる.

各バンドの振動数から見て，高圧氷の水素結合は氷 I におけるものより曲りやすく伸びやすい．したがって，それだけ弱いと考えられる．例えば，いくつかの多形における HDO 分子の O—H 伸縮振動は次の順序で増大する（詳しくは表 3.16 を見られたい).

多　形	I	III	V	II
$\nu(OH)/cm^{-1}$	3277	3318	3350	~3350

純粋の H_2O 氷における O—H 伸縮のラマン振動数も同様の傾向を示す.

多　形	I	III	V	II	VI	VII
$\nu(OH)/cm^{-1}$	3085	3159	3181	3194	3204	3350

水素結合している O—H グループの伸縮振動が高い動振数にあるほど，その水素結合は弱いことが知られている (Pimentel and McClellan 1960) ので，上記の一連の多形において，右側にあるものほど，O—H 伸縮振動が高振動数側にずれていることから，これらの多形の水素結合が左側にあるものに比べて弱いことがわかる.

水素結合の曲げ，および伸びに対する抵抗力の大小関係は分子間モードの振動数を一連の多形について調べることによって推論するすることができる．多形氷中に固溶させた HDO 分子の ν_L バンドは次の順序に従って低振動数側に移動する.

多　形	I	III	V	II
$\nu_L(D_2O$ 中の HDO$)/cm^{-1}$	~822	~786	~780	~770

D_2O について ν_T モードによるラマン振動数は次のとおりである.

多　形	I	III	V	II
ν_T/cm^{-1}	217	166	159	146

ν_L と ν_T モードが低振動数にあることは水素結合が曲りやすく，また伸びやすいことを意味するので，高圧多形における水素結合は，氷 I におけるものより容易に平衡角および平衡距離から変形すると考えられる．

(c) 核磁気共鳴

核磁気共鳴 (Nuclear Magnetic Resonance, NMR) は，氷結晶中における陽子の位置を研究する上で有力な手段である．この方法の基礎は，陽子共鳴のバンドのひろがりが水分子の平衡陽子—陽子間距離の 3 乗に逆比するという事実である．もちろん，陽子—陽子間距離だけでは氷結晶中の H_2O 分子の大きさを定めるのに十分でない．しかし，平衡結合距離が知られていれば，H—O—H のなす平衡結合角を定めることができ，逆に平衡結合角が知られていれば結合距離を定めることができる．図 3.21 は，Kume (1960) による NMR の実験

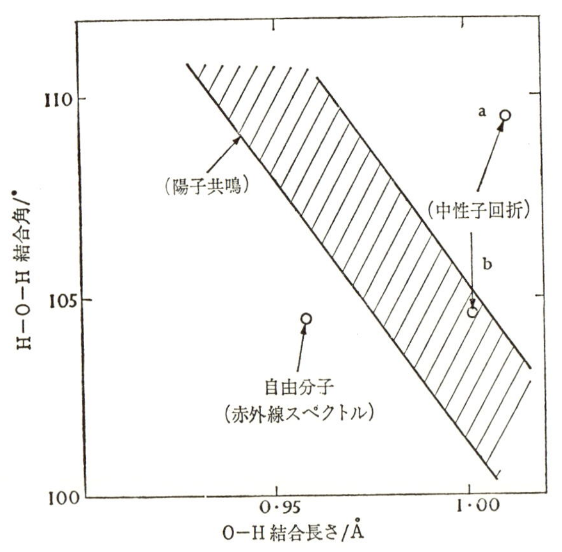

図 3.21† 氷 I における水分子の大きさ．斜線をほどこした部分は Kume による氷 I の NMR スペクトルと矛盾しない領域．(a) と (b) の値はそれぞれ Peterson and Levy (1957) と Chidambaram (1961) によって D_2O の氷 I について中性子回折から得られたもの．

† Kume (1960) に修正を加えて再録．

結果を矛盾なく説明する H—O—H 角と O—H 結合距離の組合せを示す．同図においてゆるされる領域の巾は，陽子—陽子間距離に含まれる実験誤差を示

している．中性子回折のデータにもとづいて出された結合距離1.01 Å，H—O—H 結合角109.5° (Peterson and Levy 1957) は NMR の結果と相容れない．しかし結合距離を 1.0 Å とし，結合角を孤立分子の値に近くとれば，中性子回折 (Chidambaram 1961) と NMR のデータが共に矛盾なく説明される．

NMR による研究から水素結合形成にともなう電荷の再分配について，ある程度の知見が得られている．D_2O の氷において重水素核の四極子モーメントと，その位置での静電場勾配の相互作用によって NMR のスペクトルに分裂が見られる．この分裂の大きさから，その点での電場勾配の成分を決めることができる．氷 I におけるその値は自由分子の場合（表1.5）より約30% だけ減少している (Waldstein *et al.* 1964).

なぜこのように減少するかを電場勾配の最大成分，すなわちO—D 軸に沿った成分について考察しよう．この軸を z' とし，重水素核の位置でのポテンシャルを $\mathcal{V}$ とすれば，その点での電場勾配の z' 成分は $\partial^2\mathcal{V}/\partial z'^2$ である．実験の示すところによると，重水素核の位置での $\partial^2\mathcal{V}/\partial z'^2$ は氷においても (Waldstein *et al.* 1964)，また孤立分子においても (Posener 1960) 正である．これは，酸素 O_A の核の正電荷の効果が O_A—D 結合の電子による負の寄与を上まわっていることを意味する．O_A—D…O_B の水素結合ができると $\partial^2\mathcal{V}/\partial z'^2$ の値が30% 程度減少することを上に述べたが，それについて2つの理由が考えられる．第1に水素結合の形成によって O_A—D 間の距離が伸びるために，O_A の原子核によって重水素の位置に作られる電場勾配が減少すること，第2に O_B によって重水素核の位置に作られる電場勾配の効果である．これら2つの原因が同時に，作用していることもありうる．量子力学的な計算 (Weissmann 1966) によると水素結合した場合でも O—D 間距離が気相での値約0.96 Å をとるとすれば，O_B が接近することによって $\partial^2\mathcal{V}/2z'^2$ は10% 程度増大するにすぎない．したがって重水素核の位置の電場勾配が減少するのは，おおむね上に述べた第1の理由，すなわち水素結合を作ることによって O_A—H 間距離が増大することにもとづくと考えることができょう．Weissmann(1966) が $\partial^2\mathcal{V}/\partial z'^2$ を計算するために用いた SCF—m. o. は近似的なものであり，また，その計算に現れる3中心積分も近似的に見積られたものにすぎないが，彼女の得た結果は孤立分子についても，氷 I についても実験とよく合っている．

3.6 水素結合

(a) 水素結合エネルギーの実験値

氷における水素エネルギーの実験値は，理論的な計算や他の実験結果との比較をするうえで有用なものである．この問題を扱った文献を調べてみると，さまざまな値が報告されていることがわかるが，それらは「水素結合エネルギー」の種々の定義に従って出されたものである．そして，どの定義が適当であるかは，問題とする実験または計算に依存している．ここでは水素結合エネルギー $E_{水素結合}$ のいくつかの定義とその定義に従って導かれる値を論じよう．

実験的に得られた**格子エネルギー**は量子力学的な厳密な計算によって得られる分子間エネルギーに対応するものである．それはまた，0 K にある静止した孤立水分子 1 モルのエネルギーと，同じく 0 K にあって，静止した原子より

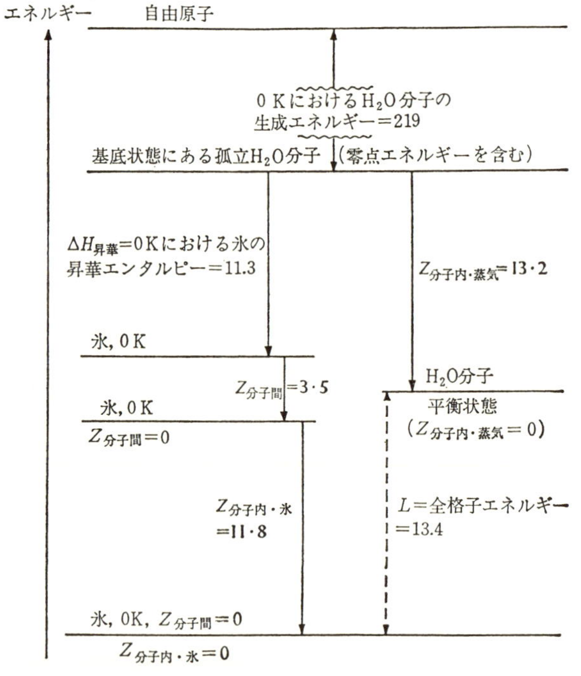

図 3.22 氷の昇華エンタルピーと零点エネルギーに対する全格子エネルギーの関係．水平線は H_2 の状態を定義し，状態間の垂直の矢印はその間の変化に要するエネルギーを示す．エネルギーはすべて kcal mol^{-1} で与えられている．

成る1モルの氷のエネルギーの差であると定義されよう．「静止した原子より成る」とは孤立分子にあっては，その分子内零点エネルギーがゼロであること（$Z_{分子内・蒸気}=0$）であり，氷にあっては分子内，分子間ともに零点エネルギーがゼロであること（$Z_{分子内・氷}=Z_{分子間}=0$）を意味している．分子内零点エネルギーは分子内振動に付随した零点エネルギーであり，孤立分子と氷では分子内の振動数が異なるために異った値をとる．分子間零点エネルギーは氷の分子間振動にもとづくものである．図3.22から明らかようように，上の定義による格子エネルギー L は次式で与えられる．

$$L=\Delta H_{昇華}+Z_{分子間}+Z_{分子内・氷}-Z_{分子内・蒸気}, \tag{3.16}$$

ここで $\Delta H_{昇華}$ は0Kにおける氷の昇華エンタルピーである．

0Kでの昇華エンタルピー実験値（11.3 kcal mol^{-1}, 表3.7）と，分光学的に定められた零点エネルギーの値から L を求めることができる．Whalley(1957, 1958)によると $Z_{分子間}=3.5$ kcal mol^{-1}, $Z_{分子内・氷}-Z_{分子内・蒸気}=-1.4$ kcal mol^{-1} である．したがって0Kにおける全格子エネルギーは $11.3+3.5-1.4=13.4$ kcal mol^{-1} である．

定義 1. 水素結合エネルギーの定義のひとつとして，格子エネルギーを用いることができる．すなわち，$E_{水素結合}$ は水素結合あたりの氷の格子エネルギーであると定義する．1モルの氷には2モルの水素原子が存在し，（結晶表面に出ているわずかな部分を無規すれば）各水素原子は1本の水素結合に関与しているので，この定義に従う水素結合エネルギーは次式で与えられる．

$$E_{水素結合}=\frac{L}{2}=\frac{13.4}{2}=6.7\ \text{kcal(mol of H bond)}^{-1}. \tag{3.16 a}$$

この値は，量子力学に従って厳密に計算すれば得られると考えられる水素結合エネルギーである．

定義 2. 昇華エンタルピー $\Delta H_{昇華}$ を用いて上と類似の定義を $E_{水素結合}$ に与えることができる．

$$E_{水素結合}=\frac{\Delta H_{昇華}}{2}=\frac{11.32}{2}=5.66\ \text{kcal(mol of H bond)}^{-1}. \tag{3.17}$$

$\Delta H_{昇華}$ は温度によって変化するので，この定義による $E_{水素結合}$ は温度に依存する．また0Kにある D_2O の重水素結合エネルギーを，この定義に従って計算すれば，水素結合よりわずかに大きい値 5.96 kcal(mol of D bond)$^{-1}$ を得る．式 3.17 による水素結合エネルギーの定義は，氷の蒸気圧などの性質を考察する場合に式 3.16 による定義よりも適している．

定義 3. 上の 2 つの定義は，分子間エネルギーをすべて水素結合エネルギーに帰している．すなわち，分散力や反発力の効果を水素結合に含めてしまったのである．これらのエネルギーは氷のみならず，水素結合をもたない結晶にも存在する．$\Delta H_{\text{昇華}}$ に対する水素結合と他の力の寄与が明白に区別されうるという前提に立って次の定義を与えることができよう．

$$E_{\text{水素結合}}=\frac{\Delta H_{\text{昇華}}-E_{\text{その他}}}{2}. \tag{3.18}$$

ここで $E_{\text{その他}}$ とは水素結合以外の分子間力にもとづくエネルギーである．

この定義の難点は，$E_{\text{その他}}$ を見積る際にあいまいさが入るという点である．この項は直接的に測定される量でないし，また現在のところ，正確に計算することもできない．$E_{\text{その他}}$ を求めるためのいくつかの方法（以下に述べる）は，それぞれ異なる水素結合の定義となっている．したがって定義 3 は，実のところ 1 群の異なる定義をまとめたものである．

Pauliug (1960) と Taft and Sisler (1947) は $E_{\text{その他}}$ を水素結合がない場合の氷の昇華エンタルピーであると考えて，その値を類似物質の熱力学的性質から推定した．Pauling は水素結合 1 モルあたりおよそ 5 kcal という値を得，Taft and Sisler は 4.25 kcal を得た．Searcy (1949) は水素結合していない仮想的な氷が実在の氷より大きい密度をもつであろうと考え，その効果をとりにいれた結果，水素結合 1 モルあたり 6.4 kcal という値を得た．Searcy の値が $\Delta H_{\text{昇華}}/2$ より大きいのは，水素結合していない氷における分子間反発エネルギーが，分散力によるエネルギーの低下を上まわり，したがって $E_{\text{その他}}$ が負であると推定されたからである．Harris and O'Konski (1957) はさらに大きい反発エネルギーを用いて，$E_{\text{水素結合}}$ が 7.7 kcal(mol of H bond)$^{-1}$ であると結論している．

このように $E_{\text{その他}}$ を推算する方法によってさまざまの $E_{\text{水素結合}}$ が得られているが，それらのうちに（誘電緩和や自己拡散のような）物理的過程に付随したエネルギー変化に対応するものがあるか，また，もしあればいずれであるかということは明らかでない．

定義 4. 氷や水の中で起る多くの興味深く重要な過程を記述するときに，1対の水分子を互いに近く保ったまま，その間の水素結合を切断するという場合が考えられる（例えば，氷の中にD-欠陥とL-欠陥を作ったり，また，圧力と温度を変えて水の構造を変化させる場合など）．この場合には定義1，2，もしくは3から得られる水素結合エネルギーは妥当なものではない．例えば非隣接分子間の相互作用エネルギー $E_{非隣接}$ が式3.18の $E_{その他}$ として氷の格子エネルギーと昇華エネルギーに含まれている（第3.6 (c) 節で述べる計算によると $E_{非隣接}$ は 0.8 kcal (mol ice)$^{-1}$ よりすこし大きい程度であると考えられる）．この寄与は，隣接分子間の水素結合が切れると変化するであろう．氷や水の隣接水分子間の静電エネルギー，分散エネルギーおよび反発エネルギーは，水素結合の切断によって分子間距離が変化することのみから考えても切断の前後で異なる値をもつであろう．したがって水分子間の水素結合エネルギーは，次式によって定義するのがよいと考えられる．

$$E_{水素結合}=\frac{\Delta H_{華昇}-E_{その他}}{2}+\Delta E_{その他}, \tag{3.19}$$

ここで $\Delta E_{その他}$ は隣接分子間の水素結合を切ったときに生ずる静電気，分散力および反発エネルギーの変化（$E_{非隣接}$ に変化がもしあればそれも含めて）である．残念なことに，$\Delta E_{その他}$ は直接的な測定によって得られないばかりか，氷や水の水素結合を切断するとはいかなることかの定義によって，その推定される値が著しく変化する．考察の対象となっている物理的過程ごとに，その値が異なるのが実際のところであろう．したがって，この定義を用いて水素結合エネルギーを定めることは極めて難しい．

以上まとめれば，“氷における水素結合エネルギーの実験値”は，精確に定義されうる量ではない．各 $E_{水素結合}$ の値は，それが使われる場合に応じて同じではない．誘電緩和や自己拡散などの個々の物理的過程を解析するときに用いるべき値は，それらの過程と水分子間の相互作用ポテンシャル曲面がよりよく理解されて後，はじめて明らかになるであろう．

(b) 水素結合で結ばれた分子のポテンシャル関数

第3.5節で氷のポテンシャルエネルギーについて論じたが，そこでは核間距離の関数としてその形を具体的に与えなかった．この種の表示式として，いくつかの未定の力定数を含む適当な関数形が提出されている．未知の力定数は，振動スペクトルやその他の実験データをよく再現するように決められる．このような関数が，氷の分子間力を正確に記述するとは期待されないが，分光学的な結果についてある程度の見通しを与え，おおよその近似計算に用いることができるであろう．

Zimmermann and Pimentel (1962) は5原子系 O…H—O—H…O の振動を解析することにより，水素結合した水分子の力定数を近似的に定めた．3つの力定数すなわち O—H…O 伸縮 ($k_{\bar{R}}$)，O—H…O 変角 (k_θ) および H—O—H 変角 k_α の値が ν_T, ν_L および ν_2 の振動数から定められた．これらの力定数は表 3.17 にまとめられている．k_θ は $k_{\bar{R}}$ のおよそ半分の値をもち，ともに高温にな

表 3.17 氷 I の振動に関する力の定数 (k の単位は 10^5 dyn cm^{-1})

研究者	実験データ	温度 °C	$k_{\bar{R}}$ (O—H…O 伸縮)	k_α (H—O—H 変角)	k_θ (O—H…O 変角)
Haas (1960)	弾性定数		0.17		
Kyogoku (1960)	分光学的振動数		0.19		
Zimmermann and Pimentel (1962)	遠赤外振動数	0	(0.155)†	(0.56)†	(0.085)†
		−20	0.158	0.545	0.088
		−50	0.162	0.525	0.090
		−95	0.163	0.505	0.092
		−130	0.173	0.495	0.094
		−180	0.178	0.49	0.095
Tsuboi (1964)	ラマン振動数		0.18		
Bertie and Whalley (1967)	遠赤外振動数	−173	0.17～0.19		

† 補外値

ると減少する．Zimmermann and Pimentel によれば，これらの力定数が温度上昇にともなって減少するのは，結晶が熱膨張するために O—H…O 距離が増大し，その結果水素結合が弱くなるからである．他の研究者が分光学のデータから定めた値，および Haas (1960) が弾性定数から定めた値は Zimmermann and Pimentel の値とよく一致している(表 3.17)．また，$k_{\bar{R}}$ の大きさは O—H 伸縮に対する力の定数 $k_{\bar{r}}$ の約2% にすぎない (1.1 (d) 節)．Zimmermann and Pimentel が得た k_α の値は k_θ にくらべて5倍以上も大きく，また温度とともにわずかに増大する．0°C において彼らの得た値は孤立分子の k_α(0.76×

10^5 dyn cm^{-1}，1.1(d) 節）より約25%だけ小さいことが注目される．すなわち，氷において原子価角 H—O—H を変えるには孤立分子において変える場合よりも小さいエネルギーで済むが，O—H…O 結合角を変える場合にくらべると大きいエネルギーを要する．

これらの定数が正確にわかっているとすれば，水素結合の伸びおよび変角があまり大きくない範囲でポテンシャルエネルギーの変化を次のように書くことができる．

$$\Delta E_{\mathrm{p}} = \frac{1}{2}k_{\bar{R}}(\Delta\bar{R})^2, \tag{3.20}$$

$$\Delta E_{\mathrm{p}} = \frac{1}{2}k_{\theta}(\bar{R}-\bar{r})\cdot\bar{r}(\Delta\theta)^2, \tag{3.21}$$

これらの式において $\Delta\bar{R}$ と $\Delta\theta$ は，O…O 間距離および O—H…O 角の平衡位置からのずれを表わし，$\bar{r}$ は O—H 結合長を表わす．H—O—H の変角に対するポテンシャルエネルギーは，その角度が平衡値 2α から著しくずれない範囲において，同程度の近似で次のように書かれる．

$$\Delta E_{\mathrm{p}} = \frac{1}{2}k_{\alpha}\bar{r}^2\{\Delta(2\alpha)\}^2. \tag{3.22}$$

これらの式で距離を cm，角を rad で表わし，力定数として表 3.17 の値を用いれば，ΔE_{p} が erg/分子の単位で与えられる．

ポテンシャルエネルギーの非調和性をとりいれていないことから考えて，上式が結合距離および結合角の変化が極めて小さい領域を除いて不正確であろうということは強調しておかねばならない．

水素結合の伸びが大きい領域でもっと正確であると考えられる式が，Kamb (1965 b) によって氷 I の圧縮率および熱膨張係数の値から求められている．その式は次のようなものである．

$$\Delta E = 3.0\left(\frac{\Delta\bar{R}}{2.76}\right)+162\left(\frac{\Delta\bar{R}}{2.76}\right)^2-195\left(\frac{\Delta\bar{R}}{2.76}\right)^3, \tag{3.23*}$$

ここで ΔE の単位は kcal mol^{-1}，$\Delta\bar{R}$ は Å で表わした水素結合の長さの変化である．

O—H…O 水素結合の O—H 伸縮振動を記述するために，幾人かの研究者は

* 第1項の係数 3.0 は原報の数値 2.2 を改めたものである（Kamb 博士よりの私信）．

半経験的なポテンシャル関数を用いた．これらの関数は，種々の O—H…O 系について分光学的に得られたデータを相互にうまく関係づけるという点で興味深いものである．この問題に関心のある読者は Lippincott and Schroeder (1955) および Reid (1959) の報告を見られたい．

（c） 氷における水素結合の理論的な記述

氷の水素結合エネルギーやその他の性質を，第一原理にたちかえって計算しようという試みは難しい問題である．例えばエネルギーを決定しようとすれば，水分子の全エネルギーが水素結合の形成によって7000分の1程度しか変化しないことから考えて，極めて正確な計算をしなければならないことがわかる．そのうえ，ひとつの水素結合を記述しようとすれば，氷の結晶中で隣接する少くとも数個の水分子の効果をとりいれねばならないであろう．なぜなら，それらの隣接分子の存在によって注目している水素結合の電子分布が影響をうけるからである．

現在までのところ，多くの研究者は水素結合エネルギーを成分に分け，各成分を近似的に求めるという方法でこの難点を回避している．エネルギー成分として通常四つの形が考えられる（この点に関する詳しい議論については Coulson 1957, 1959 b を見られたい）．

（1） 静電的エネルギー Coulson (1959 b) は，これを 2 つの分子が仮想的に電子雲のゆがみも電子の交換も生ずることなく近づいたときに作用するエネルギーと定義した．これは，ひとつの水分子の孤立電子対と水分子の陽子もしくは O—H 結合の古典的な静電的引力によって，水素結合を表現しようとすることに対応している．水素結合の多くは直線をなしているが，その配置において静電的な結合エネルギーが最大となることから考えて，この静電的な寄与が大きいと考えられる．

（2） 非局在化（電荷分布のひずみ）．O_A—H_A と O_B を近づけたとき，電子雲のひずみと電子の交換が起る．これによって生ずる結合エネルギーの増加分が非局在化エネルギーである．これは O_A—H_A と O_B が互いに分極し合うこと，および電荷が O_B の付近から O_A—H_A の付近に移動することの効果であると考えられる．

（3） 反発エネルギー 反発力は共有結合に関与しない電荷の重なりから生ず

表 3.18 氷 I の水素結合エネルギーに関する計算結果（単位はすべて kcal(mol of H-bond)$^{-1}$）

研究者	H_2O のモデル	静電的エネルギー	電子雲のひずみもしくは非局在化エネルギー	反発エネルギー	分散エネルギー	計
Bernal and Fowler (1933)	点電荷	7.1[a]	…	−3.4	2.0	5.7
Verwey (1941)	点電荷	6.2[b]	…	−4.2	2.7	4.7
Bjerrum (1951)	点電荷	7.2	…	−3.4[c]	2.0[c]	5.8
Rowlinson (1951 a)	点電荷および多極子展開	4.7[a]	0.2	0.9[d]		5.8
Pauling (1960)	熱力学データ	…	…	…	1.2	…
Taft and Sister (1947)	熱力学データ	…	…	…	1.8	…
Searcy (1949)	熱力学データ	…	…	−2.2	1.3	…
Coulson and Danielsson (1954)	波動力学	…	8.0	…	…	…
Tsubomura (1954)	波動力学					
Wissmann and Cohan (1965)	波動力学	10.6[e]	9.6	…	…	8.2[e]
Coulson and Eisenberg (1966 b)	多極子展開	3.3[f]	1.0[f]	…	…	…
Campbell *et al*. (1967)	多極子展開	4〜4.5				
実験値						6.7[g]

a 第2隣接分子の寄与を含む．Bernal and Fowler および Verwey のいずれの計算も実在の無秩序な陽子配置に対応するものではない．
b 電子雲のひずみの効果を一部分とりいれている．
c Bernal and Fowler (1933) よりとった値．
d 第1，第2隣接分子と6個の第3隣接分子の効果を含む．
e 4個の電子と3個の核をとりいれた SCF の計算．積分の近似計算を含む．
f 第1，第2，第3隣接分子と16個の第4隣接分子の効果を含む．実在の無秩序な陽子配置にもとづく計算．非局在化の効果を完全にとりいれていないと考えられる．
g 第3.6(a) 節の定義1による．

る．氷の O_A—H_A…O_B 水素結合において，H_A と O_B の間には疑いもなく大きな反発が作用している．というのは水素と酸素のファン・デル・ワールス半径の和は 2.6 Å(Pauling 1960, p. 260) であるに対し，H_A と O_B は 1.8 Å だけ距っているにすぎないからである．そのうえ，氷 I の O_A と O_B は 2.76 Å だけ距っているが，これはそれぞれのファン・デル・ワールス半径の和より少し短い．それ故，H_A, O_A と O_B の相互作用には反発的な成分が含まれている．反発エネルギーは結合に逆う効果をもつが，他の三成分は結合を強めるように作用する．

（4） **分散エネルギー** H_2O 分子の間の分散力から生ずるエネルギーは水素結合に対して小さいながら重要な寄与をする．

氷の水素結合エネルギーを各エネルギー成分に分けて計算したのは，Bernal and Fowler (1933) が最初であろうと思われる．彼らは第 1. 2 節に示したものと同様の点電荷モデル水分子を表現し，水素結合 1 モルあたりの静電的な寄与として 7. 1 kcal を得た．分散力は修正したロンドンの公式にもとづき，また反発力は分子に作用する力が全体として零であるという条件によって定められた．彼らの得た全水素結合エネルギーは 5. 7 kcal mol^{-1} である．表 3. 18 に彼らの計算結果および同様なモデルにもとづく他の研究者 (Verwey 1941, Bjerrum 1951, Rowlinson 1951 a) の計算結果を示す．これらの計算で予言される水素結合エネルギーはモデルの単純さから考えて驚くほど実験値に近いと言えよう．

水分子の多極子展開モデル（第 1. 2(a) 節）を用いて，静電的エネルギーを計算する試みも行われている (Coulson and Eisenberg 1966 b)．この計算から得られた結論のひとつは，最隣接以外の水分子の間の静電的エネルギーが水素結合あたりの平均静電的エネルギーにある程度の寄与をしているということである．氷 I においてひとつの水分子のまわりに 12 個の第 2 隣接分子——すなわち 4 個の最隣接分子と隣合う 12 個の分子——があるが，それらは水素結合 1 モルあたり 0.28 kcal だけ静電的エネルギーに寄与する．また，25 個の第 3 隣接分子と 16 個の第 4 隣接分子は水素結合 1 モルあたり，さらに 0.14 kcal mol^{-1} の静電的寄与をする．

Campbell *et al.* (1967) は，水分子をさまざまな多極子モデルであらわして，静電エネルギーの計算を広範に行なった．彼らは水素結合 1 モルあたりの静電的エネルギーとして4～4.5 kcalという値を得ている．

点電荷モデルにもとづいた水素結合エネルギーの計算に際し，たいていの場合，電荷のひずみと非局在化の効果の見積りがとりいれられていない．しかし，この効果が重要であることは実験的にも計算上でも示されている（Coulson 1957, 1959 b）．例えば直接的な計算および氷の誘電率の解析から示唆されるように，氷における H_2O 分子の双極子モーメントは孤立分子の場合の値より少くとも40%は大きくなっている（第3.4 (a) 節）．このように双極子モーメントが著しく増大することから見て，水分子の電子雲がかなりひずんでいると考えなければならない．また，D_2O の重水素核の位置における電場勾配が水素結合の形成にともなって変化する（第3.5 (c) 節）ことも，その付近の電荷分布のゆがみをうらづける今ひとつの証拠である．電荷の非局在化によって水素結合がどの程度強くなるかについていくつかの推算が表3.18に示されているが，いずれも極めて正確であるとは言い難い．

多極子モデルにもとづく計算によれば，最隣接以外の分子も電子雲のひずみに寄与する（Coulson and Eisenberg 1966 b）．これは最隣接分子間の引力が，より距った位置にある第3の分子の存在によって強められることを意味する．逆に言えば，最隣接以外の分子をとり去ることによって隣接分子間の引力が減少する．さらに，これは1本の水素結合を切断すれば，他の水素結合も弱くなると言い換えることができる．

表3.18には，水素結合エネルギーに対する分散力と反発力の寄与についてもいくつかの推算が示されている．分散エネルギーの寄与は，Bernal and Fowler(1933) や Verwey(1949) の計算においては修正されたロンドンの式に従って求められた．Pauling (1960)，Taft and Sisler(1947)，Searcy (1949) らの計算においては，水素結合を形成しないという点を除いて，水分子と類似した他の分子の熱力学的性質から決められた．いずれの方法に従っても，このエネルギーは水素結合1モルあたり ～1.5 kcal いう値が予言される．反発エネルギーの方は同程度の正確さで知られるに到っていない．Coulson(1959 b) によって注意されたように，ひとつのモデルにもとづいて計算される反発エネルギーと非局在化エネルギーは密接に関連している．なぜなら，電子雲の非局在化とはひとつの酸素原子から隣接する水分子への電荷の移動であり，こうして移

動した電子は，隣接分子に局する電子との間に反発エネルギーをひきおこすからである．

氷の水素結合エネルギーを最初から（*ab initio*）に計算する試みは，Weissmann and Cohan (1965) によってはじめて行なわれた．彼らは，O_A—H…O_B 系のエネルギーを SCF 分子軌道の方法に従って計算した．彼らのモデルはただ4個の電子をとりいれたものであり，氷を詳しく記述するものとは考えられないが，計算で得られた水素結合エネルギーは実験値に近く，この種の計算への励みとなる結果を示している（表 3.18）．彼らの得た静電的エネルギーは，点電荷モデルの場合と同様に全水素結合エネルギーの計算値より大きいことが注目される．また，計算に必要な3中心積分は近似的に決定されたものである．

以上，次のように要約することができる．すなわち，氷の水素結合を4つの効果に分けて定性的に記述する試みがなされてきた．しかし第一原理にもとづく記述は，まだ行われていない．4つのエネルギー成分のうち，多少とも確実性をもって知られているのは分散エネルギーと静電的エネルギーである．静電的な引力によるエネルギーは全水素結合エネルギーを上まわると考えられるので，電子の交換と電子雲のひずみを合わせた効果は水素結合の形成をさまたげているものと思われる．分散エネルギーと非局在化エネルギーは，静電的エネルギーと同様に，水素結合の形成を促す効果をもつので，反発エネルギーはそれだけ大きいと考えられる．このように，水素結合をエネルギー成分に分けて記述するという近似に従えば，いくつかの比較的大きい引力と反発力の和として小さい引力的なエネルギーが残るという水素結合の描像が立ち現れる．

（d） 水素結合によって規定されている氷の性質：まとめ

この章を終るにあたって，氷の諸性質を水素結合の2つの特性から考察しょう．その特性とは次の2つである．(1) 水素結合の解離エネルギー．これは大きさの点で，典型的な共有結合と分子間の分散エネルギーの中間に位置するものである．(2) 水素結合が直線になろうとする傾向．

水素結合のエネルギーが分散エネルギーに比べて大きいことから，メタンなどの主として分散力で凝集する化合物にくらべて氷の昇華エネルギーが大きく，融点が高いことが説明される．他方，氷はダイアモンドなどの共有結合性結晶に比べて，昇華エネルギーは小さく融点は低い．水素結合エネルギーと分散エネルギーの重要性の比較から，氷が空間の多い構造をとる理由のひとつの手がかりが得られる．すなわち，1分子あたり2本の水素結合をもっているほうが，水素結合を断ち切って密に填まることにより分散エネルギーを増大させるよりもエネルギー的に有利であると考えられよう．

H_2Oの分子内モードの振動数は，凝集にともなって水素結合を作らない分子の場合にくらべて著しい変化をうける．このような振動数の大きい変化と，隣接分子の分子内振動が互いにカップルするという現象は，水分子間の力が比較的大きいことに由来する．もし，分子間相互作用がもっと強ければ，氷の振動を孤立分子の振動から導かれるとは見なし得ないであろう．

融点に近くなると激しい熱擾乱のために水素結合が少しずつ切断され，水分子は向きを変えたり，結晶格子中を動いたりする．そのような動きの頻度は温度上昇とともに増大する．またこのような動きによって誘電分散や自己拡散などの現象がひきおこされる．

氷の水素結合は直線状になろうとする傾向がある．この傾向と水分子の四面体的な性格を合わせると，氷Ⅰ，Ⅰc，Ⅶ，Ⅷの構造が説明される．これらの多形において，各水分子に4つの隣接分子が四面体的に配位しており，その間の水素結合はほぼ直線をなしている．したがって氷ⅠとⅠcの骨組みに空間が多く，その密度が低いことも，氷ⅦとⅧが密度の高い入り組んだ構造をもつことも，ともに水素結合が直線状となろうとする傾向に由来すると考えることができる．この傾向は，氷の誘電率が大きいことにも寄与している．すなわち，それは隣接水分子の向く方向に強い相関を生ぜしめ，その結果，大きい誘電定数の原因となっている．融解にともなって密度が増大し，同時に誘電率が減少するのは，水の水素結合が比較的曲りやすく，切れやすいことを示すと考えられる．

水素結合が直線性を保とうとする傾向は，ある種の条件下では他の力によって凌駕される．例えば，氷Ⅱ，Ⅲ，ⅤおよびⅥの多形はすべて明らかに曲った水素結合をもつ．これらの多形が安定となるほどの圧力下では，水素結合を曲げることによって得られる体積の減少，したがってそれにともなう自由エネルギーの減少の方が水素結合を曲げるに要するエネルギーの増大より大きいのである．氷ⅠとⅠcにおいても，水素結合は厳密に直線状ではないと考えられる．もし水素結合が直線状であれば，各水分子の結合角は孤立分子の値より数度ばかり大きい 109.5° という値をとらねばならないことを考えると，これはとくに驚くべきことではない．O—H…O 角を曲げるには，H—O—H 角を曲げるよりもはるかに小さいエネルギーで足るので，主として O—H…O 角の変形が生じるのである．

曲げに対する水素結合の抵抗力は，それほど強くなく，熱的擾乱によって変形する．氷の熱容量に対する分子の衡振の寄与から，80K以上の温度では振動によって水素結合角が変化することが示される．また種々の多形での衡振モードによる赤外線スペクトルから，高圧多形の水素結合が曲げに対して氷 I のものより弱いことがわかる．また，氷 I においてこの抵抗力は温度上昇とともに弱くなる．

第4章　液体としての水の性質

4.1　はじめに

本章と次章の目的は水の分子論的な記述を展開することである．われわれは分子の相対的な位置と運動——これらは水の“構造”と呼ばれることがある——および分子間に作用する力にとくに注意を払うことにする．

少くともレントゲン（Roentgen 1892）以来，数多くの科学者が水の構造について説を提出してきたが，それらの説を裏づけ，もしくは否定しようとする試みは液体の一般論が確立していないために失敗に終っている．理論ができ上っていないので，水の構造に関する結論は次のようないずれも厳密ではない2つの方法のどちらかに基礎をおくものであった．第一のアプローチは水にひとつのモデルを定式化し，そのモデルを何らかの方法で——通常は大胆な近似を含む——統計力学的に処理し，その結果として計算される巨視的性質を実測値と比較するものである．計算結果と実験値の一致の良さが，モデルと現実の対応の目安とされる．このアプローチについては次章でとりあげよう．第二番目のアプローチは本章で論ずるものであるが，水の巨視的な性質から構造的な側面を抽出しようとする．水の性質は極めて詳細に研究されているから，個々の巨視的な性質がたとえ定性的，もしくは半定量的に構造上の特徴と関係づけられるだけであるとしても，多数の性質を考慮することによって水の構造に関する有用な描像が導出される．

（a）　水における「構造」という術語の意味†

本章の主題である巨視的な性質から水の構造の詳細を導き出すという問題に入るまえに「構造」とは何を意味するかを明確にしておかなければならない．

---

† この節の議論は一部 Frenkel (1946) と Fisher (1964) の理論にもとづくものである．

この術語の意味を明確に理解しておけば，液体のある巨視的な物性に微視的な詳細のいずれが反映しているかを決めるうえで極めて有用である．まず氷のような結晶性固体の「構造」とは何を意味するかという比較的簡単な問題から始めよう．

結晶中の分子は，その平均的な位置のまわりで振動している．その平均位置は格子をなし長距離秩序をもっている．平均振動数を $1/\tau_V$ で表わせば，その特性時間 τ_V は分子がその平均位置のまわりでおこなう振動の平均周期である．氷の場合には 3.5 節で論じたように分子は，その平衡位置のまわりに種々のモードで振動する．ここでの議論のために τ_V として ν_T モードの平均振動数をとろう．これは束縛並進のモードであり，$200\,\mathrm{cm}^{-1}$ 付近の吸収極大に対応するものである．したがって氷の特性時間 τ_V はおよそ $2\times10^{-13}\mathrm{s}$ である．

結晶中の水分子は回転的および並進的な移動を行なっているが，その頻度は振動的な運動に比べればはるかに小さい．3.4 節で論じたように 0°C の氷 I において各分子は平均として 1 秒間におよそ 10^5 回の再配向をする．また並進的な移動の頻度は，おそらくもうすこし大きいであろう．これらの移動の間の平均的な時間間隔を τ_D で表わすことにしよう．0°C にある氷に対して $\tau_D\cong10^{-5}\mathrm{s}$ であり，したがって $\tau_D\gg\tau_V$ である．

このように熱運動を速い振動と比較的遅い移動に分けることにより，「構造」という語が氷のような結晶に対して 3 つの異なる意味をもち得ることがわかる．すなわち，そのもつ意味は問題としている時間が振動の周期 τ_V より短い場合と，それよりも長いが移動の特性時間 τ_D より短い場合と，さらに τ_D より相当長い場合とで異っている．このことは次のようにして示される．結晶をスナップ写真に撮るとしよう．カメラのレンズは分解能が高くて各分子が見分けられるものとし，またシャッターは任意の露出時間が得られるように調節できるものとしよう．さて露出時間を τ_V より短くすれば各分子は振動の 1 周期の間の瞬間にとらえられる．氷 I に対しては第 4.1(a) 図のような写真が得られるであろう．分子の像は比較的鮮鋭であろう．また分子が必ずしもその平均的な位置にないことから考えて，格子はすこしばかり乱れて見えるであろう．融点付近の温度にある氷において，最隣接分子間の平均距離は 2.8 Å 程度であり，分子の二乗平均振巾はおよそ 0.2 Å（第 3.1(c) 節）であるから，スナップ写真

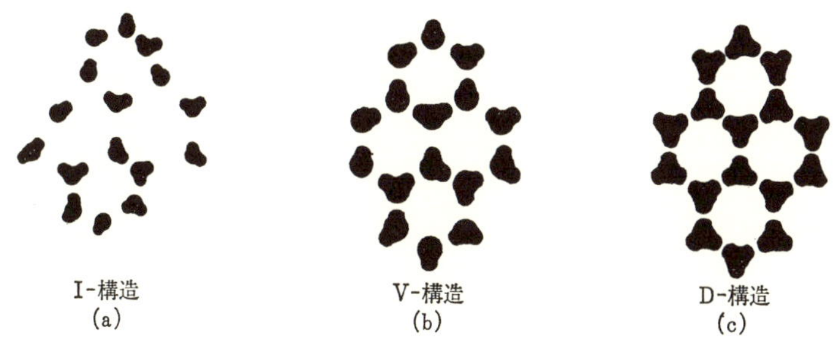

図 4.1　氷Iの小さい領域のI-構造，V-構造およびD-構造を模式的に示す.

に写った分子の最隣接対間の距離はその平衡値から15%程度ずれているものも存在するであろう．この構造を**瞬間的構造**，もしくは**I-構造**と呼ぶことにしよう（instantaneous の意味).

次に τ_V より長いが，τ_D より短い露出時間の写真に移ろう．この場合にはシャッターが開いている間に各分子は幾周期も振動するので，分子の像は規則的な格子点上にぼやけて写るであろう．しかし，分子の配向が平均化されることはない．なぜなら露出時間が τ_D より短いからである．このスナップ写真によって表わされる構造を**振動によって平均化された構造**または簡単に**V-構造**と呼ぶことにしよう．図 4.1 (b) は氷IのV-構造を模式的に表わしたものである.

第3番目のスナップ写真は τ_D より長い露出時間で撮って得られるものであって，この場合にはシャッターが開いている間に各分子は何回も再配向する．したがってすべての分子配向について平均した像が得られる．この構造は**拡散によって平均化された構造**，または**D-構造**と呼ぶことができよう．氷IのD-構造が図 4.1 (c) に示されている．これは中性子線回折から得られる構造である.

つぎに構造という語を水にあてはめた場合の意味を考察しよう．氷の場合と同様に，水についても分子の運動を速い振動と遅い拡散運動に分けることができる．これが可能であるという論拠は本章で後に詳述されるが，次のように要約することができる.

(1)分光学的な研究（第4.7節）によると水の分子は（刻々と移り変る）平衡位置のまわりで振動している．その振動数は氷における分子の振動数とほぼ同じである．振動の周期として ν_T モードの平均周期をとれば，水の τ_V は氷の τ_V($\sim 2\times10^{-13}$s) よりわずかに短い.

(2)自己拡散，粘性，誘電緩和及び NMR 緩和などの実験（第4.6節）は，すべて水分子がさかんに再配向していることを示している．水の誘電緩和時間から融点付近の温度において各分子は，およそ 10^{-11} 秒に1回の割合で移動することがわかる．すなわち，0°C 付近にある水の τ_D は約 10^{-11}s である．

こうして液体中の熱運動に2つの種類があると考えてよいことがわかった．すなわち，一時的な平衡位置のまわりの速い振動と，平衡位置そのもののより遅い移動である．運動をこのように分けた結果「構造」という語の意味について前と同様に3通りの考え方が可能となる．τ_V より短い露出時間でスナップ撮影すれば分子は振動の途中でとらえられ，したがってその写真は I- 構造を示すであろう．次に τ_V と τ_D の間の露出時間で撮れば，そのスナップ写真は分子の振動によってぼやけているであろうが，分子の拡散的な移動によるひろがりは示さないであろう．第3番目の写真は液体内にカメラを据え，τ_D より長い露出時間をかけて得られるものであり，これは完全にぼやけているであろう．しかし，ひとつの分子の上にカメラを据え，その分子が液体中を動きまわるにつれてそのまわりの様子を写すことにすれば，もうすこしはっきりとした写真が得られるであろう．この写真は完全にぼやけてはいないはずである．なぜなら，たとえ長い時間にわたって平均化したとしても液体中の分子の相互配置に，ある程度の構造があるからである．この最後の写真によって示される分子の相互配置を液体の D- 構造と呼ぶことにしよう．

I-, V-, およびD-構造の区別についていくつかの注釈が必要であろう．まず，後にこの章で論じるように，水の D-，および V- 構造に関しては様々な実験的方法によって広範な知見が得られているが，I- 構造に関する知見をもたらす実験技術は今のところ存在しない．したがって I- 構造という概念は発見的な手段としては有用であるが，実験結果を解釈する上で役立たない．この構造はこれ以上考察しないことにしよう．

第2番目の注釈は V- 構造の寿命に関するものである．τ_D の値，したがってひとつの V- 構造が持続する時間は著しく温度に依存する．低温では τ_D は大きい，すなわち，V- 構造は長く持続する．極めて低温になると τ_D は数日ないしは数週間の程度に達する．このような物質はガラスと呼ばれる．ガラス状の氷*の構造（第3.2(c)節）が水の V- 構造と類似していることは疑いのないところである．高温では分子の移動が速くなり，ついには振動的な運動に近づくであろう．この状態では D- 構造と V- 構造の区別がなくなる．

もうひとつの重要な点は D- 構造を時間平均と見なしてもよいし，また種々の V- 構造の空間平均と見なしてもよいということである．平衡状態にある氷の結晶を例にとって考えてみよう．結晶のひとつの領域で見られる D- 構造は，他のどの領域で見られる D- 構造とも同じである．しかし，与えられた分子のまわりの V- 構造は一般に他の分子のまわりの V- 構造と異っている（図 4.1 参照）．さて D- 構造は次に述べる二通りのいずれとも見なすことが可能である．まず，与えられた分子のまわりで隣接分子が拡散的に移動するために一連の V- 構造が出現するが，それらの V- 構造の平均を D- 構造と見ることができる．他方，結晶中の異なる領域で同時に出現する種々の V- 構造の平均と見ることも可能である．これら 2 つの見方が等価なものであるというのが統計力学におけるエルゴード仮説の内容である．

（b）　液体の構造と実験方法

この章の大部分は，巨視的な物性から詳細な水の構造と，その構造をとらしめている力の本性を推論するという試みに当てられる．V- 構造についての知見をもたらす物性はあまり数多くない．多くの物性は D- 構造に関する知見を含むものである．例えば水の熱力学的性質，すなわち，体積，熱容量，圧縮率などは D- 構造に固有のものである．これらの性質のみでは V- 構造についての知見を得ることができない．同じことが，液体の静的誘電定数，X 線回折像，屈折率，核磁気共鳴の化学シフトなどについても言われる．

V- 構造についての知見を与える実験方法は，液体と短い時間に相互作用し，かつ，液体分子とのエネルギー交換が検出できる程度に大きい輻射線もしくは粒子線を用いるものでなければならない．赤外線およびラマン分光法と中性子非弾性散乱の方法はこの条件を満たしている．これらの方法および他の測定法に反映される時間間隔を近似的に示せば図 4.2 のようになる．中性子散乱のもたらす知見は 10^{-11}s 程度に至る時間に関するものである．この時間は τ_D におよそ等しいから，中性子散乱は分子の平衡位置が刻々と移動する様子を研究するのに有用である．誘電分極の緩和と核磁気共鳴の緩和はひきつづいて起る分

* （訳注）　ガラス状の水と呼ぶべきものである．p. 2　訳注参照．

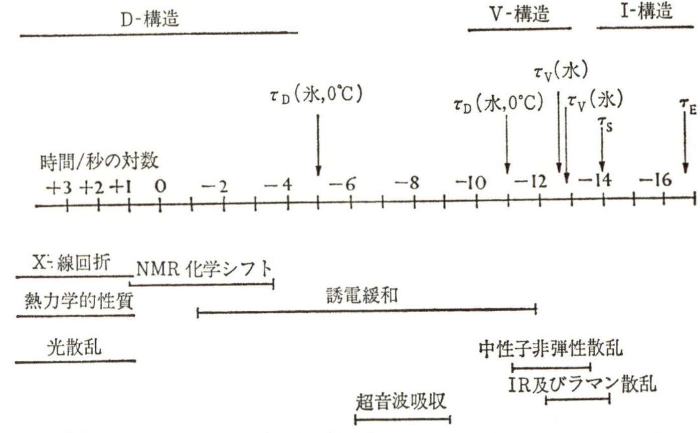

図 4.2 氷と水における分子論的過程の時間スケール．垂直の矢印は種々の分子論的過程が関与する時間間隔を示す．τ_D と τ_V は本文で論じられる分子の移動と分子の振動の時間間隔．ν_S は O-H 伸縮振動の周期．τ_E は電子が最も内側のボーア軌道を一周するに要する時間である．時間目盛の下に示した水平の直線は現在までに氷と水に関して知見をもたらしてきた種々の実験技術の時間スケールである．

子の移動の間の平均時間を定めるうえで役立つ．

以下で水の諸性質を考察する順序は，それらの性質がもたらす知見の時間スケールにしたがっている．まず，液体の D- 構造のみが関係する性質を考察し，ついで分子の移動と V- 構造の寿命に関する知見を与える性質をとりあげる．そして最後に V- 構造の詳細を明らかにする性質を論ずる．

4.2　X 線回折

(a)　動径分布関数

水の試料を通過したのちの X 線束が作る回折像は，その D- 構造に関する詳しい知見を含んでいる．この知見を得るためには，まず散乱 X 線の強度を入射線束と散乱 X 線の間の角の関数として測定する．得られた強度を適当に

図 4.3　液体 H_2O と液体 D_2O の動径分布関数 $g(R)$．H_2O に関してはいくつかの温度について，また D_2O に関しては 4°C における曲線を示す．Narten *et al.* (1967) によるデータ．各曲線はそれぞれのすぐ下のものより 1 目盛だけ上にずらせてあることに注意．各点は実験値．実線は第 4.2 (b) 節で論じられるモデルにもとづく計算値を示す．100°C およびそれ以下の温度の実験は大気圧下で，また，100°C 以上の実験は蒸気圧下で行われた．Narten *et al.* (1967) より．

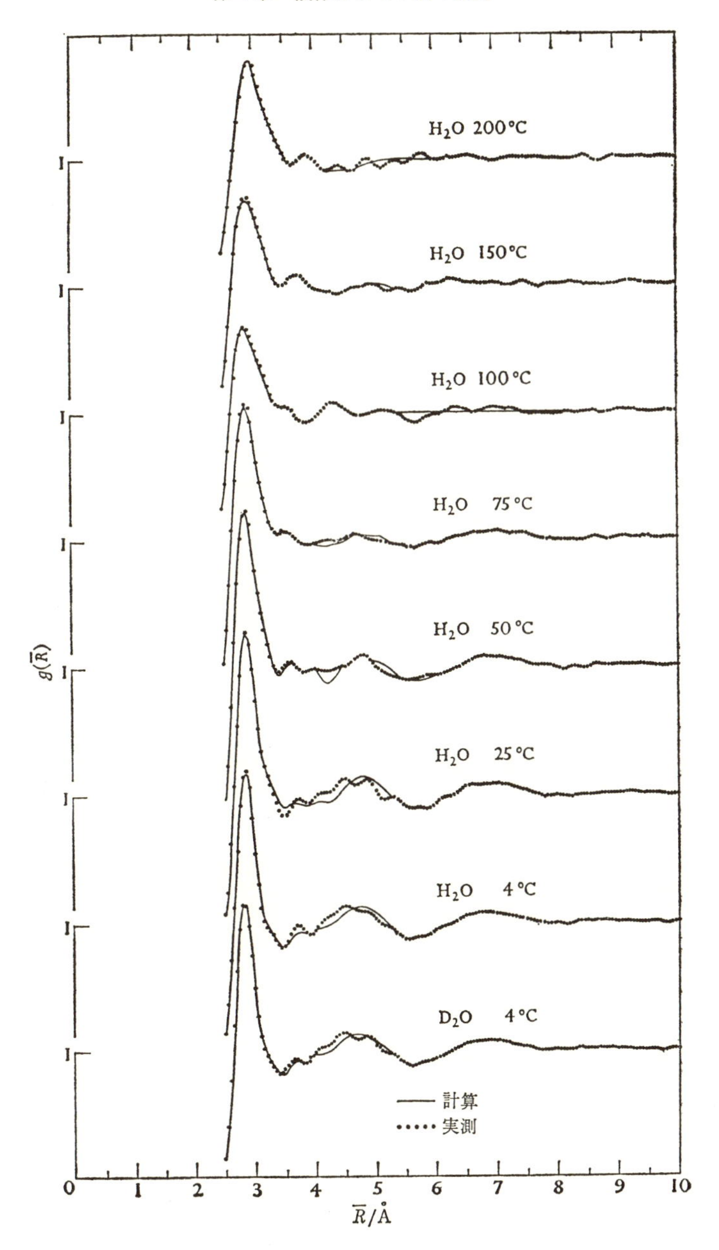

H₂O 200°C
H₂O 150°C
H₂O 100°C
H₂O 75°C
H₂O 50°C
H₂O 25°C
H₂O 4°C
D₂O 4°C
g(R̄)
1
計算
実測
0
1
2
3
4
5
6
7
8
9
10
R̄/Å

フーリエ変換すれば，任意の水分子から $\bar{R}$ の距離にある単位体積中の水分子の数の平均値 $\rho(\bar{R})$ が得られる†．距離 $\bar{R}$ を測る原点としてえらんだ任意の分子を「中心分子」と呼ぶことにしよう．$\rho(\bar{R})$ は中心分子から $\bar{R}$ の距離にある点での分子の局所的な密度を長時間にわたって平均したものと考えることができる．これは中心分子にカメラを据えて写したときの分子密度にあたる．

液体の平均的構造を表現するために通常使われる関数に2種類のものがある．いずれも動径分布関数と呼ばれ，$\rho(\bar{R})$ より導かれる．まずそれらを定義して，つぎに水に関するそれらの関数の振舞を論じよう．

(1) $g(\bar{R})$：関数 $g(\bar{R})$ は次式で定義される．

$$g(\bar{R})=\rho(\bar{R})/\rho_0, \tag{4.1}$$

ここで ρ_0 は単位体積中の分子数で表わした液体の密度である．$g(\bar{R})$ は $\bar{R}$ における平均局所密度が巨視的密度とどの程度に違うかを示すものと考えてよい．中心分子から遠く離れた点で $g(\bar{R})$ は1に等しくなければならない．大きい $\bar{R}$ に対して平均局所密度は巨視的密度に等しいからである．しかし中心分子に近い点では中心分子と隣接分子の間に作用する力がそれらの分子の相互配置に影響を及ぼすので，局所密度は巨視的密度と異っている．$g(\bar{R})$ を $\bar{R}$ に対してプロットした図（図4.3）において局所密度が巨視的密度より大きい領域では $g(\bar{R})$ は1より大きい値をとる．$g(\bar{R})$ が中心分子の近くで振動的に変化するのは液体中で短距離の秩序があるからである．また，$\bar{R}$ の大きいところで $g(\bar{R})$ は一定値1をとるが，これは長距離的に無秩序であることを示している．

(2) $4\pi\bar{R}^2\rho(\bar{R})$：$4\pi\bar{R}^2\rho(\bar{R})\mathrm{d}\bar{R}$ という量は中心分子から $\bar{R}$ の距離にある厚さ $\mathrm{d}\bar{R}$ の球殻中に含まれる平均分子数である．図4.4に示すように，$4\pi\bar{R}^2\rho(\bar{R})$ を $\bar{R}$ に対してプロットすれば，高い確率で隣接分子が見出される $\bar{R}$ の値において極大が現れる．極大の位置は $g(\bar{R})$ の極大よりもすこし大きい $\bar{R}$ のほうにずれている．この関数がとくに有用であるのは，2つの $\bar{R}$ の値と曲線 $4\pi\bar{R}^2\rho(\bar{R})$ で囲まれた下側の面積が，ちょうどその範囲内にある分子の数に等しいということに由来している．

回折像と分布関数　Bernal and Fowler (1933) は水のX線回折像を解析して，四面体的に配位した水分子の集合が水の中に数多く存在するであろうことを推

† $\rho(\bar{R})$ を与える散乱強度の関数については Morgan and Warren (1938) を参照．

論した（ただし，この基本的に重要な発見は分布関数を決めることによって得られたのではない；Bernal and Fowler は水の D 構造に関する種々のモデルについて，期待される回折図を計算し実験と比較した.）

Bernal and Fowler は氷の構造と水の密度の大きさ（第4.3 (b) 節）からアルゴンやネオン等の単純液体が稠密充塡に近い構造をとるのに対して，水はもっと空き間の多い構造をもつであろうと推論した．実際，彼らは無秩序に塡った分子集合について計算される X 線回折図が水について実測される回折図と非常に異っていることを見出した．他方，水分子を四面体的に配位させた種々の構造——これは氷 I における分子配置や石英における硅素原子の配置と同型である——にもとづいて計算された回折図は，融点付近の温度で得られる水の回折図とはるかによく似ていることが分った．2°C で得られた回折図をもとにして，彼らは分子の四面体配置が氷 I のものに類似していること，および 4°C まで温度を昇げることによって水が収縮するのは四面体配置がより緊密な形をとることにもとづくことを推論した．高い温度においては石英型構造と稠密構造の混合として計算した回折図が実験結果とよく一致する．彼らの結論をまとめれば，室温とそれ以下の温度において四面体的に配位した水分子が圧倒的に多く，それによって 3 次元的に広がった網目構造を作っているが，昇温に伴ってこのような 4 配位構造は次第に壊れるということである．

なお付け加えるならば，Bernal and Fowler によると，水分子が 4 配位をとろうとする傾向は水分子が四面体であること（第 1.2 (b) 節）に由来する．彼らが注意したように，水分子は 2 つの正電荷と 2 つの負電荷を頂点とする四面体的な電荷分布をもっている．ひとつの分子の正の頂点（水素原子）と他の分子の負の頂点（非結合電子対）との間に作用する力が強く，しかも各分子に正負の電荷が 2 つずつ存在するために 4 配位的結合が広範に出来上るというのが彼らの論点である．

実験的に求められた水の動径分布関数は水分子が 4 配位的に結合しているという Bernal and Fowler の結論をうらづけ，液体中の平均分子間距離について詳しい知見をもたらした．水について現在までに行われた最も正確な X 線回折実験は Narten, Danford and Levy (1966, 1967) によるものである．彼らの測定から得られた動径分布関数（図 4.3, 4.4）は Morgan and Warren (1938)

による以前の結果とかなり良い一致を示している．Narten *et al.*（1966）によれば，彼らの結果と従来の研究者†が得た結果の差は以前の研究において無視されていた大角度の散乱に由来すると考えられる．

図 4.3 は Narten *et al.*（1967）の研究によって得られた $g(\bar{R})$ の曲線を示す．2.5 Å より小さい $\bar{R}$ に対して $g(\bar{R})$ が零であることが注目される．これは水分子が中心分子から 2.5 Å 以内に近づき得ないことを示す．これはまた，分子間距離が 2.8 Å より短くなると電子雲の重なりによる分子間反発が急激に増大する（第 2.1 (a) 節）ことから当然予想される結果である．また，4°C の $g(\bar{R})$ は 8 Å より大きいすべての $\bar{R}$ に対し，ほとんど 1 に等しい．すなわち，この程度より大きい距離では，隣接分子の平均密度が巨視的密度に等しい．言うまでもなく，これは隣接分子の平均的配列を秩序化しようとする中心分子の作用が 8 Å 以上距った領域にまで及ばないことを意味する．温度が上昇すると短距離秩序の及ぶ範囲はさらに狭くなり，例えば，200°C においては 6 Å 以下となる．2.9 Å 付近に見られる明らかな極大は主として中心分子のまわりの最隣接分子によるものであり，その位置から液体中の最隣接分子間の平均距離が近似的に決定される．

Narten *et al.* の得た $4\pi\bar{R}^2\rho(\bar{R})$ の曲線において，温度を 4°C から 200°C に上昇させると第 1 番目の極大は 2.82 Å から 2.94 Å に移動する．4°C の曲線では 4.5 Å および 7 Å にも極大が見られる．これらの極大は温度上昇とともにはっきりとしなくなる．また，同じく 4°C の曲線で 3.5 Å 付近に見られる相対的な極大は少くとも 50°C 以下の温度範囲で認められる．温度による動径分布関数の変化はすべて連続的なもののようである．また，4°C における H_2O と D_2O の動径分布関数はほとんど同じである．

Morgan and Warren（1938）と Narten（1966）は，動径分布関数の第 1 ピークの面積から最隣接分子の平均的な数を推定した．極大の右側が完全には

図 4.4 液体 H_2O と液体 D_2O の動径分布関数 $4\pi\bar{R}^2\rho(\bar{R})$．$H_2O$ に関してはいくつかの温度について，また D_2O に関しては 4°C における曲線を示す．Narten *et al.* (1966) によるデータ，実線は $4\pi\bar{R}^2\rho_0$，ただし ρ_0 は水のバルクの密度．Narten *et al.* (1966) より．

† 以前の研究者として，Katzoff (1934)，Morgan and Warren (1938)，Brady and Romanov (1960)，Heemskerk (1962) 等がある．

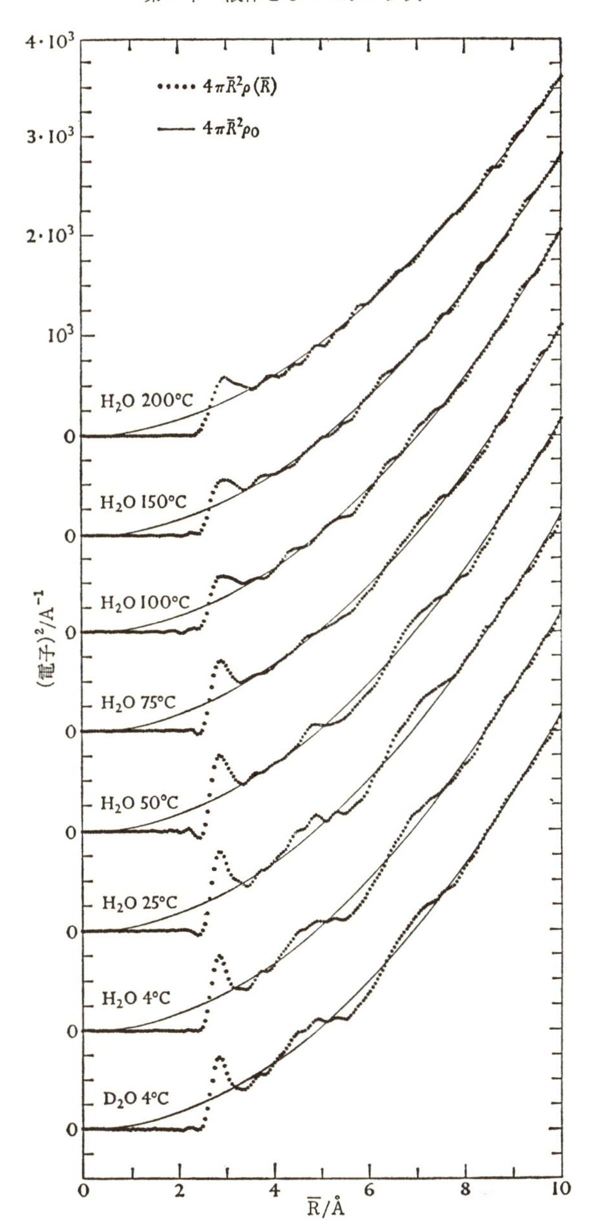
4·10³
3·10³
2·10³
10³
0
4πR̄²ρ(R̄)
4πR̄²ρ0
H₂O 200°C
H₂O 150°C
H₂O 100°C
H₂O 75°C
H₂O 50°C
H₂O 25°C
H₂O 4°C
D₂O 4°C
(電子)²/Å⁻¹
0
2
4
6
8
10
R̄/Å

表 4.1　水の X 線回折と氷の多形における分子間距離

研究者	温度/°C	第1配位殻に属する見かけの分子数	$4\pi R^2\rho(R)$ 対 R の曲線の極大の位置/Å			
Narten *et al.* (1966)	4	4.4	2.82	3.7†	4.5†	7†
	200	4.4	2.94			
Morgan and Warren (1938)	1.5	4.4	2.90		4.5†	6.9†
	83	4.9	3.05			
氷 I と II における任意の分子のまわりの隣接分子の数と距離‡						
氷 I			2.76Åに 4 個		4.51–5.28Åに 22個	6.44–7.80Åに 41個
氷 II			2.75–2.84Åに 4 個	3.24–3.89 Åに 8 個	4.22–5.05Åに 9 個	

† これらの極大は昇温にともなって明確でなくなる.
‡ 氷IIに関する値は Kamb (1966) のデータにもとづいて Levine (1966) に計算された.

分離していないので，この種の計算に任意性の入る余地なしとは言えない．Narten *et al.* は 4～20°C のすべての温度において最隣接分子数の平均が 4.4 であることを見出した．Morgan and Warren (1938) は 1.5°C において 4.4, 83°C において 4.9 に増加するという結果を得た．これから明らかなように，水分子は平均としておよそ 4 個の最隣接分子をもっている．同じ実験法によって単純液体の最隣接分子数を調べれば非常に違った結果が得られる．例えばネオンとアルゴンについてその最隣接分子数の平均値は，それぞれ 8.6 と 10.5 であることが知られている (Fisher 1964).

水分子が 4 配位をとっているというもう一つの根拠は動径分布関数のピークと谷の並び方にある．氷Ｉの場合，各水分子は 4 個の最隣接分子によって囲まれ，その $H_2O\cdots H_2O\cdots H_2O$ のなす角はすべて，ほとんど四面体角に等しい（すなわち，$\cos^{-1}(1/3)$）に近い：第 3.1 (a) 等を見よ)．そして，この構造において各分子は 2.76 Å，4.5～5.3 Å，および 6.4～7.8 Å に多数の隣接分子をもつが，2.76 から 4.5 Å，5.3 から 6.4 Å の間には隣接分子をもたない（表 4.1)．図 4. 3，図 4.4 の動径分布関数に見られるピークは氷Ｉにおいて隣接分子の密度の高い距離に対応している．また，動径分布関数の谷は明らかに 5.3～6.4 Å の領域にあって，これはちょうど氷Ｉにおいて隣接分子の存在しない距離に対応する．このように，水の動径分布関数の特徴の多くは水分子が四面体的に配位しているというモデルとよくつじつまが合う．Morgan and Warren (1938) は動径分布関数の 4.5 Å のピークが温度上昇に伴って次第に消滅することに注目し，これは水の四面体配位が高温ではあまり明確でなくなるか，もしくはその数が減少することを示すものと考えた．

図 4.3 の動径分布関数において厳密な四面体配位と矛盾するひとつの点は 3.5 Å 付近に明確なピークが見られることである．この点について次節でピークの原因として可能性のあるいくつかの解釈を考察する．

水の構造に関して X 線回折法によって得られた知見は次のようにまとめられる．

(1)　長時間（例えば～10^{-8}s またはそれ以上）にわたって平均すれば，各分子からその隣接分子までの距離の分布は無秩序ではない．融点近くの温度において，中心分子から 3 Å 程度の距離にある分子の分布は著しく秩序立っている．

また，3〜8 Å の範囲ではかなり無秩序であり，8 Å より遠く距った点では，ほとんど完全に無秩序である．換言すれば，任意の分子から 8 Å 以上離れた領域において他の分子はあらゆる位置に等しい確率で見出される．温度が 200°C 以上であれば，6 Å 以上距った領域において隣接分子の分布が無秩序となる．

(2) 長時間にわたって平均してみると比較的高密度に隣接分子が見出されるのは各分子から 2.9 Å，4.5〜5.3 Å および 6.4〜7.8 Å の位置である．これは水分子が四面体的に配位していることと対応する．3.5 Å 付近にかなり高密度に分子が存在するが，これは厳密な四面体的配位によって説明されない．

(3)長時間にわたって平均してみれば，各分子は 4 個ないしはそれより僅かに多くの最隣接分子をもつ．

(b) V-構造にもとづく動径分布関数の解釈

動径分布関数は中心分子から $\bar{R}$ の距離にある分子の平均局所密度を与えるものであり，液体の D-構造を反映している．したがって水の構造に関してわれわれが求めるあらゆる事柄をこの知見だけから引き出すことはできない．まず第一に，動径分布関数そのものは隣接分子の角度分布について何も教えない．しかし幸いなことに，これはあまり重大な問題ではない．それは，動径分布関数と氷の構造および水の密度に関する知見を合わせると四面体的に配位した水分子が水の中に多数存在することが示唆されるからである．もっと重大な制約は，短い時間間隔のうちに水分子が中心分子のまわりでどのように分布しているかに関して（すなわち，V-構造について）その時間的平均以外に何ら動径分布関数から示されないということである．

液体中に同時に存在する局所的な V-構造すべてを空間的に平均したものが D-構造である（第 4.1 (a) 節）．多くの研究者は水の動径分布関数をいくつかの V-構造に対する動径分布の平均として解釈する試みを行なった．この節では実験的に得られた動径分布関数を局所的な V-構造からの寄与に分解する 4 つの試みを考察する．これらは，後にこの章と第 5 章で論じる水のモデルの個個に対応する．したがって，この節は水のモデルのうち比較的よく知られたものについての序論的な役割りをもっている．これらの 4 つのモデル（及び他の数多くのモデル）は水の X 線回折図を全体として矛盾なく説明するものであることをまずはじめに強調しておくべきである．それゆえ，水の真の構造にあてはまるモデルがあるとしても，それがいずれであるかを決めるには，この章の後の節で述べられるような他の実験データによらなければならない．

混合物モデル　「混合物モデル」によると水は各瞬間において水分子からなるいくつかの異った種の混合物として表わされる．ここで種とは局所的な V-構造のことである．混合物モデルのひとつの形において各瞬間に 2 つの種が存在すると仮定する．すなわち，クラスターを成した分子と水素結合していない単量体である．クラスターの水分子は 4 つの隣接分子と水素結合している．各ク

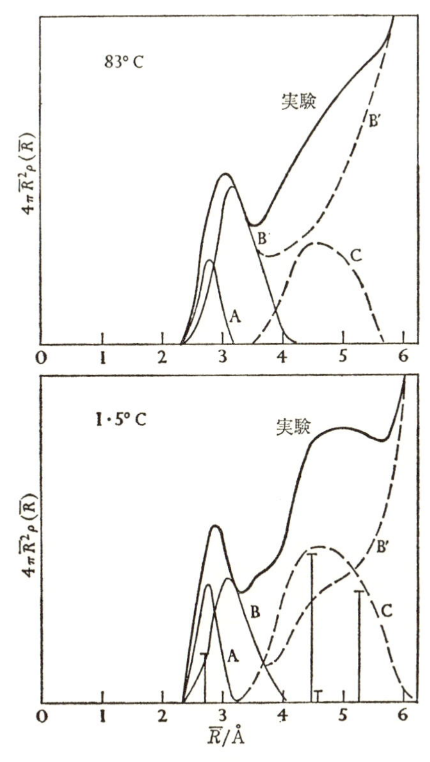

図 4.5　Némethy and Scheraga (1962) の混合物モデルによる水の動径分布関数の解釈．実験曲線は Morgan and Warren (1938) のもの．ピーク A とピーク B はそれぞれ水素結合で結ばれた最隣接分子と水素結合で結ばれない最隣接分子の寄与．ピーク C とピーク B′ はそれぞれ水素結合で結ばれた第 2 隣接分子と水素結合で結ばれない第 2 隣分子の寄与である．1.5°C の曲線において，幾本かの垂直線は氷 I における隣接分子の位置とその相対的な数を示すものである．Némethy and Scheraga (1962) より．

ラスターは断えずくずれ，また再形成される．長時間にわたって見れば各分子のまわりの様子は平均として同じである．

Némethy and Scheraga (1962) は Morgan and Warren (1938) の得た動径分布関数を混合物モデルにもとづいて解釈した．彼らは実験曲線の第1のピークを2つのピークの和と考えた（図4.5参照）．すなわち，$\bar{R}=2.76$ Å を中心とするピーク（ピーク A）は水素結合した最隣接分子に帰属され，3.2 Å を中心とするピーク（ピーク B）は水素結合していない最隣接分子に帰属された．また，5 Å 付近を中心にピーク C を推定し，水素結合した第2隣接分子によるものとした．曲線 A, B および C を実験曲線から差し引いた後に残る残余の面積（曲線 B′）を彼らは水素結合していない第2隣接分子に帰属した．ピーク A の面積は理論的に導かれる水素結合分子の濃度から，またその位置は氷 I における最隣接分子間の距離から決定された．ピーク B はピーク A を実験曲線の第1ピークから差引いて決められた．ピーク B の面積は水素結合していない最隣接分子の濃度からも決められたが，これら2つの方法による結果はよく一致した．なお，水素結合していない最隣接分子の濃度は彼らの理論にしたがって得られた．ピーク C についての結果は定性的なものである．

Némethy and Scheraga の考えによると温度上昇とともに水素結合していない分子の濃度が増大する．これは実験的な分布曲線の第1ピークの幅を広げ $\bar{R}$ の大きい領域での構造を不明確にする（図4.5参照）．Némethy and Schraga (1964) は彼らの理論を D_2O に応用し，その動径分布関数が H_2O のものとほとんど同じであることを予想した．この予想は後に確められた（図4.4参照）．

割り込み分子モデル　割り込み分子モデルは混合物モデルの一種である．すなわち第1の分子種が水素結合によって枠組みを作り，その中の空洞に第2の分子種である水素結合していない単量体の水分子が入り込むと考えられる．

Samoilov (1965) は割り込み分子モデルによって動径分布関数を解釈した．彼が割り込み分子をよしとする理由のひとつは図4.6に示されるように実測の動径分布関数と“均一化された氷結晶”に対して計算された動径分布関数の比較に見ることができる．この図から明らかなように，水における 3.5 Å 付近の隣接分子密度は氷の場合より大である．Samoilov が注意したように，氷 I の各分子はそのまわりにある“空洞の中心”から 3.47 Å だけ距っている．この

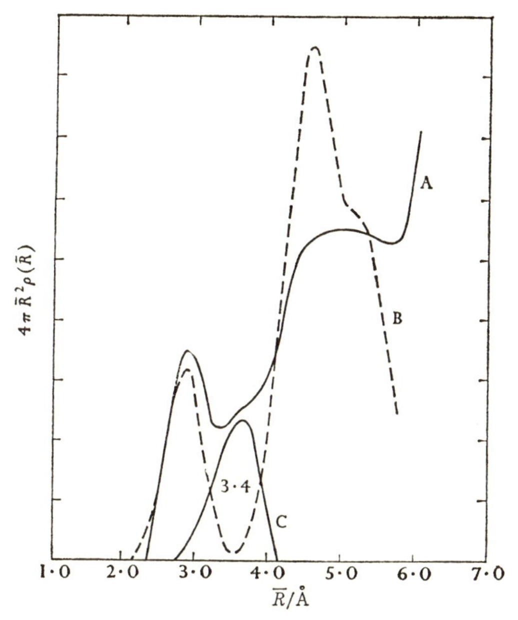

図 4.6　1.5°C における水の動径分布関数 $4\pi\bar{R}^2\rho(\bar{R})$ の実験曲線（曲線 A）と「氷類似」分布による動径分布関数の計算曲線（曲線 B）の比較．曲線 C は A と B の差．曲線 B は平均距離 2.85 Å に 4 個，4.50 Å に 13 個，5.3 Å に 9 個の分子を置いて計算したもの．この分布は第 1 隣接分子が 2.76 Å でなく 2.85 Å にあるという点を除いて氷 I のものに類似している（表 4.1 参照のこと）．隣接分子の各グループは平均距離のまわりにガウス曲線に従って分布させられている．これは各分子の平均位置のまわりの振動を考慮に入れるためである．Morgan and Warren (1938).

空洞は図 3.1, 図 3.2 に示されているように c 軸方向に連なって柱状の空洞となっている．このように氷において各分子から 3.47 Å だけ距った位置に空洞があることと，3.5 Å 付近での水の分子密度が同じ位置の氷の分子密度より大きいことから，Samoilov は水と氷の構造は類似しているが，水の場合には空洞にも分子が入っていると考えた．Samoilov によれば氷の融解にともなって水分子を結合するいくつかの水素結合が切断され，自由になった分子が隣接する空洞に入り込むと考えられる．この割り込み分子の存在によって 3.5 Å 付近の動径分布密度が高いことが説明される．また，各空洞の中心から 2.94 Å だけ隔った位置に枠組を作る 6 個の分子が存在するので，割り込んだ分子は動径分布曲線の第 1 のピークにも相当の寄与をしていると考えられる．Samoilov によれば，さらにこのことは四面体的配位が部分的にくずれているにもかかわらず最隣接分子の数がむしろ4より大きいという Morgan and Warren の実験結果を説明するものである.

Darnford and Levy (1962) と Narten *et al.* (1967) は Samoilov モデルと類似の割り込み分子モデルにしたがって動径分布関数を広範に計算した. このモデルで考えられている枠組みは氷Iの結晶であり, それは温度上昇にともなって異方的に熱膨張すると考えられる. 割り込み分子は空洞中に入るが, Samoilov のモデルと違って, その位置は3回対称軸の上に限られる. 割り込み分子と枠組みを作る分子の数の比は密度の実験値をよく再現するように決められる. モデルに含まれる3個の距離とその2乗平均変位, および枠組と空洞の占拠率を可変パラメーターとして扱うことにより, これらの研究者達は実験とよく合う動径分布関数を計算で得るころことができた. その一致の程度は図4.3に見ることができる. 彼らは空洞の占有率が 4°C における 45 パーセントから 200°C における 57 パーセントにまで増大することを見出した.

割り込み分子モデルのうち, 実測の動径分布関数と明らかに矛盾するのは Pauling (1959) による"水の水和物"モデル (第5.2(b)節) である. Danford and Levy (1962) はこのモデルにしたがって動径密度を計算し, このモデルが $\bar{R}=2.8-3.6$ Å の範囲では実験値より小さい密度を, また, $\bar{R}=3.6-4.9$ Å の範囲では大きい密度を与えることを示した. この研究は水について提出されたモデルが実験的な動径分布関数と合わないことを定量的な方法で示した唯一のものであると思われる. Pauling のモデルが水の D- 構造を正しく表わさないことはこの計算で示されたが, 局所的な V- 構造のひとつを表わしている可能性はある.

歪んだ水素結合のモデル Pople (1951) は水素結合が切断されることなく, むしろ大部分のものが歪んでいるという考えにもとづいて水のモデルを発展させた. 曲った水素結合にもとづいて実測の動径分布関数を解釈するために, 彼は便宜上すべての分子が4個の最隣接分子と水素結合し, かつその分子間距離が一定値 $\bar{R}_0$ であると仮定した. したがって最隣接分子は中心分子から $\bar{R}_0$ の距離に固定されるが, 第2, 第3, 第4およびそれ以上に隔った隣接分子の距離は水素結合がどの程度歪んでいるかに依存する. この関係が図4.7に示されている. Pople はさらに, 水分子が四面体的であり, したがって O-H 結合

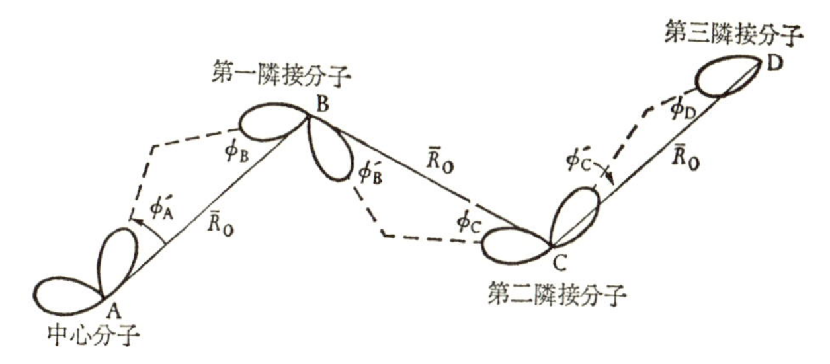

図 4.7　Pople (1951) による水の曲った水素結合．A は中心分子．B, C, および D は A の隣接分子である．葉状のふくらみは O-H 結合もしくは孤立電子対を表し，角 ϕi は結合の曲りの程度を示す．最隣接分子間の距離 $\bar{R}_0$ は固定されている．

と，孤立電子対がなす角はすべて $\cos^{-1}(-1/3)$ に等しいと仮定した．このモデルで歪んでいない水素結合とは，陽子供与体である O—H 結合と，それによって水素結合した水分子の孤立電子対が，いずれもそれら 2 分子の酸素原子を結ぶ直線上にある場合のことである．言い換えれば，すべての $H_2O\cdots H_2O\cdots H_2O$ 角が氷 I の場合と同様に四面体角であるときに水素結合の歪エネルギーが零であると考える．もし，孤立電子対もしくは O—H 結合の方向が酸素—酸素を結ぶ直線から角 ϕ だけずれたとすれば，その水素結合は歪んでいるのであって，その系のエネルギーは

$$\Delta U = k_\phi(1-\cos\phi) \tag{4.2}$$

だけ増大する．k_ϕ は Pople が水素結合の曲げの力定数と呼んだ量である．この量については第 5.3 節でさらに論じよう．

Pople は $\bar{R}=0$—6 Å の領域で実測される動径分布関数が最隣接，第 2，および第 3 隣接分子からの寄与の和であるとした．彼はこれらの寄与の表示式を求めたうえ，それらの和を Morgan and Warren (1938) による実験的な分布曲線に合わせた．その際，最隣接 4 分子は $\bar{R}=\bar{R}_0$ を中心とするガウス分布にしたがうものとしたので，その寄与は分布の中心の位置と分布の幅をきめる 2 つのパラメーターを含むものとなった．計算は古典統計力学にしたがって行われたが，第 2，第 3 隣接分子からの寄与を導出するためには複雑な解析幾何学の手順が必要であった．これらの寄与は最隣接分子の位置に依存するほか，水素結合の曲げに対する力定数と温度の比，および第 2，第 3 隣接分子の数にも

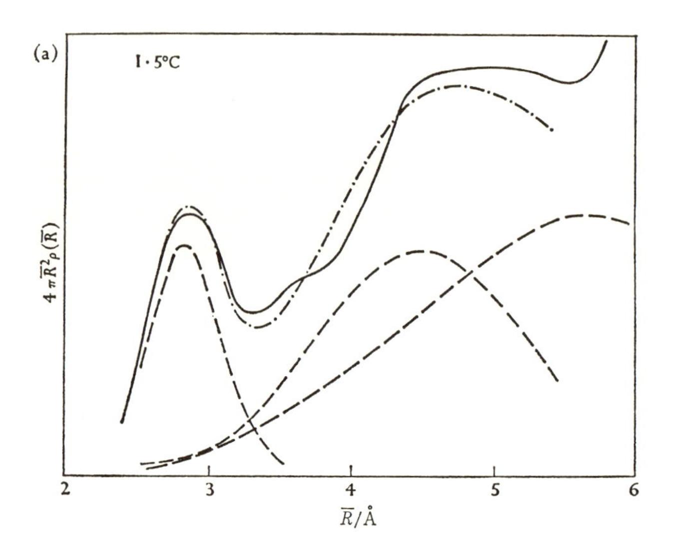

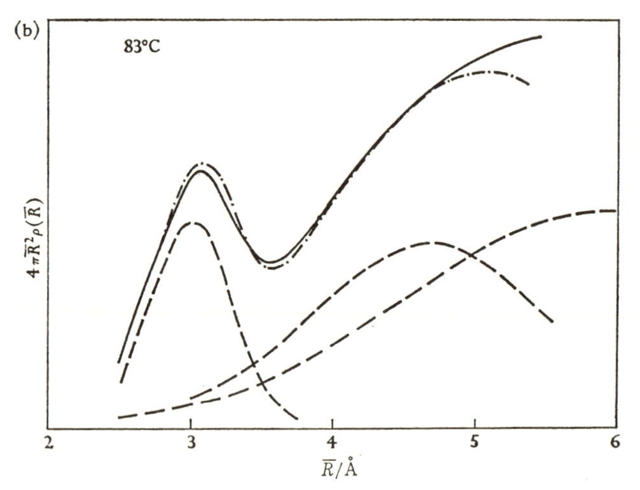

図 4.8 Pople (1951) によって計算された水の動径分布関数に対する各寄与. (a) 1.5°C, (b) 83°C. 実験値は Morgan and Warren のもの (——). 各配位殻からの寄与 (……) とそれらの和 (—・—・—・) の計算値が示される. Pople (1951) より.

依存する．Pople は隣接分子の数，水素結合の曲げの力定数，および最隣接分子のガウス・パラメーターを適当に変化させることにより Morgan and Warren の実験的な動径分布関数とよく一致する結果を得た．最良の一致を与えるパラメーターの値は次のようなものである．すなわち，水素結合の曲げの力定数 3.78×10^{-13} erg rad^{-2}，第2隣接分子11個，第3隣接分子22個，最隣接分子間距離 1.5°C において 2.80 Å，83°C において 2.95 Å．

第3隣接殻にいたる各殻からの寄与が図 4.8 中に別々に計算されている．この曲線からわかるように，最隣接分子からの寄与にくらべて第2，第3隣接分子からの寄与は広い範囲にひろがっている．これは水の局所的な V- 構造の種類が氷の場合にくらべてはるかに多いことを意味する．また，とくに注目される点は，水素結合を曲げることにより第2，第3の隣接分子が中心分子の近くまで入り込み得ることである．言い換えれば，第2，第3隣接分子が中心分子から 3 Å 以内に存在するような V- 構造が可能であると考えられる．このことから，実測の動径分布関数の2つの特徴に対する説明が導出される．すなわち，

(A) 第2, 第3隣接分子の分布の周辺が最隣接分子の分布と重なり合うために，後者に属する分子の数が見かけ上4より大きくなる（表 4.1）．温度上昇にともなって周辺の部分が大きくなり（図 4.8 (b)），したがって最隣接分子の数は見かけ上さらに増大する．

(B) 3.5 Å 付近において氷に比較して水の密度が高いこと（図 4.6），も最隣接以外の分子が中心分子から 4.0 Å 以内の領域に侵入する結果であると考えることができる．

最後に Narten *et al.* (1966) が最近得た動径分布関数において，3.5 Å 付近に現われる小さいピークは Pople のモデルによって説明されないことに注意しておこう．このピークは次に考察するモデルによって説明される．

乱れた網目構造のモデル　Bernal (1964) による水の V- 構造のモデルは歪んだ水素結合のモデルの拡張と考えることができる．このモデルによると各分子は4個の隣接分子と水素結合しているが，その結合はかなり歪んでいると考えられる．4配位的に結合した分子は氷の場合と違って格子を作らず，いくつものリングを含む網目構造をなす．リングのうち，多くのものは5個の分子より成る．それは，水分子の H—O—H 角が5員環の内角 108° に近い値をもつか

らである．しかし，4個，6個，7個および8個の分子より成るリングも存在すると考えられる．

リングが連なってできる無秩序な網目構造の動径分布関数は Pople の歪んだ水素結合のモデルによるものと概略において類似しているが，ひとつの点で異なると考えられる．すなわち，乱れた網目構造によれば，2.9 付近と 4.5 Å 付近に見られる大きいピークの間にひとつ，もしくは数個の小さいピークが現われるはずである．これらの小さいピークが期待される理由として少くとも次の2つが考えられる．

(1) 4員環：水素結合による水分子の4員環は氷VI（図 3.8）に見られる．このリングにおいて水素結合した酸素—酸素間距離は 2.81 Å，水素結合していない酸素—酸素間距離は約 3.5 Å である．

(2) 2つの6員環を並べた構造．この構造において水素結合を曲げることにより水素結合していない水分子を近づけることができる．この配置は氷IIに見られるもので，各分子は 3.24 Å の距離に水素結合していない隣接分子をもつ．また，3.52 A—3.89 Å の間に7個の隣接分子をもつ．

Bernal (1964) はこの乱れた網目構造のモデルにもとづいて，およその動径分布関数を計算し，全体として実験と一致する結果を得た．ただし，実験から得られた動径分布関数において 3.5 Å 付近に見られるピークがこのモデルによって説明されるか否かという点に関しては，立入った計算が報告されていない．

4.3 熱力学的性質†

この節では水の熱力学的性質のうち，いくつかの重要なものをまとめ，分子運動および分子間相互作用の立場からそれらを論じる．まず熱エネルギーについて考察し，つづいて P-V-T 関係を論ずる．いずれについても，水の構造として提出されたモデルにもとづいて実験データを解釈する試みを論ずる．

もちろん熱力学的な測定だけから液体の V- 構造を詳細に推論することはで

† Dorsey (1940) は水の熱力学的性質に関するデータを豊富に収集した．大気圧下での C_P の正確なデータは Stimson (1955) によって集められている．Owen *et al.* (1956), Kennedy *et al.* (1958), および Kell and Whalley (1965) は P-T-V 関係の測定値をさらに報告した．Sharp (1962) は P-V-T 関係のデータおよび熱エネルギー関数を −10°C—1000°C の温度範囲と 1—250000 気圧の圧力範囲にわたって表にまとめた．Kell (1967) は大気圧下における P-V-T 関係の正確な表示式を与えた．

きない．それは通常の熱力学的測定を行なうに要する時間が，分子の拡散運動の起こる時間間隔よりはるかに長いからである．しかし，他の何らかのデータにもとづいてモデル構造が与えられると，そのモデルがもつべき熱力学的性質が統計力学の方法によって計算される．もし，そのモデルが液体を正確に記述するものであり，また計算が厳密に行われるならば，計算の結果得られる諸性質は実験と一致するはずである．残念ながら，現在のところ水について真に厳密な計算は不可能である．したがって，熱力学的性質を用いて水の諸モデルの良否を確めることは今のところできない（第5章参照）．

（a）熱エネルギー

図3.12に1気圧における水の熱容量，エンタルピー，エントロピーおよびギブズエネルギーを温度の関数として示した．熱容量は直接測定によって決定さ

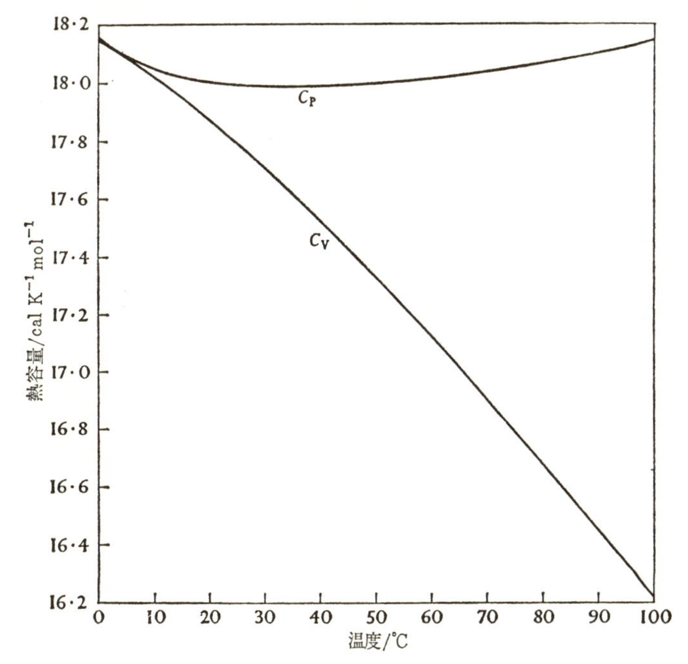

図 4.9　水の定積熱容量 C_V と1気圧における定圧熱容量 C_P の温度依存性．C_P の値は水の分子量を18.01534とし，1ジュール＝0.23895 cal として，Stimson (1955) の数値から換算した．C_T の値は熱力学的関係式 $C_V=C_P-TV\alpha^2/\gamma_T$ にもとづいて，この図の C_P と図4.13，図41.4，図4·15のデータから計算した．

れ，その他の量は熱容量の適当な関数を積分して定められたものである．1気圧における水の PV 値は 0.0005 kcal mol^{-1} より小さいので，液相での内部エネルギーとヘルムホルツエネルギーはそれぞれエンタルピーとギブズエネルギーにほとんど一致する．融点における水の熱容量は第 3.3 (b) 節で注意したように，その温度での氷の熱容量の 2 倍に近い値をもつ．また，沸点での値は水蒸気の熱容量の 2 倍以上である．水の定容熱容量は温度が 0°C から 100°C に昇るに応じて，およそ 11 %だけ減少する．他方，定圧熱容量は同じ温度範囲で 1 %以下の変化しか示さない．極小値は 35°C で生じる．図 4.9 にその様子が示されている．

融点と沸点でエンタルピーが著しく増大するのは，融解および沸とうにともなう潜熱の効果である．これらのエンタルピー変化の正確な値は表 3.7 にまとめられている．同表には H_2O と D_2O の相変化にともなう他の熱力学量の変化も示されている．融解にともなう内部エネルギーの変化はエンタルピーの変化とほとんど等しいのに対し，蒸発にともなう内部エネルギー変化はエンタルピー変化より約 0.7 kcal mol^{-1} だけ小さいことに注意されたい．これは蒸発の体積変化が大きいことにもとづくものである．

熱エネルギーの分子論　水と他の液体の熱力学的データを比較すれば，水素結合が水の性質に著しい影響を与えていることがわかる．例えば蒸発熱を例にとろう．類似した一連の化合物 H_2Te, H_2Se, H_2S の蒸発熱は分子量の小さいものほど小さい．したがってこのシリーズの次の化合物である H_2O はさらに小さい蒸発熱をもつと推論されるが，実際には H_2S の 2 倍以上の蒸発熱をもっている．これは，いうまでもなく水分子間の凝集力が異常に大きいことを示すものである．この過剰の凝集力の由来を液体における分子間水素結合に求めるのが妥当であろう．水素結合によって定性的な説明が与えられる熱力学的性質としては，この他に融点，沸点，熱容量などがある．これらと他の諸性質に対する水素結合の効果については Edsall and Wyman (1958), Pauling (1960) らの議論を参照されたい．

近年，水の熱力学的性質——とりわけ，熱容量とそれに関連した熱エネルギー関数——をより定量的に理解しようとする方向に，ある程度の進歩が見られる．この点に関して基本的に重要なのは熱力学的性質に対する分子配向からの寄与という概念である†. この寄与は, 一つの相において温度や圧力の変化に応じてその構造が変るときに生ずる. たとえば一つの相内で分子が二つの配位数をとりうるとしよう. その一方が低温において多く存在し, 他方が高温において多く存在するとすれば, そのような構造変化にはエネルギー変化が付随し, したがって熱容量や圧縮率に寄与することになる. 氷の結晶構造は温度によって変化しないので, その熱容量にはここで述べた意味の分子配向からの寄与はない. いいかえれば, 温度上昇にともなって分子間振動のエネルギーが増大するのみである. 水を熱する場合にも振動の励起が同様に起こるが, この効果は水の熱容量のおよそ半分を説明するにすぎない. 水を熱するのに要する残りの熱エネルギーは水の構造を変えること, すなわち水素結合を切り, 変形し, または分子の配位数を変えることに使われたと考えられる. 実際に, このような変化が起こることが動径分布関数から知られる (第 4.2 (a) 節). 動径分布関数は温度上昇にともなって水分子相互の位置が変ることを示しているが, これは言うまでもなく水分子間の相互作用ポテンシャルエネルギーが温度によって変化することを意味する.

この種の変化に由来する熱容量の寄与を配向熱容量と呼ぶことにしよう. これに対して力学的な自由度の励起による寄与を振動熱容量と呼ぶことにすれば, 実測される熱容量は次式のように書くことができる.

$$C_{\mathrm{V}}(\text{実測})=C_{\mathrm{V}}(\text{振動})+C_{\mathrm{V}}(\text{配向}). \tag{4.3}$$

水の内部エネルギー, 膨張係数, 圧縮率も同様に振動と配向の寄与の和と考えることができる. “振動”からの寄与という用語は, 今の場合少しばかり誤解を招くおそれがある. なぜなら C_{V}(振動)には振動ばかりでなく回転や並進の自由度も含まれるからである. 例えば 100°C 付近にある水蒸気において, 分子の回転と並進の運動エネルギーは熱容量にそれぞれ $3/2\,R$ の寄与をする. これらの和 $3\,R=5.96$ cal/mol°C は 100°C で実測される水蒸気の C_{V}, 6.2 cal/mol°C

† 熱力学的性質に対する分子配向からの寄与は Bernal (1937), Kauzmaun (1948), その他の研究者によって論じられた. Davis and Litovitz (1965) は水の熱力学的性質について分子配向からの寄与 (彼らは緩和的な寄与と呼んでいる) のとり得る値を考察した.

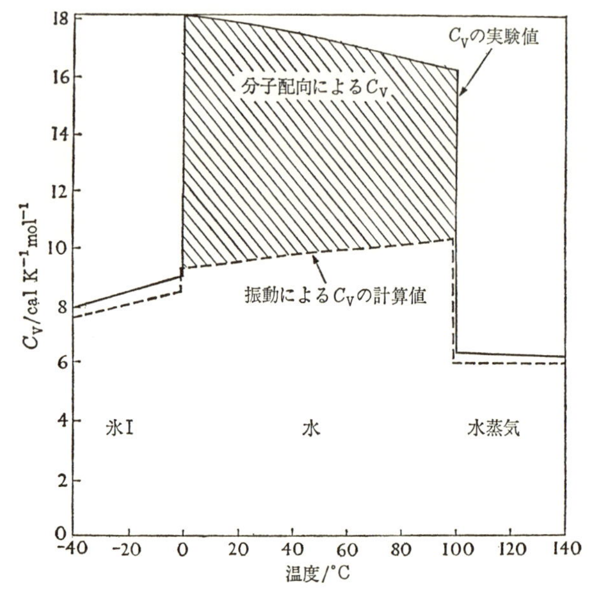

図 4.10 H_2O の熱容量の実験値を分割することによって得られる振動からの寄与と分子配向からの寄与．振動の寄与の計算法は本文で論じた．分子配合の寄与は実験値と振動の寄与の差である．液体領域における振動の寄与の計算は 185 ページに述べられている．100～140°C については Dorsey (1940, 140 ページ)，0～100°C については図 4.9，−40～0°C については Giauque and Stout (1936) からそれぞれデータをとった．−40 から 0°C に対する実験曲線は C_p を示す．これは C_v より十分の数 cal mol^{-1} K^{-1} 程度大きいと考えられる．

よりわずかに小さいだけである（図 4.10 参照）．したがって温度による分子間ポテンシャルエネルギーの変化は極めてわずかしか C_V に寄与しない．いずれにしても，“振動”という語に回転と並進の自由度をも含ませることすれば，水蒸気の熱容量は氷の場合と同様に振動的なものである．

氷の熱容量がおおむね振動的なものであることは，次に示すような簡単な計算によって確められる．1 モルの氷は 6 N の分子間振動モードをもつ．すなわち，3 N の束縛並進と 3 N の衡振である．これらのモードの振動数が ν_T と ν_L を特性振動数とするデバイ分布にしたがうとすれば，C_V の温度依存性は数表から容易に求められる（例えば Pitzer 1953）．氷の吸収極大における振動数 ν_T と ν_L を用いて $\nu_T = 200\ \mathrm{cm}^{-1}$, $\nu_L = 800\ \mathrm{cm}^{-1}$ としよう（3.5 (a) 節）．これらの振動数を用いて −40～0°C の領域について計算した C_V が図 4.10 に示されている．このモデルは氷の格子振動をくわしく表現するには明らかに単純すぎるが，計算で得られた熱容量が実験値とよく合うことから，氷の熱容量がおおむね振動的な起源をもつと解することができる．

氷および水蒸気の熱容量とは対照的に，水の熱容量は力学的自由度の熱励起のみから生ずるとするにはあまりにも大きすぎる．このことは，次のような簡単な計算によって明らかとなる．よく知られているように，振動の各モードは充分に励起されれば熱容量に R だけの寄与をする（例えば Kauzmann 1966 を見よ）．水の各分子が6個の格子振動モードをもつ（3個の束縛並進と3個の回転振動，第4.7(c)節参照）とすれば熱容量の最大値は $6R=11.9$ cal/mol K であって，これは実測値のおよそ2/3にすぎない．回転振動は室温において充分に励起されていないので，実際は振動から生ずる熱容量は $6R$ より小さいであろう．そのうえ，いくらかの分子が回転振動と束縛並進のかわりに自由回転と自由並進を行なっているとすれば，熱容量の最大値はさらに小さくなる．なぜなら，自由回転と自由並進を合わせて，たかだか $3R$ の寄与を熱容量にしうるにすぎないからである．

水の熱容量に対する分子配向の寄与は振動の寄与と同程度の大きさをもつ．融解によって水の熱容量が著しく増大するのは，この寄与にもとづくものである．このように大きい分子配向の寄与は疑いもなく水素結合の変形や切断に関連している．以上の事柄を心にとどめたうえで，水の構造に関する種々のモデルが熱容量やその他の性質の実測値を如何に説明するかをつぎに考察しよう．

水素結合の切断にもとづく解釈　水の熱エネルギーに対するひとつの解釈として水素結合を切断するという仮定にもとづくものがある．この解釈を採用するモデルは混合物モデルまたは割込み分子のモデルを基本とするものである．†これらの研究は水の構造として採用するモデルの点では異なるが，熱エネルギーが

$$\text{O-H}\cdots\cdots\text{O} \rightleftarrows \text{O-H}+\text{O}$$

という平衡によって支配されると仮定する点で類似している．この平衡の ΔH^0 は正である．したがって，昇温とともに平衡は右側に移動し，分子配向による

† Grjotheim and Krogh-Moe (1954), Frank and Quist (1961), Némethy and Scheraga (1962,1964), Marchi and Eyring (1964) などの研究がこれに属する．

系のポテンシャルエネルギーは増大する.

これらの研究の大多数のものに共通の2個のパラメーターがある. すなわち, 水素結合を切断するに要するエネルギーと, 一定温度における切断された水素結合の割合いである. ここで, これらのパラメーターに注目し, いくつかの研究で与えられたそれらの値を考察しよう. 実際に採用されたモデルの詳しい記述と, それらのモデルがどの程度に水の熱力学的性質を再現するかに関する議論は第5章で行なう. モデルが調節可能なパラメーターとして数学的に十分な柔軟性を有するならば, 水の熱エネルギーは水素結合の切断という考えによって矛盾なく理解されることを次章で見るであろう.

“水の水素結合エネルギー”とは, 通常, 水の中で水素結合している O—H グループを, やはり水中にありながら水素結合していない O—H グループに変えるに要するエネルギーを意味する. この過程は次のように表される.

$$(\mathrm{O{-}H\cdots})_{液体} \longrightarrow (\mathrm{O{-}H})_{液体}. \qquad (4.4)$$

このエネルギーを $E_{水素結合,\mathrm{L}}$ と書く. $E_{水素結合,\mathrm{L}}$ を決める問題は氷の水素結合エネルギーを第3.6 (b) 節の定義†にしたがって計算するのと類似している. この問題の根本的な難点は水素結合していない O—H グループも, なおかつその隣接分子と相互作用するということである. この相互作用は分散力やその他の力に起因するものであるが, そのエネルギーを直接的に求める方法がない. また水素結合のエネルギーは結合のまわりの様子に強く依存する (第3.6 (c) 節) から, 反応 (4.4) のエネルギーは温度と圧力に依存することがありえよう. $E_{水素結合,\mathrm{L}}$ を見積るためには様々の方法がとられ, その結果得られた値も様々である (表4.2). そこでとられた様々な方法がそれぞれ $E_{水素結合,\mathrm{L}}$ の定義となっているのであるから, 様々の値が得られたことは驚くにあたらない. 表4.2に示された数値のうちに式4.4の反応のエネルギーに対応するものがあるか否かも明らかでない.

混合物モデルおよび割込み分子のモデルにもとづいて熱エネルギーを解釈する試みにおいて, もうひとつの共通なパラメーターはある温度でどの程度の割

† “水素結合エネルギー”という語の意味に関する議論については第3.6 (a) 節を参照.

表 4.2　水における水素結合エネルギーの推定値 $E_{水素結合,L}$

著者	$E_{水素結合,L}$ / kcal mol of H-bond	推定法
Némethy and Scheraga (1962)	1.3	モデルから導かれる熱力学関数を実験値と比較する.
D_2O の水について (1964)	1.5	モデルから導かれる熱力学関数を実験値と比較する.
Grjotheim and Krogh-Moe (1954)	1.3～2.6	モル体積の温度依存性と水のモデルより.
Worley and Klotz (1966)	2.4	赤外スペクトルの倍音領域の温度依存性より.
Walrafen (1976)	2.5	カップルしていない O-D 伸縮バンドのラマンスペクトルの温度依存性より（第 4.7(b) 節).
Walrafen (1966)	2.8	ラマンスペクトルにおける ν_T バンドの強度の温度依存性より（第 4.7(a) 節).
Scatchard *et al.* (1952)	3.4	過酸化水素-水混合物の熱力学的性質と補助的仮定より.
Haggis *et al.* (1952) Pauling (1940)	4.5	第 3.6 節の定義 3 より.

合いの水素結合が切断されているかを表わすものである．このパラメーターの推算値も広い範囲にわたっている．0°C における 18 種の推算値が最近まとめられたが，その値は 0.02 から 0.72 に及んでいる（Falk and Ford 1966)．二，三の推算値の温度依存性を図 4.11 に示す．Némethy and Scheraga および Haggis *et al.* による値は熱力学データにもとづくもの，Grjotheim and Krogh-Moe の値はモル体積にもとづくもの，Walrafen（1966）の値はラマンスペクトルの ν_T バンド（第 4.7 (a) 節）の強度にもとづくものである．Haggis *et al.* は蒸発のエネルギーのほとんど大部分を水素結合の切断によるものとした．したがって液体中の切断された水素結合の割合いは他の研究の値より小さく見積られている．Haggis *et al.* 以外の研究者は蒸発のエネルギーの相当な部分を他の力によるものとした．

分光学的に推算された値も広い範囲にわたっている．Walrafen（1966）は ν_T バンドの強度から 65°C において 80 パーセント以上の水素結合が切断されていると考えたが，Wall and Hornig（1965）は ν_s バンドを用いて同じ温度において 5％以下の水素結合が切断されているにすぎないと推定した．これらの研究および他の分光学的研究は第 4.7 節で詳論される．

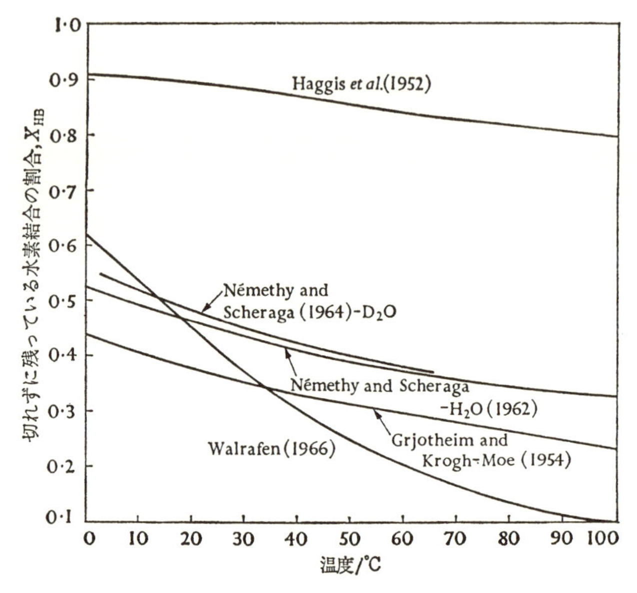

図 4.11 各温度において切れずに残っている水の水素結合の割合.

$E_{水素結合,L}$ の大きさと，切断された水素結合の割合いについて，その推算値にこのように一致が見られないのは，水分子間の相互作用ポテンシャルエネルギー曲面の本性にかかわる問題であるものと考えられる．この曲面の形が，水における分子間相互作用を記述するにあたって“切断された水素結合”という考えの有用性を失わせるようなものであるということもありえよう．この可能性は第 4.8 (a) 節で考察される．

水素結合の歪みにもとづく解釈　歪んだ水素結合で作られた網目構造として水を記述するモデルが提出されている（第 4.2 (b) および 5.3 節）．このモデルが水の熱エネルギーの値をよく説明するか否かは重要な問題であるが，簡単な計算によるとこれらのモデルは確かによく説明することが示される．その計算の第一歩は振動に由来する熱容量と内部エネルギーを求めることである．そのつぎに振動の内部エネルギーを実験値から差引いて分子配向の寄与を求める．そして，水分子の O—H 伸縮の振動数を水素結合エネルギーの目安として用いれば，水素結合のひずみによって配向エネルギーが説明されることが示される．

水の振動熱容量の計算は氷の場合と同様に行われる．すなわち，水分子は水素結合によって網目構造を作り，全体で $6N$ の振動モードをもつと考える．これらのモードはやはりデバイ型の分布に従うと仮定するが，その特性振動数は 645 cm^{-1} と 168 cm^{-1} にとる．654 cm^{-1} という振動数は氷に対して用いた振動数を，水と氷の赤外線吸収で実測される ν_L の比にもとづいて調整したものである．同様に 168 cm^{-1} は氷に対して用いられた 200 cm^{-1} を，実測の ν_T の比によって調整した振動数である．これらの振動数を使って計算した水の C_V に対する振動の寄与が図 4.10 に示されている．水の C_V（振動）は氷のものよりわずかに大きい．すなわち，水の水素結合は氷の場合よりも変形しやすく，したがってその分子振動はより多くの熱エネルギーを吸収する．

実測の熱容量と振動熱容量の差が分子配向の熱容量である．いま論じているモデルによると，これは水が熱せられるにしたがって水素結合のひずみが増大することに由来する．図 4.10 から分るように，C_V（配向）は 0°C において実測 C_V の約 50 パーセントを占め，温度上昇にともなって減少し 100°C において約 35 パーセントとなる．これらの数値は Davis and Litovitz (1965) が水の混合物モデルにしたがって計算した配向熱容量の値にほぼ等しい．

氷と水の熱エネルギーに対する振動の寄与をデバイスペクトルにもとづいて計算した結果が図 4.12 に示されている．デバイの特性振動数は熱容量の計算に用いたのと同じである．水蒸気の熱エネルギーに対する“振動”の寄与は分子の回転と並進の運動エネルギー，すなわち $3RT$ である．熱容量の場合と同様に，配向の寄与は実験値から振動の寄与を引き去って得られる．この計算によると 0—100°C の範囲で，配向エネルギーは実験値の約 50 パーセントを占める．

次に考察しなければならない問題は，この配向エネルギーが水素結合のひずみにもとづいて説明されるか否かという点である．水素結合のひずみに対するポテンシャル関数が正確に知られておれば，この問題に直ちに答えを与えることができる．この関数が知られていなくても，O—H 伸縮の振動数を水素結合の強さの目安として用いることにより近似的な答を得ることができる．O—H グループが水素結合を作るとその伸縮振動数は減少し，しかも，水素結合が強い程その減少が著しいことが分光学的に知られている．この効果に関して次の

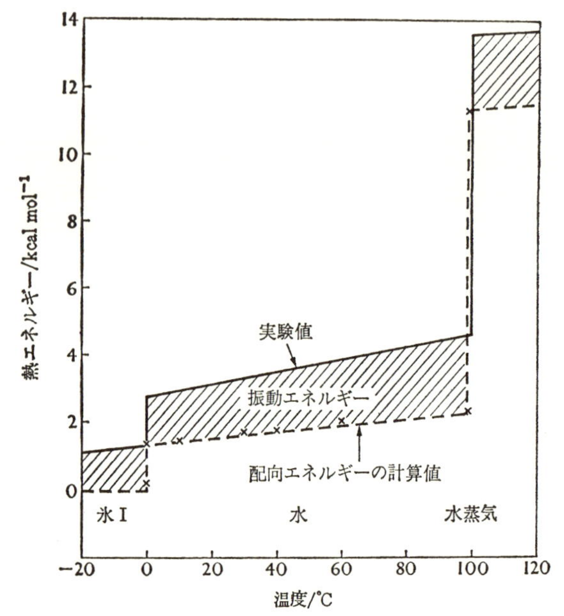

図 4.12 水の熱エネルギーの実測値を分割して得られる振動からの寄与と分子配合からの寄与．振動の寄与（斜線をほどこした部分）は本文中で述べた方法にもとづいて計算された．分子配合の寄与は実測値から振動の寄与をさしひいたものである．×印は式 4.5 に実測の O—H 伸縮振動数を用いて計算された．水蒸気における“振動”の寄与は分子の並進と回転による $3\,RT$ である．分光学的データは氷と水については Falk and Ford (1966) より，また水蒸気については Benedict *et el.* (1956) よりとった．0°C における水の O—H 伸縮振動数は Falk and Ford のデータの補外によって推算された．

関係式が提出された．

$$-\Delta H^0(\mathrm{kcal/mol^{-1}})=C\times\Delta\nu_{\mathrm{O-H}}(\mathrm{cm^{-1}})+K, \qquad (4.5)$$

ここで $\Delta\nu_{\mathrm{O-H}}$ は ΔH^0 なる強さの水素結合の形成にともなう O—H 伸縮振動数の変化，C および K は定数である．Singh *et al.* (1966) は水素結合をもつ 27 種のフェノールについて $C=0.010$，$K=2.37$ とすれば式 4.5 が実験データとよく合うことを見出した．

Wall and Hornig (1955) はカップル†していない O—H 伸縮バンドの極大

† この術語は第 3.5 (a) 節で定義された．Wall and Hornig の報告は第 4.7 (a) 節で論じられる．

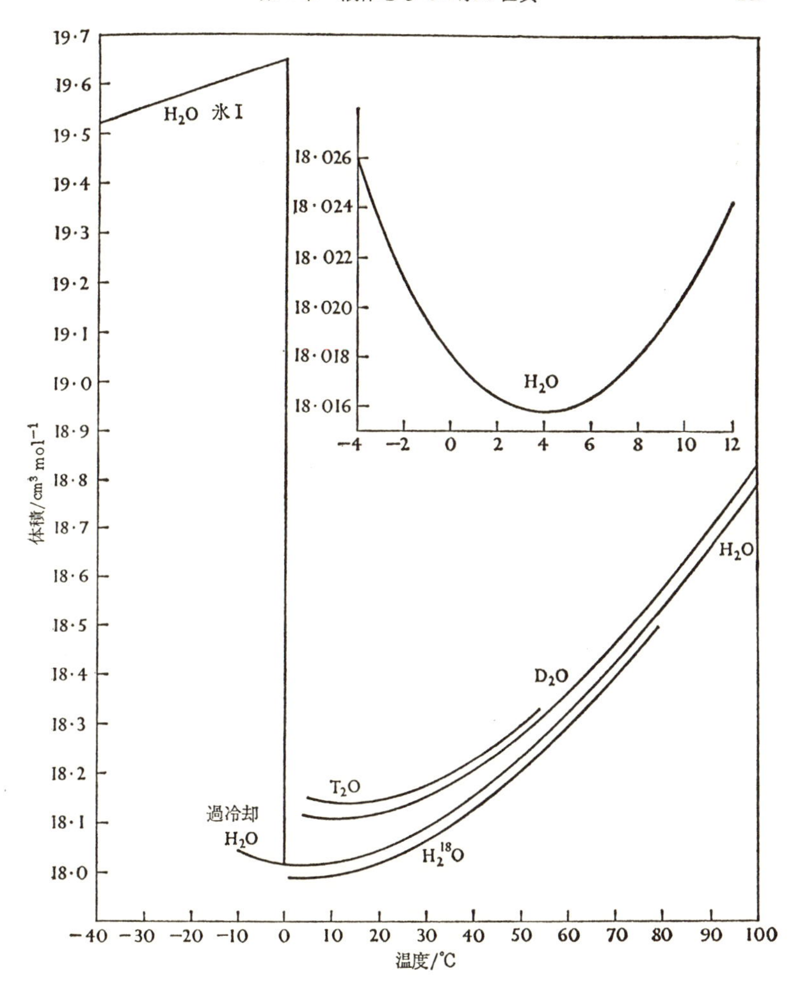

図 4.13　1気圧のもとにおける H_2O の氷 I と4種の同位体の水のモル体積．はめこみにした図は H_2O の水に関する−4〜12°C の領域の拡大図．氷 I のデータは表 3.10 (a) より．水に関する曲線は式 4.6 と次の分子量を用いて計算した．H_2O, 18.0153；D_2O, 20.028；$H_2{}^{18}O$, 20.015；T_2O, 22.04.

振動数が水の平均水素結合エネルギーによく対応しており，水素結合がひずんでいるほど高い振動数をもつことを示唆した．この考えが正しいとし，また，分子配向のエネルギーが水素結合のひずみから生ずるものとすれば，カップルしていない O—H 伸縮の極大振動数と配向エネルギーの間に関連がつけられるはずである．実際，式 4.5 を使ってこのような関係が見出される．$\Delta\nu_{O-H}$ は HDO 蒸気の O—H 伸縮振動（3703 cm^{-1}）と水または氷におけるカップルしていない O—H 伸縮バンドの極大振動数の差にとる．ΔH^0 は 100°C にある水蒸気と，それぞれの温度における水または氷の配向エネルギーの差を 1 モルの水素結合あたりで表わしたものである．$C=0.007, K=2.70$ とおけば式 4.5 で計算される配向エネルギーは三相について上述のようにして求めた配向エネルギーとよく一致する（図 4.12 参照）．このような良い対応は水の配向エネルギーが温度上昇にともなう水素結合のひずみにもとづいて説明されうることを示している．したがってまた，水をひずんだ水素結合より成る網目構造と見なすモデルは，実測される水の熱エネルギーの点から見て矛盾のないものであると考えることができる．

（b） 圧力–体積–温度関係

図 4.13 に大気圧下における H_2O とその同位体のモル体積が示されている．H_2O 氷の体積は融解に際して 8.3 % だけ減少して 18.0182 cm^3 となる．昇温にともなって水のモル体積は減少し，4°C において 18.0158 cm^3 に達する．その後，次第に増大して沸点において 18.798 cm^3 となる．0°C から 4°C に温度が上ると体積は 4°C の値の 0.013 パーセントだけ減少する．これは 4°C から 100°C に到る体積増加の 0.31 パーセントにすぎない．液体 D_2O のモル体積は 11.2°C 付近で極小値 18.1082 cm^3 をとる．

水のモル体積の温度依存性が，その傾斜に不連続な変化，すなわち，折れ曲りをもつと主張する研究者がある．例えば Lavergne and Drost-Hansen (1956) は Chappuis の正確な密度測定の結果を統計的に解析した．彼らの結論 (Drost-Hansen 1965 a) は「Chappuis のデータがある 5°C～41°C の範囲において測定結果は 1 本の曲線よりもむしろ順次 3 本の異なる曲線によってよく表現される」ということである．さらにひとつの折れ曲りが Antonoff and Conan (1949) によって報告されている．その後，Kell and Whalley (1965) がこの折れ曲りを探したが見出せなかった．彼らは水のモル体積を 47.5°C から 52.0°C まで 0.25°C おきに測定し，1 ppm まで滑らかであることを見出した．Falk and Kell (1966) は水の諸性質について，上に述べたものを含めて，今まで報告されている種々の折れ曲りを詳しく調べた．その結果，報告されている折れ曲りの大きさは測定精度と同じ程度のものであると結論した．

モル体積の温度および圧力による導関数は熱膨張係数と圧縮率で与えられる．水の等圧熱膨張係数 $\alpha=(1/V)(\partial V/\partial T)_P$ は図 4.14 に示されている．これは水

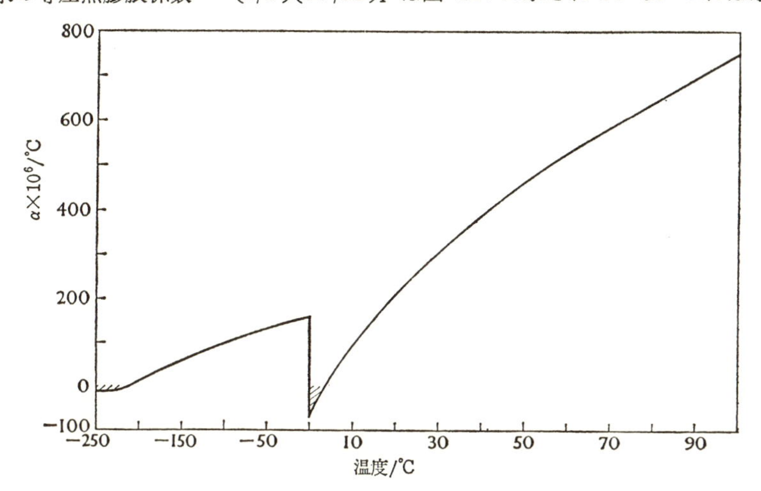

図 4.14　1 気圧のもとにおける氷Ⅰと水の定圧熱膨張係数 α が負の領域が斜線で示されている．0℃ 以下の温度軸が縮小されていることに注意．氷Ⅰのデータは表 3.10と Dantl (1962) より，水のデータは Kell (1967) の集めたものよりとった．

が温度上昇とともに収縮する 0 から 4℃ の範囲で負の値をとり，それ以上では正となる．またこの図からわかるとおり，63 K 以下の温度領域で氷の熱膨張が負となる．図 4.15 には等温圧縮率 $\gamma_T=-(1/V)(\partial V/\partial P)_T$ が示されている．

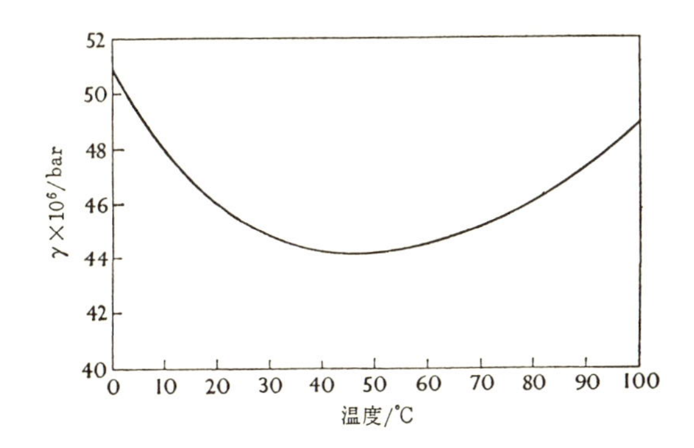

図 4.15　1 圧気のもとにおける水の等温圧縮係数 γ_T. Kell (1967) によるデータ．

これは水の温度が 0°C から上昇するにともなってはじめは減少し，46°C で最小値をとって，その後増大する．

Kell (1967) は1気圧下の水に関する最良の P-V-T データを数式のかたちに整理した．密度の温度依存性に対して彼は次の表示式を用いた．

$$\rho_0=\frac{\sum_{n=0}^{5} a_n t^n}{1+b_1 t}, \tag{4.6}$$

ここで t はセ氏温度である．H_2O, D_2O, $H_2{}^{18}O$, および T_2O について，実験データに最もよく合う係数が表 4.3 にまとめられている．式 4.6 のデータからのずれはおおむねデ

表 4.3† 水の密度の表示式 (4.6) における係数の値と表示式の特徴

係数/gcm^{-3}	H_2O	D_2O	$H_2{}^{18}O$	$D_2{}^{18}O$	T_2O
a_0	0.9998396	1.104690	1.112333	1.215371	1.21293
$10^3 a_1$	18.224944	20.09315	13.92547	18.61961	11.7499
$10^6 a_2$	−7.922210	−9.24227	−8.81358	−10.70052	−11.612
$10^9 a_3$	−55.44846	−55.9509	−22.8730	−35.1257	
$10^{12} a_4$	149.7562	79.9512			
$10^{15} a_5$	−393.2952				
$10^3 b_1$	18.159725	17.96190	12.44953	15.08862	9.4144
関数の妥当な領域/°C	0–150	3.5–100	1–79	3.5–72	5–54
データの推定確度/ppm	0.5–20	10	50	100	200
密度最大の温度/°C	3.984	11.185	4.211	11.438	13.403
最大密度/g cm^{-3}	0.999972	1.10600	1.11249	1.21688	1.21501

† Kell (1967) より．

ータそのものの推定確度より小さい．式 4.6 があてはまる温度領域も各同位体種について同表に与えられている．

1気圧における等温圧縮率の表現式として Kell (1967) および Kell and Whalley (1965) は次のベキ級数を用いた．

$$\gamma_T=\left(\sum_{n=0}^{5} c_n t^n\right)\times 10^{-6}\ \text{bar}^{-1}. \tag{4.7}$$

ここで t はやはりセ氏温度であり，各係数は次のとおりである．

$C_0=50.9804$, $C_1=-0.374957$, $C_2=7.21324\times10^{-3}$

$C_3=-64.1785\times10^{-6}$, $C_4=0.343024\times10^{-6}$

$C_5=-0.684212\times10^{-9}$.

この表示式は 0°C から 150°C にわたって 0.04×10^{-6} bar^{-1} 以下でデータを再現する．

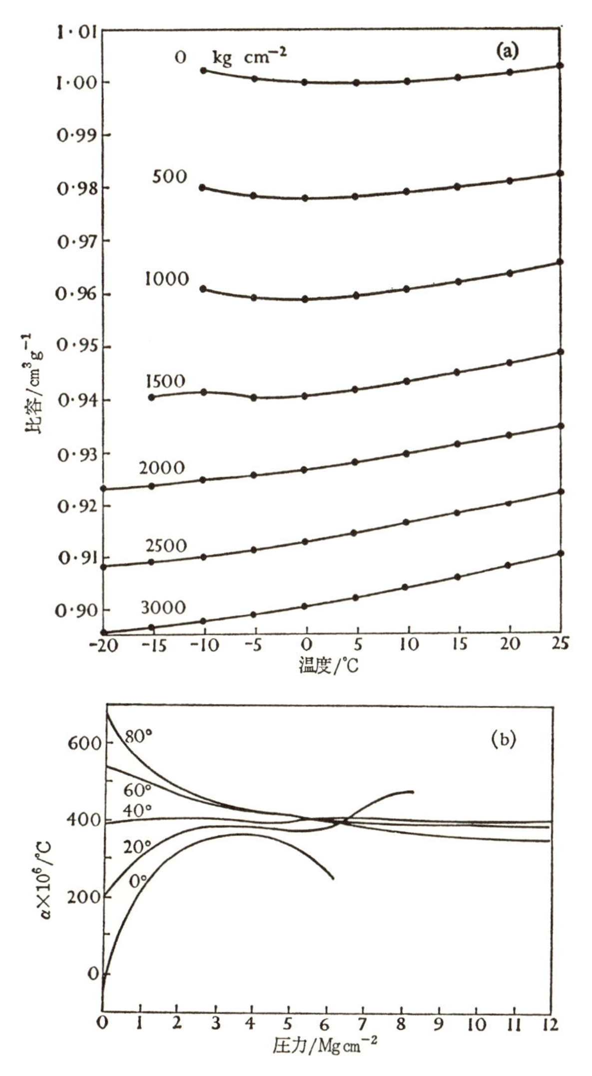

図 4.16　高圧下における水の P–V–T 性質．(a) いくつかの一定圧力下における水の比容の温度依存性．圧力は各曲線の上に kg cm^{-2} を単位として示されている (1 kg cm^{-2}=0.968 atm)．Bridgman (1912) のデータにもとづく．(b) いくつかの一定温度における水の膨脹係数 α の温度依存性．Bridgman (1931) より．

水の熱膨張が 0°C から 4°C の範囲で負であり，圧縮率が 0°C から 46°C にかけて減少するのは異常な性質である．他の液体の圧縮率と体積は温度上昇にともなって単調に増大する．Bridgman (1912, 1932) は水を圧縮すれば，この異常な性質が失われることを見出した．50°C 付近にある圧縮率の極小は圧力を上げるとともに目立たなくなり，およそ 3000 気圧で全く消失する．0°C 付近での体積の振舞はもっと複雑であって図 4.16(a) に示されるようなものである．図中，最も上のプロットはほとんど 1 気圧における体積と温度の関係を示し，4°C によく知られた極小がある．圧力を1000kg cm^{-2} にすれば極小は低温にずれる．1500 kg cm^{-2} になると —4°C の極小の他に —10°C に極大が現れる．2500 kg cm^{-2} で極大に極小が一致して変曲点になる．さらに高圧では水のモル体積は他の多くの液体と同様に振舞うようになる．

水の熱膨張係数の圧力による変化も図 4.16(b) に示されたように複雑である．0°C において圧力がおよそ 4000 kg cm^{-2} に達するまで水の熱膨張係数は増大するが，さらに圧縮すれば逆に減少する．40°C において熱膨張はほとんど圧力に依存しなくなり，さらに高温では多くの物質の場合と同様に圧力上昇と共に減少する．Bridgman は水の熱力学的な性質に対する圧縮の効果を，高圧において水は正常液体となると要約した．

***P-V-T* 性質の分子論．** 水の密度と氷 I の構造から考えて，Bernal and Fowler (1933) は水の構造をアルゴンやネオンのような単純液体のもつ乱れた稠密構造より空間の多いものであろうと推論した．彼らは氷 I における水分子間の距離がおおよそ 2.8 Å であり，したがって“分子半径”としては 1.4 Å となることに注目した．1.4 Å の半径をもつ分子の乱れた稠密集合体は 1.83 $g ml^{-1}$ の密度をもつと考えられる．したがって水の密度の実験値 1.0 g ml^{-1} を説明するためには水分子の有効半径を 1.4 Å から 1.72 Å に増大させたうえで稠密液体であると考えるか，もしくは水分子の配列のしかたが稠密液体よりはるかに空間の多いものであると考えなければならない．Bernal and Fowler は水の X 線回折図 (4.2 (a) 節) から第 1 の可能性を否定した．上に述べたように，彼らは水が比較的空間の多い構造をとる理由を，液体中で四配位になりやすいということに求めた．

水のモル体積の温度依存性は通常，昇温とともに次の二つの相競う効果がおこるという仮定にもとづいて解釈される.

(1)　分子の四配位性に起因する空間の多い構造がくずれて体積が減少する. この過程は融解現象の続きと見なすことができる.

(2)　非調和的な分子間振動の振幅が増大して体積を増大する.

(1)の効果は熱膨張が負となる 4°C 以下において主役を演じ, (2)の効果は 4°C 以上で重要となる.

これらの二つの効果を, 熱膨張に対する分子配向および振動の寄与と考えることができよう. (1)の効果は, 水分子の平均的配向が加熱によって変ることに関連しているので配向からの寄与であると言うことができる. α に対するこの寄与は負である. (2)の効果は α に対する振動の寄与であり, 正の等号をもつ. またその大きさは 4°C 以上の温度において配向の寄与より大きい.

水の構造に対し種々のモデルが考えられるが, それらの研究において, この二つの効果がどのように扱われるかを手短かに考察しよう (第4.2 (a) 節および5章参照).

混合物モデル (例えば, Grjotheim and Krogh-Moe 1954, Némethy and Scheraga 1962) : 水素結合で結ばれた水分子のクラスターは水素結合していない水分子より大きいモル体積をもつと仮定される. したがって加熱によりクラスターが水素結合していない分子へと変れば負の体積変化 ΔV を生じ, (1)の効果を説明する. クラスターおよび水素結合していない水分子の振動による熱膨張が(2)の効果を生ずる.

Bridgman (1931, 144 ページ) は混合物モデルが高圧における水のモル体積の温度依存性 (図 4.16 (a)) を完全に説明すると述べている. クラスターは液体中の他の領域より圧縮率が大きいと仮定される. 圧力が高くなるにつれてクラスターのモル体積は減少し, 他の領域のモル体積に近づくので(1)の効果は小さくなる. ついに両成分の体積が等しくなって, 液体は正常な熱膨張を示すようになる.

高圧のデータは次のように異った説明を与えることもできる. すなわち, 水素結合していない水分子のモル体積がクラスターのモル体積より小さいために, これらの間の平衡は加圧によって前者のほうに移動する. したがって高圧下ではクラスターをなす分子の数が減少して, (1)の効果の重要性が(2)の効果にくらべて減ずることになる. この観点からすれば圧縮率のうち平衡の移動から生ずる部分が配向の寄与であり, 両成分それぞれの圧縮にもとづく部分が振動の寄与である. もし, 液体の圧縮率を極めて短い時間

（たとえば 10^{-11}s）のうちに測定することができれば振動による寄与のみが検出されるであろう．配向の寄与をもたらす分子の拡散的なジャンプは，そのような短い時間内におこり得ないからである．圧縮率の迅速な測定は超音波法で行われる．Slie *et al.* (1966) はグリセロールと水の混合物に関する超音波測定から，純粋水の γ_T に対する配向の寄与を見積った．彼らは0°Cにおける γ_T のうち約64%が配向の寄与であるとした．Davis and Litovitz (1965) は水の混合物モデルにもとづいて配向の寄与を計算し，同程度の値を得た．

割り込み分子のモデル（例えば Samoilov 1965, Danford and Levy 1962)：水素結合が切断されると，水分子は枠組から空洞へと移動する．それにともなって体積が減少し，(1)の効果が説明される．(2)の効果は温度が高くなると枠組みの振幅が増大することから生ずる．

ひずんだ水素結合のモデル（Pople 1951)：第4.2 (b) 節で述べた通り水素結合が曲がることにより最隣接以外の水分子間の距離が平均として氷Iにおけるより近くなる．Pople (1951) は融解の ΔV をこの過程に帰することができることを示した．加熱によってこの変形の過程がすこしばかりひき続いて起るとすれば，(1)の効果は説明される．(2)の効果は，他のモデルの場合と同様に熱振動の振幅の増大にもとづくものとされる．

4.4 静的誘電定数とNMR化学シフト

水の静的誘電定数とNMR化学シフトは，ともに水のD-構造を反映する性質である．いずれの性質も 10^3～10^8 c/s 領域の電磁波を用いて測定される．100-MHz の電磁波が1振動する間に分子は平均として少くとも1000回の拡散的なジャンプをする．したがってこれらの性質は非常に短い時間（10^{-11}s）における分子の配列に関しては，直接的な知見を与えない．

(a) 静的誘電定数 *

水の静的誘電率に関する最も精密な測定のひとつは Malmberg and Maryott (1956) によるものである．彼らは大気圧下における ε_0 を0°Cから100°Cまで5°C間隔で測定した．測定結果の不確かさは誘電定数の単位で ±0.05 以内であると考えられる．彼らのデータは図4.17に示されており，また次式でよく

* Hasted (1961) は水の誘電性に関する文献のレビューを行なっている．

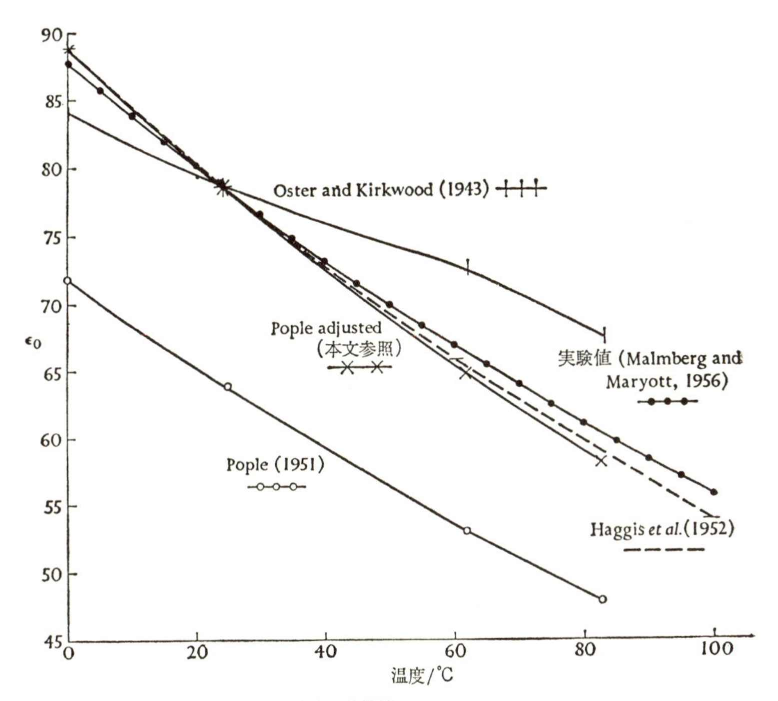

図 4.17　水の静的誘電定数の実験値と計算値.

表現される.

$$\varepsilon_0 = 87.740 - 0.40008t + 9.398 \times 10^{-4} t^2 - 1.410 \times 10^{-6} t^3, \qquad (4.8)$$

ここに t はセ氏温度である．このデータは以前の Wyman and Ingalls (1938) による測定と同様の温度依存性をもつが，値そのものは約 0.25 単位だけ小さい．また，Vidulich *et al.* (1967) による 0°C から 40°C の間での測定よりも 0.17 単位だけ小さい．(4.8) 式から導かれる温度係数 $(\partial \ln \varepsilon_0 / \partial T)_P$ は 0°C から 100°C にわたってほぼ一定の値 $-4.55(\pm 0.03) \times 10^{-3}$ °C^{-1} をとる．Owen *et al.* (1961) は ε_0 の圧力係数を測定し $(\partial \ln \varepsilon_0 / \partial P)_T$ が 0°C における 45.1×10^{-6} bar^{-1} から 70°C における 52.4×10^{-6} bar^{-1} まで増大することを見出した．

ε_0 の温度依存性が，15°C 近辺に折り曲りを示すという報告 (Drost-

Hansen 1965 b) を Rusche and Good は追試したが，否定的な結果を得た．

沸点から臨界点にいたる温度領域の飽和蒸気圧下における水の静的誘電定数が Akerlof and Oshry (1950) によって測定されている．彼らは温度上昇とともに誘電定数が次第に減少し 370°C において 9.74 となることを見出した．この温度範囲において静的誘電定数は次式で表わされる．

$$\varepsilon_0 = 5321T^{-1} + 233.76 - 0.9297T + 0.1417\times10^{-2}T^2 - 0.8292\times10^{-6}T^3, \tag{4.9}$$

ここに T は K を単位とする温度である．

Malmberg (1958) は 4〜100°C にわたって液体 D_2O の ε_0 を測定した．その結果は次式で表わされる．

$$\varepsilon_0 = 87.482 - 0.40509t + 9.638\times10^{-4}t^2 - 1.333\times10^{-6}t^3, \tag{4.10}$$

ここに t はセ氏温度である．D_2O の誘電定数は，同じ温度における H_2O の誘電定数よりわずかに小さい．その差は 4 から 100°C にわたって 0.5 を越えない．

モデルにもとづく誘電定数の計算　極性誘電体に関する Kirkwood の理論にもとづいて水の誘電定数の計算がいくつか行われている．第 3.4 (a) 節で示した Kirkwood の式 (3.6 a 式) は，モデルから計算される 2 つの量によって物質の誘電定数を表わしているということを想起していただきたい．その 2 つの量とは分子の双極子モーメント $\boldsymbol{m}$ のその物質中における平均値 m ならびに任意に選ばれた中心分子とその隣接分子の双極子の間の角度相関を表わすパラメーター g ((3.7) 式) である．

Oster and Kirkwood (1943) は，水分子が四面体配位をとるという仮定にもとづいて水の誘電定数を計算した．彼らは，隣接水分子が変形しない水素結合で結び合いつつ，そのまわりの回転は自由に行ないうると仮定した．そして，Morgan and Warren の動径分布関数の第 1 ピーク面積 (表4. 1) を最隣接分子の数とした．この配位数 (4.4〜4.9) が整数でなく，また 4 よりも大きいという事実が彼らの単純なモデルと全く矛盾なきにしもあらずということに彼らは注意している．このようにして彼らは m の値として約 2.35D を得た．g を計算する際に彼らは最隣接分子の方向のみが中心分子と相関をもつと仮定した：

$$g=1+N_1\langle\cos\gamma_1\rangle,$$

ここで N_1 はその温度の動径分布関数から決められた最隣接分子数，$\langle\cos\gamma_1\rangle$ は中心分子と隣接分子の双極子モーメントのなす角の平均余弦である．このように決められた g の値は 0°C における 2.63 から 83°C における 2.82 まで変化する．上述の m と合わせると，これら値は図 4.17 に示したような計算結果を与える．計算値は 25°C において実験値とよく一致するが，昇温にともなって実験値ほど急速に減少しない．Oster and Kirkwood が注意したように，この不一致は温度上昇とともに g が増大するという疑わしい結果に関連している：高温においては熱擾乱が大きくなるため四面体構造が変形したり切断されたりして，分子間の角度相関が減少するはずのものなのである．

Pople は彼のひずんだ水素結合のモデル（第4. 2 (b) 節）に Kirkwood の式を適用した．彼の得た g は次の通りである：

$$g=1+\sum_{i=1}^{\infty}N_i3^{1-i}\cos^{2i}\alpha\left\{1-\left(\frac{kT}{k_\phi}\right)\right\}^{2i},$$

ここで i は水素結合で結ばれた i 番目の配位殻を意味し，2α は H—O—H 角，k_ϕ は水素結合の曲げの力定数である（第 4. 2 (a) 節参照）．Pople は動径分布関数からk_ϕ と N_i を定め，この表示式によって g を計算した．彼は 0°C において第一，第二，第三配位殻の寄与としてそれぞれ 1.20，0.33，0.07，を得た．したがって 0°C において $g\simeq 2.60$ となる．この値は 83°C における 2.46 まで減少する．m の計算については，Pople は四つの最隣接分子の効果によってこの値が μ と異っていると仮定した．彼の値は 0°C において $m=2.15$ D，83°C において 2.08 D である．これらの値は明らかに小さすぎると言えよう．それは，より遠くの分子から生ずる電場と，すべての隣接分子からくる高次の静電多極子の効果がともに無視されているからである．

Pople によって計算された値は，図 4.17 に示されるように温度依存性を正しく与えるが，絶対値が約 20% だけ小さい．Pople (1951) はこの差の原因を m の値が小さすぎることによると述べている．m の推定値は Pople が考慮した最隣接 4 分子以外の効果をとりいれることにより改良されるであろう．この改良を行なう一つの簡単な方法は，氷 I における m を計算することである．それにはまず第一に第三隣接分子までの殻から生ずる静電場を取り入れ，つぎに最隣接4分子の双極子モーメントから生ずる電場のみを取り入れる．本書の著者は Coulson and Eisenberg (1966a) によって与えられた電場を用いて，この計算を行なった．これら二つの m の値の比 (=1.14) に Pople の計算値を掛合せれば，水における m の新しい推定値が得られる．新しい値は 0°C において 2.45 D，83°C において 2.37 D である．この m の値を Pople の g パラメーターに組み合せると誘電定数の計算値は実験値に近くなる（図 4.17 "Pople adjusted" 参照）．

Haggis *et al.* (1952) は，混合物モデルにもとづいて水の誘電定数を計算した．彼らは各温度 T で一定の割合 $1-X_{HB}$ の水素結合が切断されていると仮定した．したがって水は 0, 1, 2, 3 もしくは 4 本の水素結合をもった分子の混合物と考えられる．彼らは 0°C において誘電的なデータに合わすために $1-X_{HB}=0.09$ とし，X_{HB} の温度依存性（図 4.11 参照）を熱力学的な考察から定めた．すなわち水素結合を切断するに要するエネルギーを 4.5kcal mol^{-1} として，上述の 5 つの分子種のモル分率を計算した．4 本の水素結合をもつ種が 4 面体構造をとるとし，それが 0°C においては 3 重の配位殻を，また臨界点においては 1 重の配位殻をもっと仮定することにより，この種の g が 0°C における 2.81 から 370°C における 2.34 にまで変化することが示された．非結合種の g は 1 とし，他の種の g は内插によって決定された．また彼らは 4 本の水素結合をもつ種に対し，0°C において $m=2.45$ D とおき，昇温とともにこの値は減少すると仮定した．また非水素結合種については $m=1.88$ D とし，他の種に対する値は内插法によって定めた．このようにして得られた m と g の値にモル分率の重率を掛合せ Kirkwood の式に代入すれば，その結果は実験値と極めてよく一致する（図 4.17）．

結　論　Kirkwood の理論は水の大きい誘電定数の起因が個々の分子の極性ばかりではなく，分子配向の相関にあることを示している．第 3.4 (a) 節で論じたように，氷においては分子の配置が四面体的であることから，任意に選んだ中心分子のまわりで隣接分子の双極子モーメントが部分的に整列しやすくなる．その結果，g は大きくなり，また隣接分子の作る電場によって中心分子に可なり大きいモーメントが付加的に誘起されるので m の値も増大する．氷の場合ほどには著しくないが，同様の効果が水についても存在する．

水のD-構造を数多くの局所的なV-構造の空間平均と見なすとしよう．ある分子のまわりでは隣接分子がかなり秩序立った四面体的な配列をとっているであろう．このような領域についての g と m は大きい値をもつ．また別の分子のまわりでは水素結合が変形したり切断されたりしているであろう．そこでは g と m は小さい値をもつ．したがって g と m の水全体にわたる平均値は氷Iについての値よりいくぶん小さい．温度が上昇すると，より多くの分子のまわりの水素結合が変形したり切断したりして，g と m の平均値は減少する．その結果生ずる誘電定数の減少は，双極子が外場にしたがって整列しようとすることに対する単なる熱的擾乱の効果より大きい．

Pople (1951) のひずんだ水素結合モデルも，Haggis *et al.*(1952)の混合物モデルもともに水の大きい誘電定数を説明する．この二つのモデルは，ともに水の水素結合が100°C以下の温度ではほとんど切断されないとする点で類似している．言うまでもなくPopleは水素結合が一本も切断されないと仮定した．Haggis *et at.* は0°Cにおいて9％の水素結合が切断されているとすることにより実験値と最もよい一致を得た．彼らの理論はまた100°Cにおいても20.2％の水素結合が切断されているにすぎないと予言する．Pople (1951) が注意したとおり，水の誘電定数が大きいという事実は100°Cにいたるまで四面体配位が広範に存在することの強い証拠なのである．

(b)　NMR化学シフト

プロトンが磁場の中に置かれると，その磁気モーメントの成分が磁場に平行か反平行かによって二つのエネルギー準位の一つをとる．そのとき適当な振動数をもつ交番電磁場を与えると，二つの準位の間にプロトンの遷移が誘起される．このときプロトンは場と共鳴状態にあると言われる．10000 Gの磁場に対し，この共鳴は交番磁場の振動数がおよそ 4×10^7c/sのときに起る．共鳴が起るための精確な磁場強度はプロトンの置かれた局所的な環境に依存する．例えば，水分子のO—Hグループが水素結合を形成すると，共鳴に要する磁場強度は減少する．これは“信号が低磁場値にシフトする”と言われる．このように共鳴に要する磁場が温度その他の変数によって変化することを利用して，試料中のすべてのプロトンの平均的環境の変化を知ることができる．

プロトンの環境が変ったときに，共鳴に要する磁場 H がどの程度変化するかを示す目安として通常化学シフト δ が用いられる．水蒸気が凝縮して水になるときの化学シフト（“会合シフト”と呼ばれることもある）は次式で与えられる（Schneider *et al.* 1958, Muller 1965）:

$$\delta=\frac{H(\text{水}, t°\text{C}, 1\ \text{気圧})-H(\text{水蒸気}, 180°\text{C}, 10\ \text{気圧})}{H(\text{水蒸気}, 180°\text{C}, 10\ \text{気圧})}$$
$$=-4.58+9.5\times10^{-3}t. \qquad (4.11)$$

単位は ppm（百万分の一），t は 25—100°C の間の温度である．この式から分るように，水蒸気が凝縮すると NMR シグナルは低磁場値にシフトし，水を冷却するとさらに低磁場側にシフトする．水素結合を作る他の物質についても同様のシフトが観測されており，シフトの大きさは水素結合が強いものほど大きい．また凝縮にともなう化学シフトの大きさと X—H 伸縮振動数の変化は大略比例する（Schneider *et al.* 1958）．後者は水素結合強度の目安として，しばしば用いられるものである．

理論的解釈　水素結合を作ると，なぜ化学シフトが生ずるか，また水の化学シフトが，なぜ温度に依存するかを次に考察しよう．

共鳴を起させるために外部から加えられる磁場の強度 H は**プロトンの受ける**局所磁場の強度 H_{loc} と一般に等しくない．この差は外部磁場がプロトンのまわりの電子に電流を誘起し，それが H に対抗する二次的な磁場 σH を作り出すことから生ずるものである．したがってプロトンにはたらく全磁場は次式で与えられる:

$$H_{\text{loc}}=H(1-\sigma), \qquad (4.12)$$

ここで σ は遮蔽定数と呼ばれ，プロトンのおかれた電子環境に依存する．さて，O—H 基が水素結合を形成するとプロトンの電子環境は σ を減少させる方向に変化する．その結果，同じ外部磁場からプロトンの受ける磁場は式 4.12 にしたがって増大することになり，共鳴は電子環境の変化する前に比べて低い磁場で起る．つまり水素結合形成にともなう低磁場へのシフトは σ の減少に関連しているのである．

Pople *et al.* (1959) は，水素結合の形成にともなう σ の減少を二つの効果によって説明した:

(1) O_A—H……O_B の水素結合において，O_B の存在によって O_A—H 結合の電荷分布が変化する．それにともなって O—H 系の σ 値が変る．水素結合を O_A—H の間の静電的相互作用と見なすことにより，Pople *et al.* は O_B の作る電場がプロトンを O_A—H 結合の電子から引き離すことに注目した．したがってプロトンのまわりの電子分布は減少することになる．この効果は σ を減少させ低磁場への化学シフトを起させる．

(2) O_B 中に誘起される電子電流はプロトンの位置に磁場を作る．この効果は O_B の磁化定数が異方的である場合にのみ作用し，σ を減少させることも増大させることもある．しかし，いずれの場合も (1) の効果よりは重要でないと考えられる．

水の化学シフトの温度依存性は，水素結合の切断および水素結合のひずみという二通りの考えにもとづいて解釈されている．水素結合の切断による解釈（例えば Muller (1965), Hindman (1966)）は温度 T にあって観測される化学シフト $\delta(T)$ が水素結合したプロトンと水素結合しないプロトンの化学シフト（それぞれ δ_{HB} 及び $\delta_{N\text{-}HB}$ で表わすことにする）の平均値であるという仮定に立っている．この近似において，実測される化学シフトは次式のように書かれる：

$$\delta(T)=X_{HB}(T)\delta_{HB}+\{1-X_{HB}(T)\}\delta_{N\text{-}HB}, \tag{4.13}$$

ここで X_{HB} は温度 T において形成されている水素結合のモル分率である．水素結合したプロトンの共鳴シグナルはすでに述べたように水蒸気中のプロトンのものよりかなり低磁場側にある．他方，水に含まれる水素結合していないプロトンの化学シフトはおそらく非常に小さいと考えられる．したがって水を加熱することにより X_{HB} が減少するとすれば (4.13) 式によって $\delta(T)$ は昇温にともなって負の値から零に近づくことになる．

(4.13) 式から X_{HB} の数値を導き出すために δ_{HB} と $\delta_{N\text{-}HB}$ 値を推定しなければならない．このことは，水の水素結合の性格についての数多くの仮定にもとづいて Hindman (1966) によって行われた．彼は，水素結合していない水分子の割合が 0°C における 0.155 から 100°C における 0.35 まで昇温とともに増大するという見積りを与えた．Muller はやや異った方法で (4.13) 式を応用した．すなわち水の種々のモデルにもとづいて出された X_{HB} の値を (4.13) 式に代入し，その結果得られる δ_{HB} と $\delta_{N\text{-}HB}$ を彼が正しいと考える値と比較することによって，もとの X_{HB} の値の妥当性を評価した．彼の結論は Davis and Litovitz (1965) の推定値 (0°C において X_{HB}=0.82, 70°C において 0.69) が彼の検討したした数値の中でもっとも満足すべき値であると言うことである．

水素結合性物質における化学シフトの温度依存性の幾分かは，おそらく水素結合の伸びから生ずるのであろうということを Muller and Reiter (1965) は示した．彼らによると，昇温によって水素結合の伸縮モードが高い振動レベルに励起され，振動の非調和性のために O_A—H……O_B 水素結合におけるプロトンと O_B 間の距離が増大する．その結果上述の(1)の効果によってプロトンのまわりの遮蔽が強まり，高磁場側への化学シフトが生ずる．O_A-H……O_B 水素結合に対する $d\delta(T)/dT$ 値を計算するさいに，彼らは伸縮振動を記述するいくつかのポテンシャル関数と H……O_B 距離に δ を関係づけるいくつかの関数を試みた．これら関数の様々な組合せによって，$d\delta(T)/dT$ は 2×10^{-3} から 8×10^{-3} ppm の間の種々の値をとる．水についての $d\delta(T)/dT$ の実験値 ((4.11) 式) は9.5×10^{-3} ppm である．

Hindman (1966) も，水素結合の伸長とひずみが水の化学シフトに寄与しているであろうことを強調した．彼は，氷の融解にともなう化学シフトの計算値と水を 0°C から 100°C まで加熱する際に観測される化学シフトが，ともに水素結合の折れ曲りと伸長によって説明可能であることを見出した．上述の二つの効果は水素結合切断のモデルによってもまた，折れ曲り，伸長，および切断を様々に組み合せたモデルによっても説明されうる．水素結合切断と伸長の程度が知られれば，化学シフトのデータにもとづいて水素結合の折れ曲りの程度に関して上限を与えることができるということを Hindman は注意した．

4.5 光学的性質

(a) 屈折率

Tilton and Taylor (1938) は可視光に対する水の屈折率を 0—60°C の温度にわたり $\pm1\times10^{-6}$ の精度で測定した．彼らのもちいた最短波長は Hg 線の 4046.6 Å，最長波長は He 線の 7065.2 Å である．使ったすべての波長に対して屈折率は冷却するとともに増大した．しかし最長の波長において 0°C と 1°C の間で最大値を経ることが見出された．例えば，彼らは Na の D-線 (5892.6 Å)

に対する屈折率が 60°C における 1.3272488 から 0°C における 1.3339493 にまで増加することを見出した．一定温度においては長波長の光に対する屈折率の方が短波長の光に対するものよりわずかに小さい．Tilton and Taylor によって与えられた屈折率は空気を基準とした値である点に注意を要する．これらの値は真空を基準とするものに換算することができる（Tilten 1935).

H_2O の屈折率は同じ温度，同じ波長における D_2O の屈折よりわずかに大きい（Shatenshtein *et al.* 1960). Na の D- 線に対して 20°C における差は 0.004687 である．D_2O の屈折率が最大になる温度はおよそ 6.7°C である（Reisler and H. Eisenberg 1965). H_2D, D_2O のいずれについても屈折率の最大値は密度の最大値より 4～5°C だけ低い温度に起ることがわかる．

屈折率を熱力学的な変数と関係ずける簡単な表示式を見出すことに多くの努力が向けられてきた．屈折率 n を密度 ρ_0 と一つの定数の関数として与える式は Lorenz-Lorentz 公式と呼ばれるものである：

$$P(\lambda)=\frac{n^2-1}{n^2+2}\frac{1}{\rho_0}. \tag{4.14}$$

$P(\lambda)$ は**比屈折**と呼ばれる量であって分子の分極率に関係しており，屈折率を測定する光の波長に依存する．もし，各水分子のまわりの様子が無秩序であるか，もしくは立方対称をもてば（すなわち，その結果として分子に作用する電場が E を外場として $\{(n^2+2)/3\}E$ で与えられるいわゆるローレンツ電場であるならば），

$$P(\lambda)=\frac{4\pi N\bar{\alpha}}{3M}$$

である．ここに N はアボガドロ定数，M は分子量，$\bar{\alpha}$ は分子の分極率である．分極率は分子固有の性質であるから，ふつうは $P(\lambda)$ が温度と圧力に依存しないと期待されよう．水については，$P(\lambda)$ がこれらの変数とともに極くわずかであるが変化することが見出されている．すなわち $P(\lambda)$ は昇温とともに減少する（Na の D- 線について 0°C における 0.206254 から 60°C における 0.205919 まで，Tilton and Taylor 1938). また加圧によっても減少する（1100 気圧において約 0.5%の変化：Waxler *et al.*, 1964). $P(\lambda)$ に見られるこのような変化はローレンツ電場が成立するための条件が水について充たされていない

こと，および水分子の分極率が密度と温度にともなって変化することを示していると考えることもできよう．

最近 H. Eisenberg (1965) は水の屈折率の温度および圧力依存性を極めて精度よく記述するやや複雑な式を見出した．その式は次に示すようなものである．

$$f(n)=\frac{n^2-1}{n^2+1}=A\rho_0{}^B\exp(-CT), \tag{4.15}$$

ここで A, B, C は温度と圧力に無関係な経験的な定数である．この式を微分することにより B と C は $f(n)$ の導関数と P-V-T 関係によって表わされることがわかる：

$$B=\frac{1}{\gamma_T}\left(\frac{\partial \ln f(n)}{\partial P}\right)_T, \tag{4.15 a}$$

$$C=-\left(\frac{\partial \ln f(n)}{\partial T}\right)_P-B\alpha. \tag{4.15 b}$$

ここで γ_T は等温圧縮率，α は熱膨脹係数である．(4.15) 式は各波長に一組の A, B, C を使うことにより Tilton and Taylor (1938) の屈折率データを 7 桁目の偏差が，2 ないし 3 の程度にまでよく記述する．またこの式は Waxler *et al.* (1964) によって測定された n の圧力依存性をも記述する．ただし，実測値は 1100 気圧までに限られている．実験値と (4.15) 式を合わせることにより決められた B の値は $(\partial n/\partial p)_T, \gamma_T$ および α の実験値を直接 (4.15 a) に代入して得られた値とよく一致する．Na の D-線について A=0.2064709, B=0.88538, C=6.2037×10^{-5} である．

定数 C の物理的意味は Reisler and H. Eisenberg (1965) と H. Eisenberg (1965) によって論じられた．彼らはメタノールとベンゼンの屈折率が (4.15) 式で C=0 とおくことによりよく記述されることを見出した．C は H_2O や D_2O のような液体の振舞いが“正常な”振舞いからずれていることを表わす量であると彼らは結論した．彼らによると C の値は氷様の構造の濃度，もしくは水分子の平均分極率が温度とともに変化することを反映しているという．

赤外領域における屈折率　水は赤外領域にいくつかの強い吸収帯をもつ．よく知られているように物質の屈折率は吸収帯の近くで著しく振動数に依存する (例えば Böttcher 1952, Kauzmann 1957)．高振動数側から吸収帯領域に振

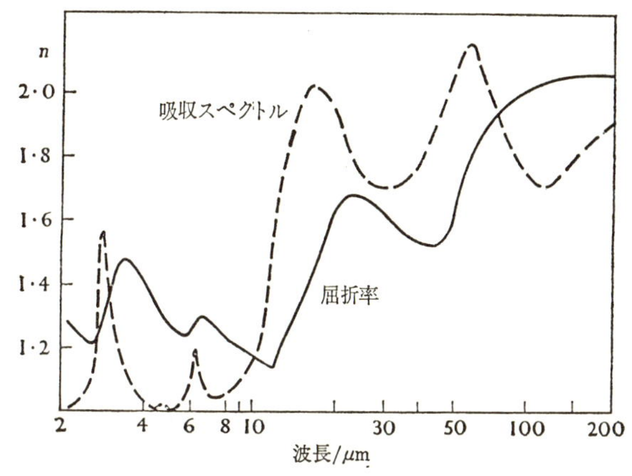

図 4.18　赤外線領域における水の屈折率 n. Kislovskii (1959) より.

動数を下げてゆくと屈折率ははじめ減少し，それから急激に増大し，再び減少する (図 4.18 を見よ). 赤外線に対する水の屈折率が数多くのこのような**分散**を示すであろうということは確実であるが，実際にはほとんど何も知られていない.

Kislovskii (1959) は 1959 年までに得られた吸収，反射および分散に関する乏しいデータと吸収系に関するモデルから，赤外領域における水の屈折率を振動数の関数として計算した．彼のモデルは，吸収を減衰振動子の強制振動として扱っている．彼の結果を図 4.18 に示す．図中の 4 つの目立った吸収は第 4.7 節で論じた ν_S, ν_2, ν_L 及び ν_T におおよそ対応している．可視領域は図を左にはみ出た部分にあたる．この図で示された最短波長での屈折率は可視光に対して見出される 1.33 値に近い．また各吸収帯に対応して分散領域が存在する．最も長い波長における屈折率は 2.04 であり，高振動数の誘電定数の平方根にほぼ等しい.

(b)　光散乱

可視領域の単色光が純水の層に入射すると大部分は透過もしくは層の表面で反射するが，一部は他の方向に散乱される．入射光と θ なる角をなす方向に散乱される光の量を表わす目安としてレイリー比 $R_u(\theta)$ と呼ばれるものがある．それは

$$R_u(\theta)=\frac{I_\theta d^2}{I_0} \tag{4.16}$$

で与えられる．ここに I_θ は単位体積の試料から θ の方向に散乱される光の強度であり，I_0 は試料を透過する光の強度，d は試料と I_θ を測る点との間の距離である．添字 u は入射光が偏光していないことを表わす．散乱光のうちの極めて僅かの部分は入射ビームと異った振動数をもつ．これはラマン散乱の現象であって第 4.7 節で論じる．この節ではレイリー散乱，すなわち，入射光と同じ振動数をもつ散乱のみをとりあつかうことにする*.

一般に液体による光の散乱は二つの異った効果によって生ずる．すなわち

(1) 入射光が分子に振動双極子を誘起し，その振動双極子が二次光波の源となる．この散乱波は入射光線と同じ振動数をもつ．結晶におけるように分子が規則的に配列していれば，異なる分子からの散乱波は互に打消しあって，いくつかの特定の観測角度においてのみ見られるであろう．しかし液体の場合には分子の熱運動にともなう密度のゆらぎのために隣接する体積要素の中に同時に存在する分子の数は一般に異なり，したがって散乱波の打消し合いが完全には起らない．Smoluchowski と Einstein はこの不均一性の光散乱に対する効果を考察し，それがレイリー比に対して次の寄与をすることを見出した：

$$R_{\mathrm{u}}^{\mathrm{iso}}(90)=\frac{2\pi^2 n^2}{\lambda^4}\frac{kT}{\gamma_{\mathrm{T}}}\left[\frac{\partial n}{\partial P}\right]_T^2, \tag{4.17}$$ **

ここで λ は入射光の波長，n は波長 λ における屈折率，γ_{T} は等温圧縮率であり，その他の記号は通常使われるとおりの意味を持つ．$R_{\mathrm{u}}^{\mathrm{iso}}(90)$ は等方的レイリー比と呼ばれることがある．また，言うまでもなく，この式は入射光に対して 90° の方向に散乱される光に関するものである．

(2) 分子の分極率が異方性をもてば，さらに付加的な散乱が起る．Cabannes はこの寄与が偏光解消度 ρ_{u} を用いて実験的に求められることを示した．偏光解消度とは 90° の方向に散乱された光に含まれる水平偏光成分と垂直偏光成分の強度比のことである．付加的な散乱を記述する Cabannes 因子 f は次

---

* レイリー散乱光を高分解能の分光器で調べると 3 本の線より成っていることがわかる．そのうちの 1 本は入射光線と正確に同じ振動数をもち，他の 2 本は強度が大きく入射光の両側に対称的にシフトして現われる．20°C の水に対するこのずれは 0.147cm⁻¹ にすぎない (Cummins and Gammon 1966)．このずれは，液体中の音波によって光が反射するさいのドップラー・シフトから生ずるものである (例えば Oster 1948, Cummins and Gammon 1966 を参照)．

** この式の導出方については Kauzmann (1957) を参照).

式で与えられる：

$$f=\frac{6+6\rho_u}{6-7\rho_u}. \tag{4.18}$$

したがって入射光線に対し 90° の方向に散乱される光の全レイリー比は

$$R_u(90)=R_u^{iso}(90)\times f \tag{4.19}$$

となる．

幾人かの研究者が水について $R_u(90)$ と ρ_u の直接測定を行なっている．そのうち最近のいくつかの測定結果を表 4.4 の第 2 欄に示す．$R_u(90)$ の正確な

表 4.4　水の光散乱：Rayleigh 1/2 比 R_u (90) と偏光解消率 ρ_u の値†

著者	$R_u(90)$ 実験値/10^{-6}cm^{-1} $\lambda=436$ nm	$\lambda=546$ nm	$R_u(90)$ 計算値‡/10^{-6} cm^{-1} $\lambda=436$ nm	$\lambda=546$ nm	ρ_u 実験値 $\lambda=436$ nm	λ546nm
Kraut and Dandliker (1955)	2.89	1.05			0.083	
Mysels (1964)				0.932		
Kratohvil *et al.* (1965)					0.100	0.116
"Technique C"	2.45	1.08				
最良推定値	< 2.6	< 1.0	2.59§	0.987§	∼0.108	
Cohen and H. Eisenberg (1965)						
H_2O	2.32	0.865	2.42‖	0.885‖	0.087	0.076
D_2O	2.30	0.843	2.32‖	0.848‖	0.090	0.079

† すべて偏光していない入射光に対する 25°C における値．とくに断らないかぎり H_2O に関する数値である．

‡ 式 (4.17), (4.18), (4.19) に右端コラムの ρ_u の実験値を用いて計算．Mysels (1964) は ρ_u＝0.083 とした．

§ ρ_u＝0..06 ととれば λ＝436 nm と λ＝546nm に対し，それぞれ $R_u(90)$＝2.33 および 0.885 となることを著者等は注意している．

‖ 原論文のデータにもとづいて本書の著者が計算した値．

測定はむつかしい．それは試料中のわずかのちりや螢光物質，実験装置中の迷光などが $R_u(90)$ を著しく過大評価させる原因となりうるからである（この問題に関しては Kratohvil *et al.* 1965, および Cohen and H. Eisenberg 1965 を参照されたい）．したがって表 4.4 に与えた $R_u(90)$ のうちで，小さい値のほ

うがおそらく比較的正確であろうと考えられる．D_2O の 25°C における $R_u(90)$ と ρ_u も同じく表4.4に示されている．これらの値は Cohen and H. Eisenberg によって決定されたものである．彼らはまた H_2O と D_2O について $R_u(\theta)$ を θ と温度の関数として測定した．

レイリー比は（4.19）式と ρ_u および式4.17に現れる諸量の実験値を使って計算することができる．このような計算の結果が表4.4の第3番目の欄に示されている．Cohen and H. Eisenberg（1965）による計算値と実験値の差は4％以下であることに注意されたい．

光散乱測定の解釈　レイリー比が水のV-構造に関する直接的な知見を含まないという点について，ほとんどの研究者の考えは一致している．これに対立する見解が Mysels（1964）によって提出された．彼はレイリー比の実験値と計算値の差が液体のV-構造のもつ不均一性の程度を反映するものであると主張した．まず Mysels の主張をとりあげ，次にそれに対して行われた批判を考察しよう．

Mysels は実測されるレイリー比が相加的な二つの寄与よりなると考える．彼の見方によれば“一方は熱擾乱による圧力変化が引きおこす密度のゆらぎにもとずく寄与であり，他方は圧力変化にかかわりなく生ずる局所的な構造のちがいにもとずくものである”．Mysels は前者のみが式4.19において考慮されていると述べている．したがってレイリー比の実測値と式4.19による計算値の差が局所的な構造のちがいから生ずる寄与となる．この考えを水に応用するにあたって，Mysels は 546 nm における $R_u(90)$ の実験値として Kraut and Dandliker（1955）の値 $1.05\times10^{-6}\mathrm{cm}^{-1}$ を使った．また計算値として $0.932\times10^{-6}\ \mathrm{cm}^{-1}$ を得た．そして，この二つの数値の差を水の種々のV-構造がもつ構造上の不均一性から期待されるレイリー比と比較した．Mysels は Frank and Quist（1961）による割り込み分子のモデルが示す不均一性がこの差と矛盾しない程度に小さいこと，および Némethy and Scheraga（1962）の混合物モデルは不均一性が大きすぎることを見出した．彼は“数多くの水分子からなる密な氷山や分子程度の大きさの空洞をあちこちに大きな割合で含むモデル”は多分光散乱の測定と矛盾するであろうと結論した．

Kratohvil *et al.*（1965）と Cohen and H. Eisenberg（1965）は Mysels

(1964) による光散乱データの解釈を批判した．彼らは等方的レイリー比についての Smoluchowski-Einstein の表示式 4.17 に現れる γ_T や $(\partial n/\partial p)_T$ などのバルクな性質が液体を全体として特徴づけるものであることに注意した．そして，これらのバルクな性質は液体中に起るあらゆる微視的な密度のゆらぎを反映しているのである．したがって，もし Smoluchowski-Einstein の表示式が水に適用できるものならば，式 4.19 で水の光散乱が完全に説明されることになる．このことは Mysels の考え方に反して，光散乱の測定が水の V-構造について直接的な知見をもたらさないことを意味している．もちろん，液体 V-構造について適当なモデルを用い，統計力学理論にしたがってその等方的レイリー比を計算することは可能である．しかし，このような計算は式 4.17 に現れる γ_T やその他のバルクな性質を計算するのと同等である．それ故，散乱光の角度分布の測定を行なっても水の構造に関して γ_T などのバルクな性質から得られる以上の知見は求められないと考えられる．

Kratohvil *et al.* (1965) と Cohen and H. Eisenberg (1965) は，水の $R_u(90)$ に関する最も正確な実験値が式 4.19 にもとずく計算値とよく一致することに注意した（表 4.4 参照）．これは，事実 Smoluchowski-Einstein の表示式が水に適用できることを示している．

4.6　分子の移動速度に依存する性質

水と氷で著しく差のある性質には，すべて分子の移動速度が関係している．水の体積，エントロピー，圧縮率，熱容量，静的誘電定数，分子振動数などは 0°C の氷の値とくらべてたかだか 2 倍程度の差しか示さないが，水の粘性は氷の 10^{-14} 倍，誘電緩和時間は 10^{-6} 倍である．粘性と誘電緩和時間は（超音波吸収，核磁化の緩和時間，自己拡散速度などと同様に）分子の配向変化と並進的移動によって決定される性質である．氷と水の最も目立つ差異，すなわち氷の固さと水の流動性は，これら 2 つの相における分子運動の速さのちがいから生ずるものである．

上述の誘電緩和時間やその他の速度論的性質を研究すれば，水における分子の再配向と並進的移動の速度についてかなり正確な値が得られる．この種の研究の一般的な方法は水に応力を加え，それに対して水が平衡を回復するに要する時間を測定することである．逆に応力をとりのぞき，その後水が平衡に復帰するまでの時間を測定してもよい．誘電緩和の場合に応力は外部電場であり，自己拡散の場合には同位体分子の濃度勾配であり，また粘性の場合にはずり応力である．しかしながら水の速度論的性質の研究は水分子の動きについての立入った描像を未だもたらしていない．このような描像が可能になるためには非平衡過程の基本理論がさらに発展する必要があろう．

以下の節では相関時間という概念が度々でてくる．おおまかに言えば，これは分子のある性質——例えば空間における方向——がほとんど変化を受けずに保たれる平均的な時間である．相関時間は相関関数を用いてもっと厳密に定義される．例として誘電分極に対する相関関数を考えよう．これは次式で与えられる時間 t の関数である（Glarum 1960）:

$$C(t)=\frac{\langle \boldsymbol{m}(0)\cdot\boldsymbol{m}^*(t)\rangle}{\langle \boldsymbol{m}(0)\cdot\boldsymbol{m}^*(0)\rangle},$$

ここで $\boldsymbol{m}$ と $\boldsymbol{m}^*$ は第 3.4(a) 節におけるのと同じ意味をもち，かぎ括弧は外場の無い場合の平均を示す．明らかに，任意に選ばれた時間の原点において $C(t)=1$ である．時間が経過し，モーメント $\boldsymbol{m}$ をもつ分子の向きが変化するにしたがって，$C(t)$ が零に近づくことも明らかであろう．$C(t)$ のとりうるもっとも簡単な関数形は

$$C(t)=\exp(-t/\tau_{\mathrm{rd}}) \tag{4.20}$$

である．τ_{rd} は回転の相関時間であり，添字 d は誘電緩和（dielectric relaxation）の測定から決められることを表わしている．$C(t)$ はもっと複雑な形

$$C(t)=\sum_{i=1}^{N}\rho_i\exp(-t/\tau_{\mathrm{rd}i}),\qquad \sum_{i=1}^{N}\rho_i=1$$

をもつこともある．この場合には $C(t)$ の時間変化を一つの相関時間で正確に表現することはできない．

(a) 誘電緩和

氷における分子の再配向を誘電緩和の測定によって研究することについては第 3.4(a) 節で述べたが，この方法は水における分子再配向の研究にも有用である．氷の場合と同様に，水の誘電定数は外場の振動数が増大するにつれて高振動数における小さい値 ε_∞ に向って減少する．振動数の増大にともなってこ

のように誘電定数が減少する現象は**デバイ型分散**と呼ばれるが，今の場合にはいずれの相についても，すべての温度で単一の緩和時間 τ_d を用いてよく記述される．氷と水の振舞いの主なる差異は，水の緩和時間が氷にくらべて 10^{-6} 倍も小さいという点である．これは，言うまでもなく水の H_2O 分子が氷の場合にくらべてはるかに速く再配向していることを示すものである．水における分子再配向の機構を緩和のデータから帰納することはできないが，その機構の特徴を明らかにし，また提案された機構をデータにもとづいて否定することはできる．

水の誘電緩和に関する現在までの研究が表4.5にまとめられている．Collie *et al.* (1948) は，彼らの研究した各温度における実験データが単一の緩和時間をもち，高振動数誘電定数 ε_∞ として5.5という値をもつデバイ式((3.10) 式)によって記述されることを見出した．また τ_d は 0°C における 17.8×10^{-12} s から 75°C における 3.22×10^{-12} s まで減少する．D_2O の τ_d は 10°C において H_2O の τ_d の1.3倍，60°C において1.2倍である．

Grant *et al.* (1957) は緩和時間にごくわずかの分布をもたせ，また ε_∞ を 4.5とすることによってさらによくデータを記述できることを見出した．第3.4(b)節で述べたように，分散パラメーター α の零からのずれによって緩和時間の分布の目安が与えられる．Grant *et al.* は $\alpha=0.020\pm0.007$ という値を見出した．また，これらの研究者は現在利用できるデータにもとずいて ε_∞ が温度依存性をもつか否かを結論することはできないと述べている．また，

Rampolla *et al.* (1959) は，20°C の τ_d として 10.0×10^{-12} s，ε_∞ として6.0を得た．

Garg and Smyth (1965) は，ベンゼン中に溶かした水の稀薄溶液について τ_d の値を報告した．20°C におけるその値は 1.0×10^{-12} s であり，同じ温度における水の値のおよそ 1/10 である．

誘電緩和データの解釈　水の誘電緩和データを解析するにあたり，まず τ_d の大きさとその温度依存性を考察し，ついで緩和時間の分布および高振動数誘電定数の由来を論じ，そして最後に水分子の再配向について可能性のある機構を論じよう．

誘電緩和時間 τ_d の議論に際し，この量 τ_d は外部電場がとり去られた後に

試料の巨視的な分極が減衰する速さを表わすものであるということを心に留めておかなければならない（第3.4(b)節）．この緩和時間は，分子の再配向の間の時間を特徴づける回転の相関時間よりすこしばかり長い．Powles (1953) と Glarum (1960) によると次の関係がある：

$$\tau_d=\left(\frac{3\varepsilon_0}{2\varepsilon_0+\varepsilon_\infty}\right)\tau_{rd}, \qquad (4.21)$$

ここで ε_0 は静的誘電定数である．

われわれが考えなければならない一つの問題は，水の誘電緩和時間が氷の値に比べてかくも短いのは何故かということである．誘電緩和の遷移状態理論 (Glasstone *et al.* 1941, Kauzmann 1942) は，この点で多少役に立つ．遷移状態理論によると緩和時間は次式で与えられる：

$$\tau_d=\frac{h}{kT}\exp(\Delta G^\ddagger/RT) \qquad (4.22)^\dagger$$

$$=\frac{h}{kT}\exp(\Delta H^\ddagger/RT)\exp(-\Delta S^\ddagger/R), \qquad (4.22a)^\dagger$$

ここで $\Delta G^\ddagger, \Delta H^\ddagger$, および $\Delta S^\ddagger$ はそれぞれ誘電緩和の活性化自由エネルギー，活性化エンタルピーおよび活性化エントロピーである．$\Delta H^\ddagger$ と $\Delta S^\ddagger$ の値は τ_d の温度依存性から容易に求められ，表4.5に挙げたとおりである．次に5°Cにおける水の $\Delta H^\ddagger$ と $\Delta S^\ddagger$ の値を0°Cにおける氷の値と比較しよう（Auty and Cole (1952) のデータによれば0°Cの水に対して $\Delta H^\ddagger$=12.7 kcal/mol, $\Delta S^\ddagger$=9.6cal/mol°C である）．これら二つの相に対する $\Delta S^\ddagger$ の値は0°Cの近辺においてあまり差がない．しかし，$\Delta H^\ddagger$ については氷の値の方が8 kcal/mol も大きい．

すでに述べたように，水のデバイ型分散は緩和時間にわずかの分布をもたせることによってよく記述される．水の分散パラメーター α (0.02) の値は単一の緩和時間に対する値，すなわち零，に近く，氷Ⅲ (α=0.04) や氷Ⅳ (0.05) に対する値より小さい．氷の多形に対して α の値が零からずれるのは，各相

---

† $\Delta G^\ddagger, \Delta H^\ddagger$ 及び $\Delta S^\ddagger$ は分子的過程に関連した量であり，したがって τ_d よりも τ_{rd} から計算されるべきものである．しかし，たいていの研究者は，これらの量を τ_d から計算しているので，われわれもここではそれにしたがうことにする．ただし，τ_d のかわりに τ_{rd} を使えば $\Delta S^\ddagger$ は0.8 cal/(mol K) ばかり増大するということに留意しておかなければならない．

表 4.5　水の誘電緩和：緩和時間 τ_d，高振動数誘電定数 ε_∞，活性化エンタルピー $\Delta H\ddagger$，活性化エントロピー　$\Delta S\ddagger$ および緩和時間の分布に関する分散パラメーター α

著者	温度	$\tau_d/10^{-12}$s†		$\Delta H\ddagger$/kcal mol^{-1}‡	$\Delta S\ddagger$/cal mol^{-1}K^{-1}	ε_∞	α
	°C	H_2O	D_2O	H_2O	H_2O		
Collie *et al.*	0	17.8				5.5	0
(1948)	5		20.4	4.5	7.4		
	10	12.7	16.6				
				4.2	6.1		
	20	9.55	12.3				
				4.0	5.4		
	30	7.37	9.34				
				3.5	4.0		
	40	5.94	72.1				
				3.5	4.0		
	50	4.84	5.89				
				3.2	3.0		
	60	4.04	4.90				
				2.8	1.8		
	75	3.22					
Grant *et al.* (1957)	20	9.26				4.5	0.02 ±0.007
Rampolla *et al.* (1959)	20	10.0				6.0	
Garg and Smyth(1965). ベンゼン溶液中の水	20	1.0					

† 原論文中の緩和波長 λ_s より $\tau_d=\lambda_s/(2\pi c')$ の関係式にもとづいて計算. $c'=2.998\times10^{10}$ cms^{-1}.
‡ $\Delta H\ddagger$ と $\Delta S\ddagger$ の値はその上下の温度で区切られた範囲における平均値である.

においてそれぞれいくつかの異った分子環境が存在するという理由にもとづくとされている（Wilson *et al*. 1965）．分子環境の点では氷のどの多型よりも水の方が多様性に富むであろうから，水における緩和時間の分布が極めて小さいことは説明しがたい現象である．

このことに対する一つの説明は，水における分子再配向の機構が数多くの分子の関与する協力的な過程であると考えることである．この場合には各分子のもつ環境の差は緩和時間に影響しないであろう．この種の過程は純粋のメタノールと純粋の n プロパノールが非常に違った緩和時間をもつにもかかわらず，両者の混合物が単一の主緩和時間を示すという実験データを説明するために Denney and Cole (1955) によって考え出されたものである．しかし水の場合に液体の大きな領域をそのまわりから切り離すような過程が起っていると考えるには，$\Delta H\ddagger$ と $\Delta S\ddagger$ の実測値が小さすぎるように思われる．この点については後に論ずる．

今一つの説明は次のようなものである．すなわち水における分子環境は 10^{-13} 秒程度の時間スケールで見れば多様であろうが（第 4.7 (b) 節参照），$\sim 5\times10^{-12}$ 秒の時間にわたって見れば比較的一様であると考えることである．緩和時間のわずかな分布は，このような分子環境の平均化の考えとよく合致する．しかし，どのような分子運動によって平均化が行われるかを想像するのは困難である．

次に高振動数の誘電定数の起因を考察しよう．表 4.5 からわかるように ε_∞ は 4.5～6.0 の間にある．この値と遠赤外領域での屈折率（第 4.5 (a) 節）の二乗との大小関係は明らかではないが，可視振動数での屈折率——およそ 1.7——より大きいことは確かである．また氷の ε_∞ の値 3.1（3.4 (b) 節）よりもすこしばかり大きい．

このように比較的大きい ε_∞ の値について二つの説明が出されている．Haggis *et al.* (1952)，および Hasted (1961) によると，水の ε_∞ が氷の ε_∞ より大きいのは水素結合していない分子，1 本の水素結合をもつ分子および「非対称的に 2 本の水素結合をもつ分子」が回転することにもとづくと考えられる．非対称的に 2 本の水素結合をもつ分子とは，1 本の O—H 結合と一つの非結合電子対が水素結合に関与している水分子のことを意味する．上記の研究者によると，高振動数の外場に対して 3 本および 4 本の水素結合で結ばれた水分子は十分に速く再配向することができず，外場と平衡に達しえない．したがって誘電定数に対し寄与をするのは水素結合をもたない分子，1 本だけもつ分子，および非対称的に 2 本もつ分子である．

しかしながら，水の大きい ε_∞ がもっぱら分子の束縛並進および束縛回転の振動モードに付随する分散に起因すると考えることもできる．n を可視光領域での屈折率として，氷に関する $\varepsilon_\infty - n^2$ の差はこの分散に帰することができる（3.4 (b) 節）．Magat (1948) は水についても $\varepsilon_\infty - n^2$ の差が分子の衡振によって説明されると考え，その効果について定性的な解釈を与えた．すなわち，外場が作用しない場合には，各分子はそれぞれの位置エネルギー極小のまわりに束縛回転を行なっているが，外場をかけるとその回転的振動は場の方向にずれた位置を中心とするようになる．その結果，液体にすこしばかりの分極が生ずる．この機構によってもたらされる $\varepsilon_\infty - n^2$ の値は氷におけるよりも水におけるほうが大きいと考えられる．なぜなら，水の水素結合のほうが変形しやすく（第4.7 (c) 節），したがって外場によって誘起される分極が大きいと期待されるからである．

現在われわれがもつデータにもとづいて，これら二通りの説明のいずれがすぐれているのかを決めることはできない．しかし，さらに高振動数における誘電定数，もしくは吸収係数の測定が可能となれば，いずれであるかを決定することができよう．水素結合をもたない水分子および1本だけもつ分子の緩和時間は，ベンゼン溶液中の水分子の緩和時間 1.0×10^{-12} s（表4.5）より長いと考えられるのに対し，水分子の束縛並進および束縛回転による吸収帯はそれぞれ 200cm^{-1} と 700cm^{-1} 付近にあって，10^{13} s^{-1} 程度の振動数領域に誘電定数の分散をもたらすと期待されるからである（第4.7 (c) 節）．このようにして，10^{12} $\sim 10^{13}$ s^{-1} の振動数における誘電定数，もしくは吸収率が測定されれば上記の2種の機構のいずれかを択ぶことができる．

可能性のある水分子の再配向機構　図4.19は水における分子の再配向に関して可能性のある4通りの機構を示している．これらの図は極めて模式的であり，水における分子配列を正確に表わそうと試みたものではなく，分子再向の機構の描像を定性的に展開する助けとして示されているにすぎない．

図(a) は“解けては結ぶクラスター”のモデルを表わそうとしたものである．このモデルは Frank and Wen (1957) によって提出された．彼らは水における水素結合の形成が協同現象的であり，多くの場合に1本の水素結合が切れるとそのクラスター全体が「解消」してしまうと仮定した．このことから様々の大きさと形をもつクラスターが言わば「気を付け」の状態で作られ「休め」の状態へと緩和するという描像が導かれる．図 a の左に示されているのは水素結合で結ばれたクラスターであり，それが解き放たれて，水素結合していない分子の混沌とした集合となる（中央の図）．そして再び結合してクラスターを

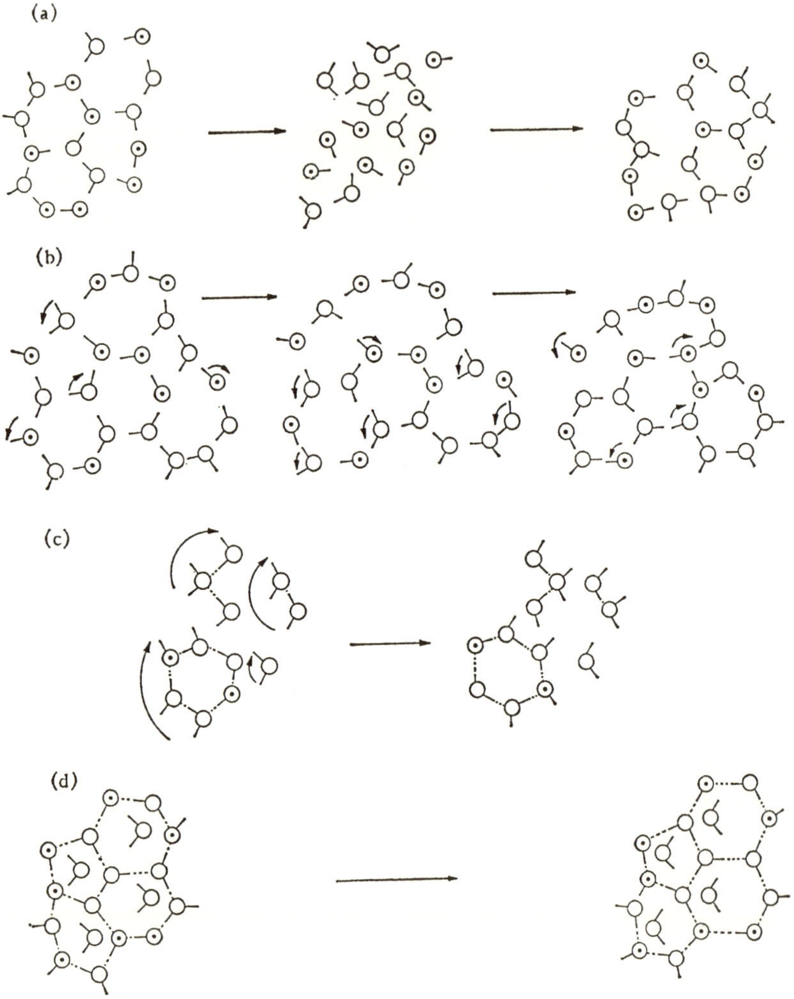

図 4.19　水における分子の再配向機構．酸素原子は円で，O–H 結合は線で示されている．酸素原子の中心に付した点は紙面の上もしくは下にのびた O–H 結合を表わす．(a) Frank and Wen (1957) による「解けては結ばれるクラスター」の機構．(b) 水に存在すると考えられるものと同様の配向性欠陥が関与する機構．小さい矢印は分子が回転しようとする方向を示す．(c) 水分子の小さな重合体の回転による再配向．(d) 割り込み分子の回転による再配向．

作ると，今度はもとのクラスターと違った分子配向をもつことになる．外場が作用すれば，分子は外場の方向に双極子を向けてクラスターを作る傾向をもつであろう．Frank and Wen は誘電緩和時間によってクラスターの半減期の目安が与えられると考えた．

この“解けては結ぶクラスター”のモデルを遷移状態理論にもとづいて考察すれば，クラスターの解消に要する $\Delta S^{\ddagger}$ と $\Delta H^{\ddagger}$ の値は実測値より大きいことが示される．Frank and Wen の言うクラスターの解消過程は液体の局所的な蒸発に対応すると考えられるが，Kauzmann (1942) は活性化過程を局所的な蒸発とみなすならば $\Delta S^{\ddagger}$ と蒸発のモル・エントロピーの比が活性化に関与する分子の数に近似的に等しいことを指摘した．ここで $\Delta S^{\ddagger}$ と比較すべきエントロピーは水をその自由体積と同じ体積をもつ空間へと蒸発させるときのエントロピー変化である．その値は次式で与えられる：

$$\Delta S'_{蒸発}=\Delta S_{蒸発}-R\ln(V_{蒸発}/V_{f}),$$

ここで $\Delta S_{蒸発}$は蒸発エントロピーの実測値，$V_{蒸発}$は平衡蒸気圧にある水蒸気のモル体積，V_{f} は水の自由体積である．V_{f} として Némethy and Scheraga (1962) による推定値（$=0.26\ \mathrm{cm^3\,mol^{-1}}$）を採用すれば，$\Delta S^{\ddagger}/\Delta S'_{蒸発}$ は 5°C における 1.1 から 67.5°C における 0.5 まで減少する．Némethy and Scheraga による V_{f} の値は極めて小さいが，より大きい値を用いれば活性化過程に関与する分子の数はますます小さく見積られることになる．したがって以上の計算は，水分子の再配向が多数の水素結合を同時に切断することにより多数の隣接分子の動きをともなって起る過程ではないということを示唆するものである．

クラスター中の分子数の計算は $\Delta H^{\ddagger}$ の実測値を用いて同様に行なうことができるが，この場合に得られる数値も小さすぎて“解けては結ぶクラスター”のモデルと両立しえない．量 $\Delta H^{\ddagger}$ は1モルの活性複合体を作るに要するエンタルピーである．今の場合に1モルの活性複合体とは1モルの“解き放たれた”クラスターである．もし n 個の水分子がこのようなクラスター中にあるとすれば，1モルの活性複合体を作るためには $2nN$ 本の水素結合を切断しなければならない．$\Delta H^{\ddagger}$ を見積るには，水における水素結合エネルギーに何らかの値を仮定しなければならない．ここでは Némethy and Scheraga (1962) による $1.3\ \mathrm{kcal\,mol^{-1}}$ を採ることにしよう．この値は表 4.2 中最小のものである．したがって $\Delta H^{\ddagger}$ は少くとも $2.6\,n\ \mathrm{kcal\,mol^{-1}}$ である．$\Delta H^{\ddagger}$ の実測値が 5°C において $4.5\ \mathrm{kcal\,mol^{-1}}$ であり，温度上昇に伴って減少することを考えれば，一つのクラスター中に含まれる分子の数は 5°C において 4.5/2.6=1.7 以下であり，高温ではさらに小さいことになる．こうしてクラスターの解消を局所的な蒸発と考え，解き放たれたクラスター領域が 2 個もしくは 2 個以上の分子を含むと考えるならば $\Delta H^{\ddagger}$ と $\Delta S^{\ddagger}$ の実測値はともに解けては結ぶクラスターのモデルと両立し得ないことが示された．

図 4. 19 (b) は氷に存在すると考えられる欠陥の関与した再配向の機構である．図の左端には，すべての水素結合が形成された不規則な網目構造が示されている．これらの分子のうち，とくに著しくひずんだ水素結合によって隣接分子と結合している分子が水素結合を切って回転し，その結果第 3.4 (b) 節で論じたのと同様な D- および L- 欠陥を生ずる．その欠陥に隣接する分子が引続いて回転すれば，それは液体中を動きまわることになる．外部電場は欠陥の動きに影響を与え，したがって液体の配向分極を誘起することになるであろう．$\Delta S^{\ddagger}$ と $\Delta H^{\ddagger}$ の実験値は，この機構と相いれないものではない．5°C における $\Delta S^{\ddagger}$ は 0°C の氷に対する値よりわずかに小さいだけであるが，これら 2 相における機構が類似のものであるならば，それは当然期待されることであるからである．0°C の氷から 5°C の水に移ると $\Delta H^{\ddagger}$ が ~8 kcal mol^{-1} ばかり低下するのは，液体において水素結合が弱くなっているということに関連させることもできよう．この機構が緩和時間に狭いながら巾を与えるか否かという点は明確でない．

これとやや類似の解釈が Haggis *et al.* (1952) によって与えられた．これらの研究者が水を 4, 3, 2, 1 および 0 本の水素結合をもつ分子の平衡混合物として扱ったということを読者は想起されるであろう（第 4. 4 (a) 節）．誘電緩和の議論において，彼らは回転する分子がただ 2 本の水素結合によって隣接分子と結合しているという以外に，その付近の分子の幾何学的配置を明示していない．彼らにしたがえば，3 本および 4 本の水素結合で結ばれた分子から 2 本の水素結合で結ばれた分子を作る過程が律速段階である．すなわち 2 本の水素結合で結ばれた分子は，作られるとたちどころに回転すると考えられている．

図 (c) と (d) は水における分子の再配向に関して考え得る他の 2 つの機構である．図 (c) において水は小さい重合体の混合物として描かれている．この機構が正しくないということはほとんど確かである．もし，水が種々の大きさをも

ち 10^{-11} 秒程度も持続するような小さい重合単位から成るものであれば，これらの単位の回転は緩和時間に巾広い分布をもたらすことになろう．しかし実際には非常に狭い分布が観測されるのみである．図(d)は水をかご状構造（第4.2(b)節）と回転の自由な割込み分子として描いている．かごを形作る分子は割込み分子に較べて頻繁に再配向しないであろうから，このような構造ははっきりと分離した2つの分散領域を示すであろうと考えられる．

（b）　核磁気緩和

第4.4(b)節で述べたように，外部磁場中に置かれたプロトンはその磁気能率の成分が磁場に並行か反並行かにしたがって2つのエネルギー準位のいずれかを占める．もし磁場が突然に増加すれば磁場に並行な核磁子の数は増大するが，系が平衡に達するまでにある時間が必要である．磁場の軸に沿って平衡に到達するに要する時間を**スピン-格子緩和時間**と呼び T_1 で表わす．この時間は核磁気共鳴の技術によって測定することができる．緩和時間は分子運動と密接に関連している．なぜなら，核磁石の方向変化はその核に作用する磁場のゆらぎ，もしくは核が電気四極子モーメントをもつ場合には核の位置における電場勾配のゆらぎによってのみ誘起されるからである．そして，これらのゆらぎはその核を含む分子の回転および並進によってひきおこされるものである．

水におけるスピン-格子緩和時はプロトン，デューテロンおよび酸素-17の核について測定されている（表4.6）．分子運動についての知見を導き出す方法は研究された核によって異なる．まずプロトンの場合を考察しよう．プロトンの磁気能率はそれが磁場のゆらぎを感じたとき方向を変える．このようなゆらぎは同じ分子に属するもう一つのプロトンの動きから生ずることもあるし，隣接する水分子のプロトンから生ずることもある．実測される T_1 の逆数は次式のように表わすことができよう：

$$\frac{1}{T_1}=\left(\frac{1}{T_1}\right)_{\text{分子内}}+\left(\frac{1}{T_1}\right)_{\text{分子間}}+\left(\frac{1}{T_1}\right)_{\text{スピン-回転}},$$

ここで右辺の初めの2項は，上に述べた2つの効果からくる寄与を表わす．第三の項はスピン-回転の寄与と呼ばれるものである．これは電荷分布をもった分子が回転することから生ずる磁場のゆらぎであって，100°C以上の温度においてはじめて重要となる．$(1/T)_{\text{分子間}}$の項は，分子の再配向を記述する相関

表 4.6 水の核スピン格子緩和時間

著者（および温度範囲）	核緩和の種類	温度/°C	回転の相関時間 $\tau_{rn}/10^{-12}$s	測定された他の物理量および注
Krynicki (1966) (2.1–95.2°C)	プロトン	0	4.8†	T_1 の温度依存性は唯一の活性化エネルギーで E_A で記述することはできない．40 から 100°C の間の活性化エネルギーの平均値は 3.7 kcal mol-1 である．
		30	2.0	
		50	1.3	
		75	0.9	
Smith and Powles (1966) (0–374°C)	プロトン	25	2.6	分子の角速度の相関時間 τ_{sr} は 280°C において約 2.87×10^{-15}s, 374°C において 5.06×10^{-15}s である．
		280	0.156	
		374	0.0756	
Woessner (1964) (5–100°C)	デューテロン			T_1 の温度依存性は 40°C 以上において 3.90 kcal mol^{-1} の活性化エネルギーによって記述される．
Powles *et al.* (1966) (0–374°C)	デューテロン			0–100°C については Woessner の得た結果と一致．
Glasel (1966) (3–65°C)	酸素-17	25	2.7	τ_{rn} を導出する過程で水における ^{17}O の四極子結合定数は自由分子のものと同じ値をもつと仮定された．活性化エネルギーは 4°C から 30°C にいたる間で一定であるが，30°C において明らかな折れ曲りを示す．

† 原論文中のグラフから推算した値．

関数が単純な指数関数型ならば，回転の相関時間に比例する((4.20)式；例えばGlasel 1967を参照)．核磁気共鳴から決定された回転の相関時間という意味でこの相関時間をτ_{rn}と呼ぶことにしよう．τ_{rn}を決定するためにはまずT_1を測定し，$(1/T_1)_{分子間}$と$(1/T)_{スピン-回転}$の寄与を見積り，それらを$(1/T_1)$から差引いて$(1/T_1)_{分子内}$を求めなければならない．水について$(1/T_1)_{分子間}$と$(1/T_1)_{スピン-回転}$を見積る方法がKrynicki (1966), Smith and Powles (1966) および Powles *et al.* (1966) によって提案されている．

Krynickiは水のプロトン・スピン-格子緩和時間を2.1〜95.2°Cにわたり±2％の推定誤差で測定し，T_1が誘電緩和時間の逆数と並行的に温度変化することを見出した．すなわち，$(T_1\tau_d)^{-1}$の積は実験データのある全温度領域にわたっての±3％範囲内で$3.37\times10^{10}\,s^{-2}$に等しい．$T_1$に対する分子内の寄与を差引くことにより，Krynickiはτ_{rn}を温度の関数として求めた．表4.6にその値がまとめられている．彼は誘電緩和時間τ_dとτ_{rn}の比が0〜75°Cにわたってほとんど温度に依存せず，およそ3.7という値をもつことに注意した．この結果を彼は，水分子が微小な角度のジャンプを繰りかえすことにより再配向するという機構にもとづいて解釈した．

Smith and Powles (1966) は融点から臨界点に到る温度範囲にわたって自分自身の蒸気圧下にある水のT_1を測定し，表4.6に示したτ_{rn}の近似値を導いた．彼らは水分子の再配向をブラウン運動的な回転的拡散として扱い，分子の角速度についての相関時間τ_{sr}を見積った（表4.6参照)．τ_{sr}は水分子の角速度が目立って変化しないおよその時間間隔である．臨界点におけるτ_{sr}の値から，彼らは分子が再配向するさいの平均のジャンプ角度はおよそ10°であると推定した．しかし，再配向過程が「ジャンプしては立ちどまる」という機構で進むものならば，平均のジャンプ角度はもっと大きくなるということを強調している．これら二つの可能性を彼らの測定にもとづいて区別することはできない．

重水素核と^{17}O核は電気的四極子モーメントをもつので，電場勾配のゆらぎを感ずれば，それらは向きを変える．電場勾配のゆらぎは主にその核の属する分子の電荷分布から生ずるので，この研究の場合には分子間の寄与を引き去るということは不要である．これらの核に対してT_1の逆数は次式の形をとる：

$$\frac{1}{T_1}=AC^2\tau_{\rm rn},$$

ここで A は数値定数，C はその核の四極子結合定数を表す．$\tau_{\rm rn}$ を決定するには C が既知でなければならないが，水についての値は知られていない．Glasel (1966) は $H_2{}^{17}O$ を高濃度で含む水における回転相関時間を決定するにあたって ^{17}O の結合定数が水蒸気と水で変らないと仮定することによりこの問題を避けて通った．Woessner (1964) は方法を逆にして重水を研究した．すなわち彼は誘電緩和時間から回転相関時間を求め，その値を使って液体における重水素核の四極子結合定数を決定した．その結果，彼はそれが自由な水分子における値の 2/3〜3/4 にしか達せず，D_2O 氷における値にほぼ等しいことを見出した．Powles *et al.* (1966) は H_2O と D_2O の T_1 を比較することにより四極子結合定数として同様の値を得た．彼は，この結果から水の水素結合は 300°C に至るまでのすべての温度にわたってほとんど完全に保たれると結論した．

（c） 自己拡散

液体の分子は，その時々の平衡位置から頻りに移動する．**自己拡散係数** D はこのような移動の頻度を示す目安である．D を決定する一つの方法は，液体中における同位体トレーサーの拡散速度を研究することである．トレーサーに対する D は Fick の第二法則，すなわち

$$\left(\frac{\partial c}{\partial t}\right)_x=D\left(\frac{\partial^2 c}{\partial x^2}\right)_t \tag{4.23}$$

によって与えられる．ここで x は拡散が起る方向に沿った距離，$\partial c/\partial t$ はトレーサー濃度の時間変化である．分子移動の速度は，トレーサーを用いずに NMR と中性子散乱の方法によっても研究することができる．

表 4.7 にいくつかの方法で求めた水の D 値がまとめられている．これらの結果は互いによく一致していることがわかる．HDO と HTO の拡散は $H_2{}^{18}O$ の拡散より速くはない．Wang (1953) によって指摘されたように，この事実は水の電解電導の説明となっている H^+ の速い移動という特別の機構（第 4.6 (e) 節）が水の自己拡散に対しては無視できる程度の寄与しかなさないことを示すという点でとくに興味深い．H_2O と D_2O の自己拡散係数に対する Longsworth の値は，H_2O における分子の移動が同じ温度の D_2O におけるよりもわ

表 4.7　水の自己拡散係数 D の値

(a) 種々の実験手段によって決定された 25°C，大気圧下における D の値の比較

研究者	実験手段	$D/10^{-5}cm^2s^{-1}$
Trappeniers *et al.* (1965)	NMR スピンエコー	2.51±0.01
Jones et al. (1965)	毛細管 中のHTO トレーサーを連続的に追跡.	2.22±0.05
Wang (1965)	毛細管中の $H_2{}^{18}O$ トレーサー	2.57±0.02
Longsworth (1960)	H_2O-D_2O 混合物の境界を光干渉法によって検出，補外による.	
	純粋の H_2O の D	2.272±0.003
	純粋の D_2O の D	2.109±0.003
Simpson and Carr (1958)	NMR の自由才差法	2.13
Wang *et al.* (1953)	毛細管中の HDO トレーサー	2.34±0.08
	毛細管中の HTO トレーサー	2.44±0.06
	毛細管中の $H_2{}^{18}O$ トレーサー	2.66±0.12

(b) $H_2{}^{18}O$ をトレーサーとしてもちい，毛細管法で決定された D の温度依存性

Wang (1965) によって報告された値		Wang *et al.* (1953) によって報告された値	
温度°/C	$D/10^{-5}$ cm^2s^{-1}	温度/°C	$D/10^{-5}$ cm^2 s^{-1}
5.00	1.426±0.018	35.0	3.49±0.15
10.00	1.675±0.025	45.0	4.38±0.11
15.00	1.97 ±0·020	55.0	5.45±0.30
25.00	2.57 ±0·022		

ずかながら頻繁に起ることを示している．このことは D_2O の方が大きい粘度（表 4.8）と長い誘電緩和時間（表 4.5）をもつという事実とよく合致している．

自己拡散係数の温度依存性を調べることにより，D は次式でよく表わされることが示される．

$$D=A\exp\{-E_A/(RT)\}.$$

Wang *et al.* (1953) は 1.1—55°C の範囲で HDO および HTO のトレーサーについて E_A は 4.6±0.1 k cal mol^{-1}, $H_2{}^{18}O$ のトレーサについて 4.4±0.3 k cal mol^{-1} であることを見出した．Wang (1965) は $H_2{}^{18}O$ のトレーサーについて 5—25°C の温度範囲で E_A が 4.8 k cal mol^{-1} であるという結果も報告している．また D の圧力依存性に関するいくつかの測定が Cuddeback *et al.* (1953) によって行われた．

自己拡散係数の解釈　Wang *et al*. (1953) は動的過程の遷移状態理論を使って，彼らの測定した自己拡散係数を解釈した．彼らは水における自己拡散，誘電緩和，および粘性流動の過程に対する活性化エネルギーが 25°C においてすべて大略 4.6 k cal mol^{-1} に等しいことに注意し，これら 3 つの過程の活性化機構がすべて同一であると仮定した．この仮定と遷移状態理論から次の式が得られる．

$$\frac{\lambda^2}{\tau_d}=D \qquad (4.24)$$

$$=\frac{CkT}{\eta}, \qquad (4.24\,a)$$

ここで λ は分子の相隣る平衡位置間の拡散方向に測った平均距離，τ_d は誘電緩和時間，η は粘度，C は分子間距離に依存する定数である．2 つの実験的事実が上の関係の妥当性に裏づけを与える．すなわち $D\eta/T$ という量は 0 から 55°C にわたってほとんど温度に依存しない (Wang *et al*. 1953, Robinson and Stokes 1959)．そして $\tau_d T/\eta$ の値は H_2O と D_2O に関してほとんど同じである (Collie *et al*. 1948)．

水分子の移動について，2 つ重要なことがらが式 4.24 にもとづいて推論される．第一に λ，すなわち拡散方向に沿った拡散ジャンプの平均的長さは水における最隣接分子間の距離におおよそ等しい．Wang *et al*. は，彼ら自身による D の測定値と，Collie *et al*. (1948) によって決定された τ_d の値を用い 式 4.24 から λ を計算した．彼らの見出した値は 0—55°C にわたって，ほぼ一定 (＝1.5 Å) であった．後に Wang (1965) は 2π 倍だけ大きい τ_d の値を用いてより大きい λ(＝3.7 Å) を得た．(式 4.24) から導かれるもう一つの推論は，液体中の配向および位置の変化に関与する単位が 1 分子であるということである．Grant (1957) によると 式 4.24 a に含まれる λ^2/C の値が，この考えを支持するという．彼は回転緩和時間に対するデバイの式において a を分子半径とすれば λ^2/C は $4\pi a^3$ でおきかえられることに注意し，粘性および誘電緩和時間の実験値を 式 4.24 a に代入すれば a＝1.4 Å となることを見出した．これは水分子の大きさとして妥当な値である．彼は水分子の再配向に関する Haggis *et al*. (1952) の考え(第 4.6 (a) 節) にしたがって，この結果を解釈した．

低速中性子の散乱から得られる自己拡散に関する知見　液体中の拡散運動を研究するうえで今後重要となると考えられる一つの方法は低速中性子の散乱である†．低速中性子はX線（3×10^{10} cm s^{-1}）にくらべてはるかに遅い速度（$\sim10^5$ cm s^{-1}）で進行し，液体中で分子のジャンプが起る時間間隔と同じ程度の間にわたって液体中の各原子と相互作用する．したがって散乱中性子は分子の拡散運動に関する知見を含んでいる．水の場合，この知見は中性子の主要な散乱中心である水素核に関するものである．

この知見を導き出す一つの方法は**準弾性的散乱**を解析することである．散乱ビームのうち，対象としている物質の格子振動とエネルギーの交換をすることなく散乱された部分は弾性散乱を行なったと言われるが，多くの液体について散乱中性子の**弾性**散乱の部分のスペクトルは，入射ビームのスペクトルより幾らか巾が広い．このような散乱は準弾性的であると言われる．観測されるひろがりの原因は分子の拡散運動である．

水からの中性子散乱の初期の研究の一つに Hughes *et al.* (1960) よるものがある．これらの研究者の観測では弾性散乱の部分の巾が何ら広くなるということはない．これは分子が絶えず拡散しているという事実と矛盾する結果である．Singwi and Sjölander (1960) はこの実験結果を「ジャンプしては立ちどまる」という拡散のモデルにしたがって解釈した．彼らは20°Cにおいて一つの水分子が拡散ジャンプをするまでに平均として 4×10^{-12} s の間その時々の平衡位置のまわりで振動すると仮定することにより，実験結果をよく説明することができた．したがって水分子は2回の拡散ジャンプの間に，およそ40回の分子間振動をすることになる．その他の実験的研究（Larsson 1965 を参照）では弾性散乱の部分にある程度のひろがりが見られる．Larsson (1965) は Singwi and Sjölander のモデルにおいて拡散ジャンプの間の時間を20°Cにおいて 1.5×10^{-12} s とすれば，彼自身のデータをよく説明できることを見出した．

拡散が「ジャンプしては立ちどまる」という機構で起るとする考えは，

† この方法は Palevsky (1966) によって手短かに，また Sjölander (1965) によって詳しく述べられている．Larsson (1965) はこの方法による水の研究を要約した．

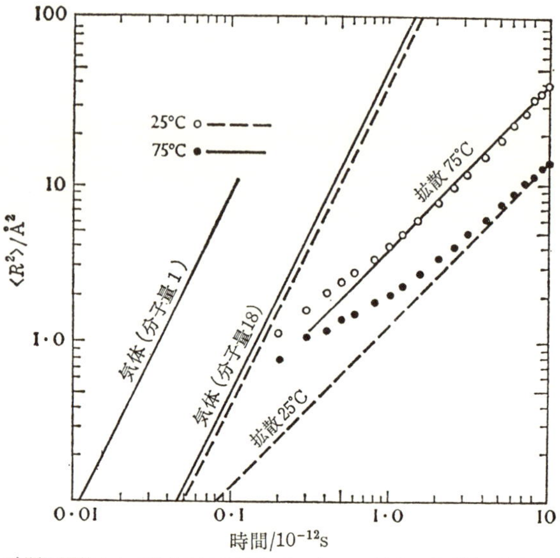

図 4.20 時間の関数として見た水におけるプロトンの平均二乗変位．Sakamoto *el al.* (1962) によって与えられたもの．点は実験値，線は計算値を示す．Sakamoto *et al.* (1962) より再録．

Sakamoto *et al.* (1962) による中性子非弾性散乱の研究によっても支持される．彼らは，彼ら自身の実験データをフーリエ変換しプロトンの平均二乗変位 $\langle R^2 \rangle$ の時間依存性を求めた．25 および 75°C における彼ら結果を 図 4.20 に示す．図中には連続的な拡散に対する $\langle R^2 \rangle$ のこれら 2 つの温度における計算値（25°C において拡散係数 $D=2.13\times10^{-5}\,\mathrm{cm^2\,s^{-1}}$，75°C において $D=6.27\times10^{-5}\,\mathrm{cm^2 s^{-1}}$ とした）および質量 18 と質量 1 の分子よりなるガスに対する $\langle R^2 \rangle$ の計算値も示した．25°C において時間が $\sim3\times10^{-12}\,\mathrm{s}$ より大きい領域に対する $\langle R^2 \rangle$ の実験値は連続的な拡散としてよく記述されるが，それより短い時間に対してずれてくることに注意されたい．75°C においてはおよそ $10^{-12}\mathrm{s}$ あたりから連続的な拡散が始まると見なされる．また $\langle R^2 \rangle$ が 4 Å^2 あたりから連続的な拡散に移るということも注目される．この値は水の分子間距離の 2 乗におおよそ等しい．これらの結果は準弾性散乱の研究から得られた結論を支持するものである．すなわち，あまり高くない温度において，各水分子は次の拡散ジャンプをするまでに比較的長いあいだ一時的な平衡位置に留るということである．

(d) 粘　性

粘性は，流れに対して液体が示す抵抗の目安である．流れは分子の平衡位置の移動にともなって起るので，粘性の研究からも分子の移動の本質についてある程度の知見が得られる．液体 H_2O と液体 D_2O のずり粘性が表 4.8 に与えら

表 4.8　水のずり粘性 η の温度依存性と粘性流動に対する活性化エネルギー† $E_A^{粘性}$

温度/C°	粘性/センチポアズ H_2O‡	粘性/センチポアズ D_2O§	H_2O に関する $E_A^{粘性}$/kcal mol^{-1}
0	1.787		5.5‖
5	1.516		4.8‖
10	1.306		4.6‖
20	1.002		4.2‖
30	0.7975	0.969	
40	0.6531		
45	0.5963	0.713	
50	0.5467		3.4††
60	0.4666	0.552	
70	0.4049		
75	0.3788	0.445	
80	0.3554		
90	0.3156	0.365	
100	0.2829	0.323	2.8††
125	0.2227	0.252	
150	0.1863	0.208	2.1††
175	0.1578	0.175	
200	0.1362	0.151	
225	0.1225	0.135	
250	0.1127	0.124	

† $E_A^{粘性}=R\mathrm{d}(\ln\eta)/\mathrm{d}(1/T)$.

‡ 0–100°C のデータは Stokes and Mills (1965) の推奨値，1気圧における値と思われる．125–250°C のデータは Heiks *et al.* (1954) によって報告された Jaumotte の値，飽和蒸気圧下における値と思われる．

§ 99.2% D_2O についての Heiks *et al.* (1954) によるデータ．

‖ Horne *et al.* (1965) および Horne and Johnson (1966). これらの数値は本書の著者によって原論文中のグラフから推算された．

†† Ewell and Eyring (1937).

れている．重水は軽水より粘性が高いが，その比は 30°C における 1.2 から 250° における 1.1 にまで減少する．H_2O の粘性流動に対する活性化エネルギ

ーも表中に示されている．この量は，ほとんどすべての温度について，誘電緩和の活性エネルギーよりわずかに大きい．

一般に液体は高圧になると粘性を増すが，水は例外である．約 30°C より低温側で水は特殊な振舞いをする．すなわち圧力の増大にともない最初は粘性が低下するのである．さらに圧力を増すと粘性は最小値を経て，それから増大す

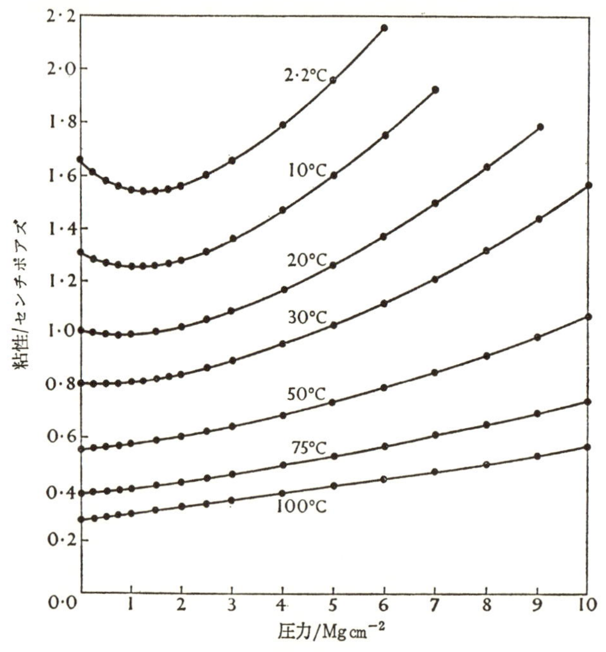

図 4.21 水のずり粘性の圧力依存性．Bett and Cappi (1965) による．

る．図 4.21 に示すように，2.2°C において粘性が極小となる圧力は約 1500kg cm^{-2} である．温度が上昇すると粘性が極小となる圧力は減少し，30°C 付近において極小は見られなくなる．幾人かの研究者達が行なった粘性の圧力依存性に関する研究の比較検討については Wonham (1967) を参照されたい．

圧力は粘性流動の活性化エネルギー，$E_{\mathrm{A}}^{\text{性粘}}$ にも影響をおよぼす．Horne and Johnson (1966) と Horne *et al.* (1965) は水に対する $E_{\mathrm{A}}^{\text{粘性}}$ が一気圧のもとにおいて，少くとも −0.5°C までは降温にともなって増大することを見出した．0 から 20°C の間のすべての等温線に沿って，$E_{\mathrm{A}}^{\text{粘性}}$ は加圧によって減少する．

$E_A^{粘性}$ がこのように減少するのは圧縮によって分子の移動が容易になることを示唆するが，これはおそらく水素結合が弱くなり，もしくは切断することにもとづくと考えられる．

粘性のもうひとつの形は**体積**（もしくは**圧縮**）**粘性**と呼ばれるものである．この性質は粘度計で測定することができず，超音波吸収の測定とずり粘度の値から計算される（例えば Litovitz and Davis 1965 を参照）．水の体積粘性は，ずり粘性よりおよそ3倍も大きく，水が超音波をよく吸収するという事実を説明する．Hall (1948) は2状態モデルにもとづいて水の体積粘性の理論を展開した．彼の理論は，その後，幾人かの研究者によって改良が加えられている．Litovitz and Davis および Davis and Jarzynski (1967—8) は，この研究をレビューしている．

（e） イオンの解離と移動

イオンの移動は純粋の水においても起る現象であり原子レベルの並進運動が関与するもうひとつの過程である．しかし，この問題を詳しく論ずることはしない．それは，純水におけるイオンの濃度が室温においては極めて小さいために，水の構造に著しい影響をあたえることがないからである．もっと広範な議論に関心のある読者は Eigen and De Maeyer (1958, 1959) の総説を見ていただきたい．

さて純粋の水において水分子は，わずかながら自発的に解離して H^+ と OH^- のイオンになる：

$$H_2O \underset{k_R}{\overset{k_D}{\rightleftarrows}} H^+ + OH^-.$$

ここで k_D は解離の速度定数，k_R は中和の速度定数である．これら2つの量の比，K_{H_2O} は解離定数である．K_{H_2O} の値は適当な電池の起電力を測定することにより正確に決定されている（Harned and Owen 1939）．K_{H_2O} の値からただちにイオン濃度が得られ，K_{H_2O} の温度依存性から解離エンタルピーと解離エントロピーが求められる（第4.9表参照）．

Eigen and De Maeyer は，緩和法を使って k_D と k_R の値を決定した（表4.9）．中和反応は極めて速い：Eigen and De Maeyer が注意したように，1規定の強酸と1規定の強塩基の均一な混合物を作ることができたならば中和反応は直

表 4.9 純水のイオン解離と移動に関する定数の 25°C における値†

イオン解離: $H_2O \rightleftharpoons H^+ + OH^-$		
解離定数	$K_{H_2O} = \frac{k_D}{k_R} = \frac{[H^+][OH^-]}{[H_2O]}$	$= 1.821_4 \times 10^{-16}$ mol litre^{-1}
イオン濃度	$[H^+] = [OH^-]$	$= 1.004 \times 10^{-7}$ mol litre^{-1}
水の濃度	$[H_2O]$	$= 55.34$mol litre^{-1}
解離の速度定数	k_D	$= 2.5 \times 10^{-5}$ s^{-1}
中和の速度定数	k_R	$= 1.4(\pm 0.2) \times 10^{11}$ litre mol^{-1} s^{-1}
解離エンタルピー	ΔH	$= 13.5$kcal mol^{-1}
解離エントロピー	ΔS	$= -27$cal K^{-1} mol^{-1}
プロトン移動の速度:		
$H_2O + H_3O^+ \xrightarrow{k_1} H_3O^+ + H_2O$	速度定数 k_1	$= 10.6(\pm 4) \times 10^9$ litre mol^{-1} s^{-1}‡
$H_2O + HO^- \xrightarrow{k_2} HO^- + H_2O$	速度定数 k_2	$= 3.8(\pm 1.5) \times 10^9$ litre mol^{-1} s^{-1}‡
関連のある諸量		
H^+ の易動度	u_+	$= 3.62 \times 10^{-3}$ cm^2 V^{-1} s^{-1}
OH^- の易動度	u_-	$= 1.98 \times 10^{-3}$ cm^2 V^{-1} s^{-1}
直流電導度(F はファラデー定数)	$= F[H^+](u_+ + u_-)$	$= 5.7 \times 10^{-8}\,\Omega^{-1}$ cm^{-1}
H^+ の水和熱		$= 276$ kcal mol^{-1}
OH^- の水和熱		$= 111$ kcal mol^{-1}
H_3O^+ イオンの平均寿命	τ_{H^+}	$\approx 10^{-12}$s§
ひとつの水分子がプロトンとくり返し会合する間の平均時間	τ_{H_2O}	$\approx 5 \times 10^{-4}$s‖

† 出所を明記していないデータは Eigen and De Meyer (1958) の総説よりとったもの.
‡ Meiboom (1961). § Eigen (1964). ‖ 本文参照

ちに始まり, 10^{-11} s の間にほとんど完結するであろう.

Eigen (1964) によって集約されているように水の H^+ および OH^- イオンが強く水和していることを示す多くの証拠がある. 例えば H^+ の水和エンタルピーは 25°C において約 276 k cal mol^{-1} であるが, この値は他のいかなる一価イオンに対する値より 100 k cal mol^{-1} 以上も大きい. これはプロトンが水分子に強く結合してオキソニウムイオン (H_3O^+) や, さらに大きい複合体を作っていることを示唆する. Eigen and De Maeyer (1958 : Eigen 1964) は大きい複合体のうち最も数の多いのは $H_9O_4^+$ であろうと考えている. このイオンが存在することの証拠として彼らは質量分析, 量子力学的計算, および彼ら自身の速度論的データの解釈 (以下参照) などを挙げている. これらのイオン

表 4.10 水の振動分光学的性質

（記号：ν＝バンド極大の振動数，単位 cm^{-1}；ε＝吸収極大におけるモル吸光係数×10^{-3}，単位cm^2 mol^{-1}；$\Delta\nu_{\frac{1}{2}}$＝吸収帯の半値巾，単位 cm^{-1}；T：$x$cm^{-1}/°C，温度上昇にともなうバンド極大振動数の移動，単位 cm^{-1}/°C）

振動バンド	赤外				ラマン				中性子非弾性散乱 [b]	
	H_2O	D_2O	D_2O中のHDO	H_2O中のHDO	H_2O	D_2O	D_2O 中の HDO	H_2O 中の HDO	H_2O	D_2O
束縛並進 ν_{T2}					弱いバンド：昇温にともなって強度減少 [a] ν～60	ν～60			鋭いバンド，2～92°C の間で振動数の移動は認められない． ν～60	ν～60
束縛並進 ν_T	ν_L のショルダーとして顕著に現れる． ν～193[c]（30°C において） T：−0.2 cm^{-1}/°C±50%	ν～187[c]（30°C において）			弱いバンド；60cm^{-1} のバンドと同様に昇温にともなって強度減少[a] ν＝152−175[a] （極大振動数は −5°C における 175 cm^{-1} から 95°C における 155 cm^{-1} まで減少）	ν＝152−175[a]			ν_{T2}, ν_L よりはるかに弱いバンド．振動数は昇温にともなって減少するらしい． ν～200	ν～200
衡振 ν_L	300 cm^{-1} からに 900 cm^{-1} におよぶ巾ひろいバンド， ν～685[c]（30°C において） T：−0.7 cm^{-1}/°C±15%	ν～505[c]（30°C において）			下記の振動数範囲に 3 本のバンドが含まれると考えられる．上述のバンドと同様に昇温にともなって強度は減少する．[a] ν～450−780[a]	ν～375−550[a]			巾ひろいバンド，昇温にともなってさらにひろがり，低振動数側に移動する． 20°C において ν～580 92°C において ν～410	5°C において ν～450 95°C において ν～270
X-O-X′ 変角 ν_2	ν＝1645[d] ε＝20.8[d] $\Delta\nu_{\frac{1}{2}}$＝75[d] T：−0.1cm^{-1}/°C[c]	ν＝1215[d] ε＝16.1[d] $\Delta\nu_{\frac{1}{2}}$＝60[d]	ν＝1447[h] ε＝20±5[h] $\Delta\nu_{\frac{1}{2}}$＝85±5[h]		ν＝1640[e] $\Delta\nu_{\frac{1}{2}}$＝126[e]	ν＝1208[e] $\Delta\nu_{\frac{1}{2}}$＝67[e]	ν～1450[g]	ν～1405[g]		
会合バンド ν_A	ν＝2125[d] ε＝3.25[d] $\Delta\nu_{\frac{1}{2}}$＝580[d] T：−0.9 cm^{-1}/°C±15%[c]	ν＝1555[d] ε＝1.74[d] $\Delta\nu_{\frac{1}{2}}$＝370[d]			極めて弱く，巾のひろいバンドとして現れる．					
O-X 伸縮バンド ν_S	2 つの主極大とひとつのショルダーをもつバンド， 25°C において： ν＝3280[d] ε＝54.5[d] ν＝3490[d] ε＝62.7[d] ν＝3920[d] ε＝0.83[d] バンド全体としての $\Delta\nu_{\frac{1}{2}}$～400	ν＝2450[d] ε＝55.2[d] ν＝2540[d] ε＝59.8[d] ν＝2900[d] ε＝0.589[d] バンド全体としての $\Delta\nu_{\frac{1}{2}}$～330[h]	1 本のほぼガウス関数型のバンド[h] 22°C において： ν＝3400 ε＝64±5 $\Delta\nu_{\frac{1}{2}}$＝255±5 120°C において： ν＝3460 ε＝44±5 $\Delta\nu_{\frac{1}{2}}$＝270±5 T：0.67 cm^{-1}/°C	22°C において： ν＝2500 ε＝42±5 $\Delta\nu_{\frac{1}{2}}$＝160±5 120°C において： ν＝2550 ε＝26±5 $\Delta\nu_{\frac{1}{2}}$＝180±5 T：0.52 cm^{-1}/°C	下記のような主極大をもつ極めて巾ひろいバンド： ν＝3439[e] $\Delta\nu_{\frac{1}{2}}$＝407[e] 比較的弱い成分が下記の振動数にある： ν＝3300[e] その他の成分： ν＝3600[e] ν＝3500[i]	ν＝2532[e] $\Delta\nu_{\frac{1}{2}}$＝306[e] ν＝2400[e] ν＝2600[e]	1 本の非対称的なバンド [f] 27°C において： ν＝3439 $\Delta\nu_{\frac{1}{2}}$＝278	27°C において： ν＝2516 $\Delta\nu_{\frac{1}{2}}$＝160 65°C において： ν＝2529 $\Delta\nu_{\frac{1}{2}}$＝166		

a Walrafen (1964, 1966. 1967 a)
b Larsson and Dahlborg (1962),
c Draegert et al. (1966).
d Bayly et al. (1963).
e Schultz and Hornig (1961).
f Wall and Hornig (1965).
g Weston (1962).
h Falk and Ford (1966).
i Walrafen (1967 a)

の寿命は短い．Eigen (1964) の推定によると，プロトンが水分子と会合する平均的な周期，τ_{H^+} はおよそ 10^{-12} s である．一つの水分子がひきつづいておこなうプロトンとの会合の間の平均的時間間隔，τ_{H_2O} は Eigen による τ_{H^+} の値を次の関係式に代入することにより求められる．

$$\frac{\tau_{H_2O}}{\tau_{H^+}}=\frac{[H_2O]}{[H^+]},$$

ここで鍵カッコは濃度を表わす．得られた値は $\tau_{H_2O}\simeq 5\times 10^{-4}$ s である．あきらかにプロトンと会合した水分子が，そのつぎに再びプロトンと会合するまでに再配向および並進的運動を何回も経験することがわかる．つまり水におけるプロトンのジャンプは極めて速いけれども，ジャンプするプロトンの濃度が小さいので，水素原子の動きは主として水分子の移動速度によって支配されているのである．Samoilov (1965) が注意したように，この結果は重水と $H_2{}^{18}O$ のトレーサーの水における拡散係数がほとんど同じであるという事実と呼応するものである（第4.6 (c) 節）．

水における H^+ と OH^- の易動度（表 4.9）は電導度と輸率の値を結合せることにより決定された．H^+ と OH^- の易動度は同じく水における他の一価イオンの値よりかなり大きいことが知られている（例えば 25°C における Na^+ と Cl^- の易動度はそれぞれ 0.53×10^{-3} および $0.79\times 10^{-3}\,cm^2V^{-1}s^{-1}$ である (Eigen and De Maeyer 1958)．他方，水のプロトン易動度を氷における値とくらべると一桁も小さい（表 3.13)）．Eigen and De Maeyer (1958) は，この結果を次のように解釈している．氷と水における H^+ および OH^- の異常に大きい易動度は分子間の水素結合のもたらした帰結であって，水素結合がプロトンの移動を促進しているのである．例えば，一つの H_3O^+ イオンのプロトンが，水素結合に沿ってジャンプし，隣接する水分子と結合するとしよう．

$$H_2O^+{-}H\cdots O(H){-}H\cdots OH_2 \longrightarrow H_2O\cdots H{-}O(H)\cdots H{-}O^+H_2$$

また同様に OH^- イオンと水素結合している水分子からプロトンがその水素結合に沿ってジャンプするとしよう．

これらいずれの過程も電荷の移動をひきおこし，外部より電場が加えられてい

$$H^{-}-O\cdots H-O(H)\cdots H-O-H \longrightarrow H-O-H\cdots O(H)-H\cdots O-H^{-}$$

れば電流を生ずることになる.

Eigen and De Maeyer によると水における H^+ の易動度が氷における値より小さいのは，液体での水素結合が不完全であるからである．上述のような速いプロトンの移動は，強く結合した水和複合体（$H_9O_4^+$ と考えられる）の内部においてのみ起りうる．プロトンがさらに移動するには，複合体の周辺で強い水素結合が形成されねばならない．こうして水におけるプロトンの移動速度は，水和複合体の近くにある水分子がプロトンの移動を可能にし，したがって複合体の拡散をおこさせるような位置にどの程度の頻度で来るかということに依存する．

プロトン移動反応の速度定数が，Meiboom（1961）によって NMR の測定法を用いて決定された．その結果は表 4.9 に与えられている．

(f) 分子の移動：まとめ

水における分子運動に関して，われわれは詳しい描像を持っているとは決して言えないが，以上の 5 節で述べた速度論的な諸性質からいくつかの定性的な結論が導かれる．

(1) 融点近くの温度にある水において，水分子は毎秒およそ 10^{11} ないし 10^{12} 回の再配向および並進的な運動を行なう．0°C 近くの温度にある氷においては，各分子は毎秒 10^5 ないし 10^6 回の同様な運動をしているにすぎない．これは明らかに氷と水の大きな相異点の一つである．

(2) 温度上昇にともなって水分子の再配向と並進的移動の頻度は増大する．これは粘性の減少，緩和時間の減少および自己拡散係数の増大が見られることから明らかである．NMR の方法で求められた回転の相関時間から，臨界点付近においては分子の再配向の頻度が分子内振動の振動数と一桁もちがわない程度に増大していることが示される．

(3) 重水における分子の再配向および並進的移動の頻度は，軽水におけるよりも小さい．これは重水の粘性が大きく，緩和時間が長く，また自己拡散係数が小さいことによって明らかである．

(4)　分子の再配向の頻度に依存する性質と，並進的移動の頻度に依存する性質のあいだに数多くの類似性がある．これは再配向と並進的移動の過程が密接に関連していることを物語る．誘電緩和，自己拡散，および粘性流動に対する活性化エネルギーは 25°C において互いにほぼ等しい．ただし自己拡散の活性化エネルギーは他の二つの過程に対する活性化エネルギーより温度依存性が少ない．さらに，$\tau_d \times T/\eta$ は，ほとんど温度に依存しない．これもまた分子の並進的移動と再配向が互いに関連していることを示す．また，個々の分子がジャンプするというモデルと矛盾する実験事実はない．

(5)　中性子散乱の研究によれば，少くとも融点の近くの温度において，分子の再配向と並進は“ジャンプしては立ちどまる”という機構で起るのであって，小さいジャンプが連続的に起るのではない．

(6)　温度上昇にともなって誘電緩和と粘性流動の活性化エネルギーが減少するのは高温において水素結合が平均として弱くなることを反映していると考えることもできる．また加圧によって粘性流動の活性化エネルギーが減少するという事実も，圧縮にともなって水素結合が弱くなり，もしくは切断することを示すと考えることもできる．

(7)　25°C においておよそ 10^9 個の水分子のうち 2 個がイオン化しており生じたプロトンは分子の間を素速くジャンプする．プロトン和した水分子の平均寿命は $\sim 10^{-12}$s である．一つの水分子が再度プロトン和するに要する平均的な時間間隔は $\sim 5 \times 10^{-4}$ s である．

4.7　振動分光

振動分光は水の V- 構造を研究するうえで有用な方法である．それは分子内振動および分子間振動の周期（10^{-13} ないし 10^{-14} s）が分子の拡散的運動の間の平均的時間（10^{-11} ないし 10^{-12} s）にくらべて短いからである．そのうえ振動スペクトルは分子の局所的な環境に対し鋭敏である．したがって極めて短い時間内における分子の相対的な位置について，ある程度の知見が振動スペクトルから得られる．分光学的データの解釈は複雑であって，以下に与える解釈も水のスペクトルの解析に基礎を置くものであるから，読者は第 3. 5 節(a)の内容をよく知っているものとする．

(a) スペクトル帯の同定

50～4000 cm^{-1} の領域に現れる氷の主要な振動帯のすべてに対し，対応する

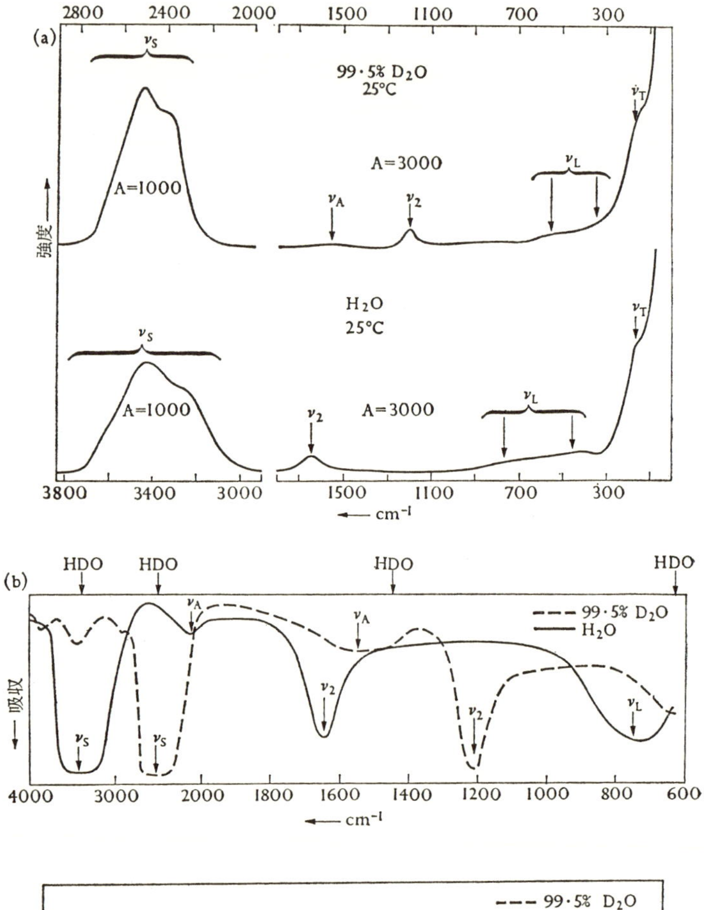

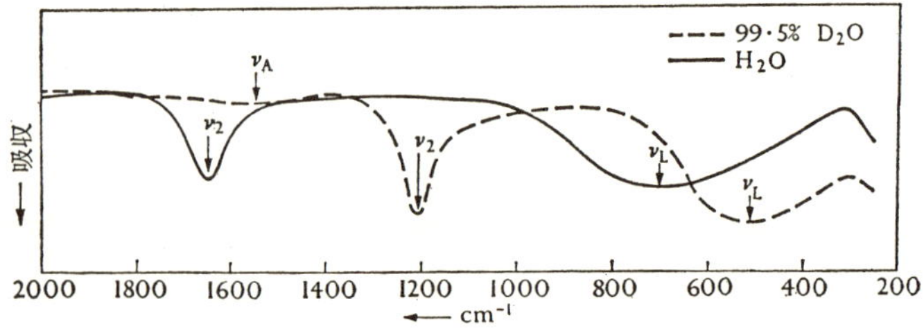

図 4.22 水の赤外およびラマンスペクトル．(a) 水および重水の光電ラマンスペクトル，矢印は

振動帯が水のスペクトルに存在する．ただし，バンドの極大は必ずしも同じ振動数に対応しない．水のバンド巾は融点近くの温度にある氷のものとあまりちがわない．水のスペクトルに現れるバンドが表4.10にまとめられている．半値巾，吸光係数および振動数の温度依存性も，知られているものについては，あわせてあたえた．大部分のバンドは図4.22の赤外およびラマンスペクトルと対応させることができる．

水蒸気の基本モードを含む振動数領域において，3つの分離したバンドが見出された．すなわち

(1) もっとも目立つバンドは，赤外スペクトルにおいては $3490\,cm^{-1}$ に，またラマンスペクトルにおいては $3440\,cm^{-1}$ に主要な極大をもつ不規則な形をした吸収帯である．このバンドは O—H 伸縮の分子振動に対応する．このバンドは水蒸気のモード O—H 伸縮（$3657\,cm^{-1}$, $3756\,cm^{-1}$）よりかなり低振動数側にずれているが，氷の O—H 伸縮帯（$3200\,cm^{-1}$ 付近に極大）ほどには低振動数にずれていない．H—O—H 変角振動の第一倍音がおそらくこのバンドに寄与しているであろう．

(2) $1645\,cm^{-1}$ 付近に現れるバンドは H—O—H 変角モードに起因する．このバンドの振動数も蒸気における値（$1595\,cm^{-1}$）と氷における値（~$1650\,cm^{-1}$）の中間値をとる．

(3) $2125\,cm^{-1}$ 付近に巾のひろい，しかし弱いバンドが見られるが，これは氷の会合バンドに対応するものである．これは分子間振動の倍音とも，$1645\,cm^{-1}$ のバンドと分子間振動の結合音とも，さらにまたこれら両方から成っているとも考えられるが，Williams (1966) は $\nu_2+\nu_L-\nu_T$ であるという考え方を出した．

低振動数領域に次の3つのバンドが現れる．これらは分子間の振動モードによるものである．

(1) 最も強度の大きいバンドは赤外線スペクトルにおいて $700\,cm^{-1}$ に極大をもち，300 から $900\,cm^{-1}$ にひろがるバンドである．D_2O の場合には

吸収バンドおよびバンドの成分の位置を示す．図の右端で強度が大きく増加しているのは励起線によるもの．$A=$ 増幅率．(b) 水と重水の赤外スペクトル．上図の上の矢印は D_2O 中の少量の HDO 不純物に起因すると考えられる弱い吸収を示す．Walrafen (1964) より記号を変えて再録．

500 cm^{-1} 付近に極大が現れる．バンドの位置と，同位体置換による振動数のずれから，このバンドは氷における回転振動のモードにあたるものであることが示唆される．この振動数は氷の ν_L モードの値（0°C において ~795cm^{-1}; Zimmermann and Pimentel 1962）より低く，温度上昇によってさらに低くなる．また，中性子非弾性散乱，ラマンスペクトルにもこのバンドが現れる（表 4.10 参照）．ラマンスペクトルにおいては，他に二つの回転的振動のバンドが 450 cm^{-1} と 550 cm^{-1} に現れるようである．

(2) 700 cm^{-1} バンドのショルダーとして 193 cm^{-1} 付近に極大をもつ赤外線吸収帯が現れる．このバンドは D_2O においても 187 cm^{-1} に移動するにすぎない．したがって，このバンドは分子の束縛並進運動によるものである．ラマンスペクトル，中性子非弾性散乱スペクトルにおいてもこのモードは見られ，明らかに氷の ν_T モードに対応するものである．

(3) ラマンおよび中性子非弾性散乱スペクトルにおいて，60 cm^{-1} 付近に狭いバンドが現れる．この振動数は D_2O においても 60 cm^{-1} 付近であって変化しない．おそらく，このバンドは束縛並進運動から生ずるものであり，氷の ν_{T2} モードに対応する．

以上のバンドの他にいくつかの極めてわずかなエネルギーの交換が（5（±1）cm^{-1} の範囲に）幾人かの中性子非弾性散乱の研究者によって報告されている（Larsson 1965 参照）．しかしながら，これらのエネルギー交換の存在は確立されているとは言いがたい．

(b) O—H および O—D 伸縮帯

O—H 伸縮振動帯は水のスペクトルのうちで最もくわしく調べられた領域である．氷の場合と同様に，H_2O もしくは D_2O 中の HDO の稀薄溶液の伸縮振動帯がこのバンドの理解の鍵となる．HDO のバンドは，その伸縮振動と隣接分子の振動とのカップリングが弱いこと，および ν_2 の倍音とのフェルミ共鳴（第 3.5 (a) 節）が生じないことの理由で単純である．したがって，これらのバンドの形は水分子の局所的な環境，すなわち液体の V- 構造にもとづいて解釈される．われわれはこれらのバンドを詳しく論ずることから始めよう．その後，純粋の H_2O および D_2O の伸縮振動帯を手短かに考察することにする．

図 4.23 は D_2O および H_2O 中に溶かせた HDO 稀薄溶液のラマン伸縮バン

表 4.11　カップルしていない伸縮バンドの特性†

相	O-H 伸縮モード		O-D 伸縮モード	
	振動数‡/cm^{-1}	半値巾 §/cm^{-1}	振動数‡/cm^{-1}	半値巾 ‡/cm^{-1}
氷 I				
−160°C (IR)[b]	3277	∼50	2421	∼30
氷 II −160°C (IR)[c]	3373, 3357, 3323	それぞれ <18	2493, 2481, 2460, 2455	それぞれ ∼ 5
水				
22°C (IR)[d]	3400	255±5	2500	160±5
25°C (R)[g]	…	…	2507±5	…
27°C (R)[e]	3439	278	2516	160
62°C (R)[g]	…	…	2550±5	…
65°C (R)[e]	…	…	2529	166
120°C (IR)[d]	3460	270±5	2550	180±5
200°C (IR,2800バール)[f]	…	…	2568	195
300°C (IR,5000バール)[f]	…	…	2587	153
HDO 蒸気				
(IR)[a]	3707		2727	

† ラマンバンドは R，赤外バンドは IR で示されている．とくに断らないかぎり常圧下における値である．

‡ バンド極大の振動数．

§ 極大値の半分の強度における巾．

a Bendict *et al.* (1956).

b Bertie and Whalley (1964 a).

c Bertie and Whalley (1964 b).

d Falk and Ford (1966).

c Wall and Hornig (1965).

f Franck and Roth (1967).

g Walrafen (1967 b).

ドを示す．これらをカップルしていない O—H および O—D の伸縮バンドと呼ぶことにしよう．図 (a), (b) は 5 モル%の同位体溶液について Wall and Hornig (1965) が報告したスペクトルを滑かに書き改めたものである．これらのバンドは構造をもたず，非対称性もわずかである．また氷 I における対応するバンドより高振動数側に中心をもち，巾はおよそ 5 倍も広い（表 4.11）．図 (c) は H_2O 中に D_2O を 6.2 重量モル濃度の割合で溶かせた溶液に関する，カップルしていない O-D 伸縮バンドである．これは Walrafen (1967, a, b)

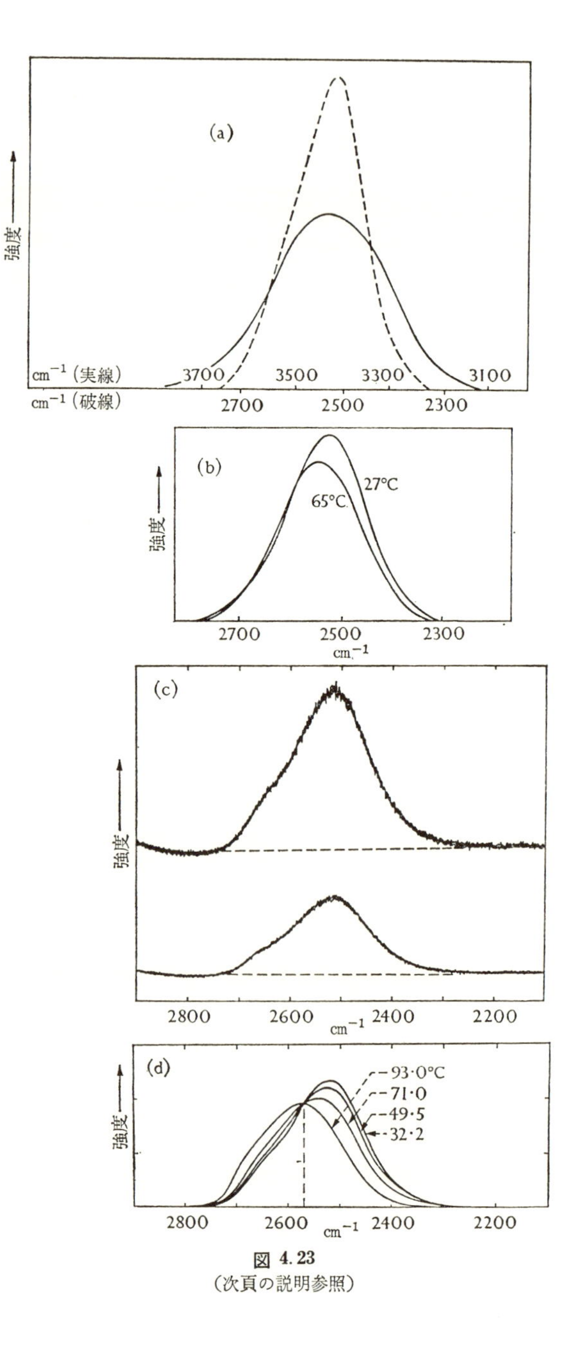

図 4.23
(次頁の説明参照)

がレーザーラマン光源により，Wall and Hornig より狭いスリット巾を用いて得たものである．このバンドは Wall and Hornig の結果と類似しているが，非対称性がより目立ち，また高振動数側に 3 つの変曲点，したがって一つのショルダーをもつように思われる．図 (d) は Walrafen (1965 b) によって報告されたカップルしていない O-D バンドの温度依存性を示す．バンドの極大は昇温とともに高振動数側に移動する．また異なる温度でのスペクトルは 2570 (± 5)cm^{-1} において共通点（**等吸収点** isosbestic point）を通る．

カップルしていない伸縮帯の赤外線スペクトルは，さらに多様な条件下で研究されている．Falk and Ford (1966) は，その赤外線吸収帯を 0°C と 130°C の間の温度にわたって記録した．バンドの形は図 4. 23 (a), (b) に示したラマンバンドに全体として類似している．その分光学的な定数は表 4. 11 に与えられている．Franck and Roth (1967) は同じくカップルしていないバンドの赤外スペクトルを 30～400°C の温度範囲と 50～5000 気圧の圧力範囲にわたって研究した．1.0g cm^{-3} という一定密度の水について，温度が 30 から 300°C にまで上昇するにともない，バンドの極大は 2507 cm^{-1} から 2587 cm^{-1} に移動し，積分強度は 40% だけ減少する．400°C に保った水について，密度が 0.9 から 0.0165g cm^{-3} に減少するにともない，積分強度は 6.4 分の 1 に減少する．0.1g cm^{-3} にいたるまでのすべての密度において吸収帯は滑らかでありショルダーをもたないが，吸収極大は 2605 cm^{-1} から ～2650 cm^{-1} まで次第に移動する．0.1g cm^{-3} 以下の密度においては回転による微細構造が現れ，0.0165g cm^{-3} の密度では極めて目立ったものとなる．以上の他に，カップルしていない伸縮

図 **4.23**　水のラマンスペクトルにおけるカップルしていない O-H および O-D 伸縮バンド，(a) D_2O 中の 5 モルパーセント H_2O 溶液および H_2O 中の 5 モルパーセント D_2O 溶液のいずれも 27°C におけるカップルしていない伸縮バンド．Wall and Hornig (1965)† によるもの．(b) カップルしていない O-D 伸縮バンドに対する温度の効果，Wall and Hornig (1965)．(c) アルゴン・イオンレーザーによる H_2O 中の 6.2 モル D_2O 溶液のラマンスペクトル．25±1°C における結果．Walrafen (1967 b) による．上側の曲線は下の曲線を 2 倍に増幅したもの．(d) カップルしていない O-D 伸縮振動に対する温度の効果．Walrafen (1967 b) による．縦の破線は 2570 cm^{-1} 付近にある等吸収点を示す．これらのスペクトルは通常の水銀灯による励起光をもちい，狭いスリット巾 (15 cm^{-1}) で得られた．

† (a) 図においてカップルしていない O-H 伸縮バンドの曲線は原論文作成中に極大を中心として左右が誤っていれかわったと思われる (Dr. Wall からの私信)．

バンドの赤外線吸収の研究が van Eck *et al.* (1958)，および Hartman (1966) によって報告された．

表 4.11 は，固体，液体および蒸気における結合していない伸縮バンドの振動数をまとめたものである．各同位体の液体における振動数（例えば 27°C における O-H 振動帯 3439 cm^{-1}）は，そのバンドの氷 I (3277 cm^{-1}) と蒸気（3707 cm^{-1}）の値の中間に位置する．Wall and Hornig (1965) は水素結合の強度と O-H 伸縮振動数の蒸気における値からのずれの間に成立するよく知られた相関関係（例えば Pimentel and McClellan 1960）を用いることにより，これらの振動数の相互関係を論じた．彼らの見方によれば，この相対的な振動数のずれは「水における最尤水素結合強度は水におけるよりもはるかに弱いが，それでもかなり強い」ことを示している．彼らはバンドの極大が 27°C と 65°C の間でわずかしかずれないこと（表 4.11 を見よ）から，この温度領域において水の最尤水素結合強度が目立って変化しないものと考えた．また，カップルしていない伸縮帯のわずかな非対称性は「強い水素結合のエネルギーが低いことから生ずる」と示唆した．カップルしていない赤外線吸収帯の振動数分布も同じように解釈される．すなわち，水を加熱するにつれて振動数が増加するのは，臨界温度が近づくにつれて平均の水素結合強度が減少することを示す．

Wall and Hornig (1965) はカップルしていない O-H および O-D 伸縮バンドの巾を水における分子の局所的環境（局所的 V-構造）にもとづいて解釈した†．彼らはまずカップルしていないバンドの巾が純粋の H_2O および D_2O におけるものより狭いことに注意した．たとえば H_2O 中に溶かした HDO 稀薄溶液において，O—D 伸縮バンドの半値巾はおよそ 160 cm^{-1} であるが，他方純 D_2O におけるカップルした O—D 伸縮帯の半値巾はおよそ 306 cm^{-1} である (Schultz and Hornig 1961)．ところが表 4.11 からわかるように，氷 I におけるカップルしていない O—H と O—D のバンド（50 および 30 cm^{-1}）と比べた場合水におけるカップルしていない O—H と O—D のバンドは極めてひろい（270 および 160 cm^{-1}）．この巾が隣接分子の振動とのカップリングにもとずくものでないことは，稀薄な同位体溶液を用いることによって，この種

† この解釈の基礎となる事柄は 第 3.5 (a) 節にある．これらの事柄に親しくない読者は p.133 にあげたまとめを参照していただきたい．

のカップリングが大部分除かれているという理由から明らかである．またこの残留巾が水素結合そのものの性質に由来するのではないことも，同じく水素結合をもつ氷IIにおいては結合していないO—D伸縮バンドの巾が狭く5 cm^{-1}しかないことから明らかである．Wall and Hornigによるとカップルしていないバンドの巾を温度の効果とすることはできない；カップルしていないラマンバンドの半値巾は27—65°Cの間で6cm^{-1}の増加を示すにすぎないからである．

カップルしていないバンドの巾は水の構造の乱れに由来するものであるとWall and Hornigは結論した．水において最隣接酸素—酸素間の距離に分布があればO—HおよびO—Dグループに対する静的な場としての摂動ポテンシャル（式3.15におけるU_j'）にも分布を生じ，したがってO—HおよびO—Dの伸縮振動数に分布を生ずることになる．カップルしていない水の伸縮振動の巾が氷のものより大きいのは，水における隣接O—O間距離のとりうる巾がひろいからである．またバンドの巾が温度上昇とともにわずかであるが，増大するのは最隣接分子間距離の分布が高温においてさらに巾ひろくなるからであると考えることができる．

カップルしていない伸縮振動帯の巾について2つの解釈が出されている．第一の解釈はWall and Hornig (1965), Falk and Ford (1966) およびFranck and Roth (1967) によるもので，彼らは実験結果が，連続で唯一つの極大をもつ強度分布（臨界温度以上において密度が0.1g cm^{-3}以下となり回転構造が重要となる場合を除いて）を示すことを強調した．このような強度分布は，水を少数のはっきりと異った分子種の混合物と考えるモデルに合致しないであろう，ということを彼らは注意した．その論拠は，もしこのような少数のはっきりと異った分子種が実在するものならば，分子振動の周期にくらべて長い時間にわたって各分子種は異った分子環境をもつであろうということである．ところがカップルしていない伸縮振動は各局所環境を鋭敏に反映するものであるから，このような環境の差が現れてしかるべきである．氷IIはこのことの明快な実例である（第3.5(b)節および表4.11)．この多形において4つの異なる最隣接分子があり，カップルしていないO—D伸縮バンドに4本の分離したピークが見られる．このようにして，水におけるカップルしていない伸縮バンドに明らかな構造が見られないという事実から，水において少数の異った局所的環境があるという考えは否定される．ひずんだ水素結合のモデルと乱れた網目構造のモデルは，混合物モデルとちがって最隣接酸素—酸素間距離が連続的に分布していると考えるので，これらのモデルはカップルしていない伸縮バンドの形と相容れるものである．

カップルしていない伸縮バンドの形の解釈にもとづいて，Wall and Hornig は水における最隣接分子間距離の相対出現頻度を各分子間距離について推定した．このために彼らは水素結合性結晶における O—H 伸縮振動と酸素—酸素間距離の間の相関関係（Pimentel and McClellan 1960）を利用した．彼らは水においても同様の相関が成立するものと仮定し，したがって各 O—H 伸縮振動数と酸素—酸素間距離を 1 対 1 に対応させた．その方法の詳細は彼らの論文にゆずる．図 4. 24 に彼らの得た結果を示す．これらの曲線は X 線回折法で導かれた動径分布関数（第 4. 2 (a) 節）と類似している．すなわち，最隣接分子が 2.75 Å 以内に近づくことはなく，最尤分子間距離は 2.85 Å である．Wall and Hornig は，これらの曲線が X- 線から得られた結果とよく一致することから，カップルしていないバンドの巾が水における分子間距離の連続的な分布を反映するという彼らの仮定が，さらに支持されたものと考えている．図 4. 24 の曲線は最隣接分子間の距離のみを示すという点で X 線による曲線と異なる．したがって 2.85 Å 以上の距離において頻度は減少しているが，3.10 Å 程度の大きな分子間距離も存在するであろう．O—H 伸縮振動数と酸素—酸素間距離を関係づける相関曲線の傾きは 2.85 Å 付近で急激に減少し，それ以上の距離に対して小さな値をもつことに注意する必要がある．その理由は，2.85 Å 以上の距離について図 4. 24 の関数が与える情報が，2.85 Å 以下の距離に関するものよりはるかに貧弱であることを意味するからである．

カップルしていない伸縮バンドの形の第二の解釈は主として図 4. 23 (c) および (d) のラマンバンドにもとづいて Walrafen (1967a. b) が提案した．彼は，観測されたバンドが 2 つもしくは 3 つの比較的巾のひろい互いに重なり合ったバンド成分から成り，各成分の形はガウス型をもつと考えた．25°C および 65°C のカップルしていない O—D のラマンバンドを再現するには，少くとも二つのガウス型成分を必要とすることを彼は見出した．この成分のひとつは

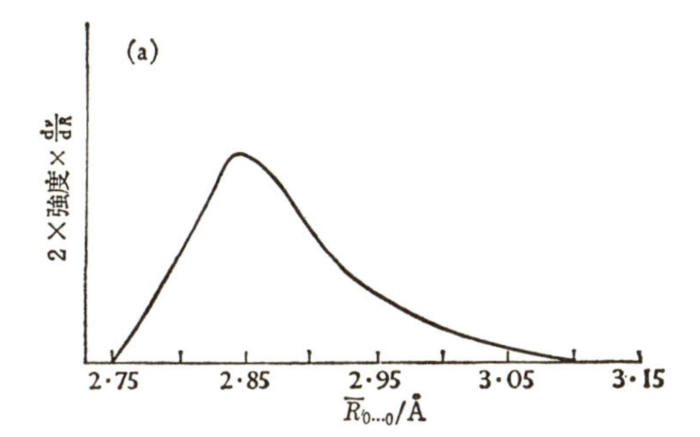

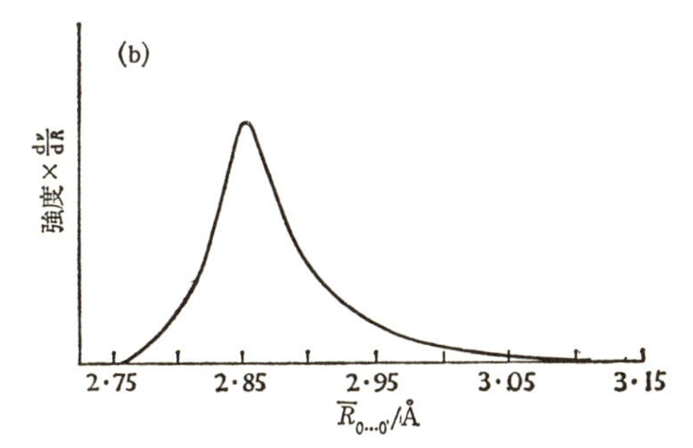

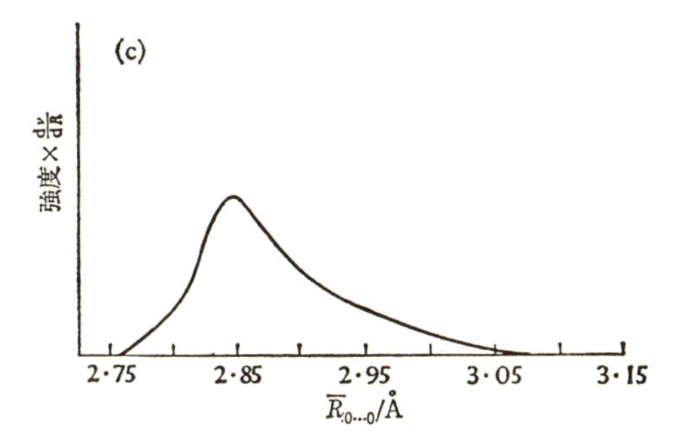

図 4.24　水における最隣接分子間距離の分布．カップルしていない伸縮バンドの形から導かれたもの．各距離に対する縦軸の値はその距離に最隣接分子をもつ分子の数の比率に比例する．(a) 27°C における O-H バンドから導かれたもの．(b) 27°C における O-D バンドから導かれたもの．(c) 65° における O-D バンドから導かれたもの．Wall and Hornig (1965) より．

2520 cm^{-1} 付近に中心をもち，他方は 2650 cm^{-1} 付近に中心をもつ．後者は図 4.23 (c), (d) に見られる高振動数側のショルダーに対応する．温度上昇にともなって高振動数側の成分の強度が相対的に増大する．Walrafen は低振動数側の成分が主として水素結合した水分子によるものであり，高振動数側の成分は逆に水素結合していない分子によるものと考え，温度上昇にともなって高振動数成分が増大するのは，水素結合した分子が高温において水素結合していないものに変ることの反映であるとした．この解釈は，等吸収点が見出されたことによって支持される．等吸収点の出現は二種の分子種が平衡にある際にしばしば見られる現象であるからである．さらに Walrafen の解釈は純粋の H_2O の伸縮帯の形について彼の提案した説明（以下を参照）とも，また同じく彼の行なった分子間振動の研究（第 4.7 (c) 節）ともよく合致するものである．

カップルしていない伸縮バンドのこのような解釈は，各成分ラマンバンドがガウス型であるという仮定に依存する．また，実測のバンドを形成する各成分バンドはかなりの程度重り合っているので，それらを生ぜしめると仮定されている異なる分子種の相当の部分が共通の振動数を持つことになる．これらの各点に関して次のような疑問点が挙げられよう．

第一に，水におけるカップルしていない O—H（および O—D）バンドの吸収曲線は数多くの狭いバンドが重り合ってできた包絡線であり，各成分はそれぞれ異なる環境にある O—H（もしくは O—D）振動子に由来するという考え方は多くの研究者の認めるところである．この考え方は，Walrafen が水素結合した分子種に帰属したところの成分バンドにもあてはまるであろう．このバンドの形は水素結合した液体成分における O……O 間距離の分布によっておおよそ決定されると考えられる．最大強度の振動数はほぼ最尤 O……O 間距離に対応し，その両側の振動数は，それぞれ大きい O……O 間距離と小さい O……O 間距離に対応する．ところが酸素—酸素間距離の分布は，おそらくガウス型でありえないと考えられる．短い距離において反発力が急激に増大するために，最尤間隔より短い結合距離をもつ水素結合の数は疑いもなく制限されるからである．したがって観測されたバンドのうち水素結合種から生じたとされている成分はガウス型をもつと期待されない．

さらに，水素結合していない種に帰属された成分バンドの巾が，なぜこのように広いのかということも理解されない．水素結合していないO—H（もしくはO—D）のもつ環境のなかに様々に変り得る要素があって，それがO—H（もしくはO—D）の振動数に著しいずれを与えると仮定しなければならない．実際，水素結合していないO—H（もしくはO—D）グループのうちのかなりの割合が，水素結合したO—Hグループと同じ程度に摂動をうけた環境にあることになる．水素結合を除いては，このように大きい振動数のずれの原因となり得る可変要素を考えることはむずかしい．分子環境のこの可変要素を水素結合に求めるとすれば，上の解析はWall and Hornig, Falk and FordおよびFranck and Rothによる解析と事実上等しくなる．ただ一つの違いは，数多くの異なる環境をWalrafenは二つに大きく分離したという点である．Walrafenの見出した等吸収点は，この見方が妥当なものであることを示唆している．

本書の著者らの考えでは，カップルしていない伸縮帯の研究から次の結論を導くことができよう．(a) バンドの巾によって示されるとおり，水のO—Hは様々な環境にある．言いかえれば様々な強度の水素結合が存在する．(b) 水は**はっきりと異った**少数の分子種より成るのではない．これはバンドの形が比較的滑かであり，ただ一つの極大をもつことによって示される．ただしバンドの形はそれぞれが多様な分子環境をふくんだ二つ，もしくはそれ以上の分子種が存在するという可能性を除外するものではない．この記述は分子種の数が多い極限，もしくは各分子種の中での環境が多様であるという極限においては，水の分子環境が連続的に分布しているという記述と言葉の上での差しかもたないことになる．(c) 水素結合を形成せず，したがって大多数のO—Hグループと明らかに異った環境にある分子が水の中に存在するという可能性を，バンドの形にもとづいて否定することはできない．水素結合していないグループを赤外線の方法で検出することは，水素結合したO—Hグループの場合にくらべて困難である．それは水素結合の形成によって，O—H伸縮バンドの吸収がおよそ10倍も強くなるからである（Van Thiel *et al.* 1957, Swenson 1965）．したがって100°C以下の温度にある水において，かなりの数の非水素結合O—Hグループが存在しながら，その吸収が弱いために赤外線伸縮吸収帯の高振動数側に第2の吸収極大を生ずるにいたらないという可能性があり得よう．ラマン散乱の強度に対して水素結合形成がおよぼす影響は今まで研究されていないように思われるが，自由な O—H からの散乱が O—H……O からの散乱より弱いということは十分ありうることである．事実，Wall and Hornig および Walrafen のラマンスペクトル（図 4.23）の積分強度は，赤外線スペクトルの場合と同様に，温度上昇にともなって減少する．この振舞は水素結合の切断と合致する．もちろん，これは水素結合が弱くなるということに関連させることもできよう．同様に Walrafen (1967 b) によって見出されたカップルしていないラマンバンドの高振動数側のショルダーは水素結合していない O—H グループに由来すると考えることもできるが，後に第 4.8 (a) 節で論じるとおり，ひずんだ水素結合から生ずると考えることも可能である．

幾人かの研究者はカップルしていない伸縮バンドの強度から，切断された水素結合の割合を推定した．Wall and Hornig (1965) は理論的な根拠にもとづいて，"蒸気状" の分子による吸収は 3600cm^{-1} 以上に起るとし，それが水の 5 パーセント以上を占めることはないと論じた．蒸気状分子による吸収の下限，すなわち 3600 cm^{-1} は，CCl_4 中の H_2O の稀薄溶液に関する Stevenson (1965) 研究によって支持される．彼は ν_1 と ν_3 の伸縮モードがそれぞれ 3620 cm^{-1} と 3710 cm^{-1} に現れることを見出した．Walrafen (1966, 1967 a) は，3600 cm^{-1} という下限は少くとも 100 cm^{-1} だけ高すぎると主張した．彼は臨界点付近にある純 H_2O のラマン O—H 伸縮バンドにもとづいて，3500 cm^{-1} を下限として採用し，27°C にある水において少くとも 30 パーセントの水分子が水素結合していないと推定した．

H_2O および D_2O における伸縮バンド　純 H_2O および純 D_2O における伸縮バンドの解釈は HDO のカップルしていない伸縮バンドの場合よりはるかに難しい．その困難には次のようにいくつかの原因がある．すなわち

(1) 二つの O—H 伸縮バンド ν_1 と ν_3 および変角振動の第一倍音 $2\nu_2$ が互いに近い振動数にある．

(2) これらの振動がそれぞれ隣接分子の振動とカップルし，その結果各バンドが分裂する．もとのバンドの振動数が接近しているので分裂してできたバンドは重なり合う．

(3) ν_1 と $2\nu_2$ が重り合ってフェルミ共鳴を起す（すなわち $2\nu_2$ が ν_1 から強度を借りる）．さらに隣接分子からくる摂動のために 1 つの分子の 2 本の O—H 結合が等価でなくなる．その結果 ν_3 振動は厳密に反対称でなくな

り $2\nu_2$ とのフェルミ共鳴に関与する．

純 H_2O および純 D_2O の伸縮バンドの形について，今までにこれらの効果にもとづく適切な説明が与えられたことはないが，バンドの主な特徴を説明するためにいくつかの提案がなされている．ここではそのうちの3つを考察しよう．

Cross *et al.* (1937) と Walrafen (1967 a) はラマン伸縮バンドの構造を水素結合の数の異なる分子の存在によるものとした．この解釈の一つの理由は，温度上昇にともなって 3200 cm^{-1} 領域の O—H バンドの強度が減少するに対し，3600 cm^{-1} 領域のバンドの強度は増大するという実験事実にもとづいている．この強度変化は，切断された水素結合の数が高温において増大するということに帰される．10～90°C のすべての温度において Walrafen (1967 a) は観測されたバンドを4つのガウス型成分によって再現することができた．4成分のうち（低振動数側の）二つは昇温にともなって強度が減じ，他の二つは増大した．彼は昇温にともなって強度の増加する成分を水素結合していない分子の2つの分子内振動に帰属し，強度の減少する成分を水素結合した分子の分子内振動に帰属した．Walrafen は赤外線伸縮バンドの構造も同じ考えにしたがって解釈した．

Schultz and Hornig (1961) はラマン伸縮帯をフェルミ共鳴にもとづいて説明した．彼らはラマン散乱の偏光解消度を振動数の関数として測定した．その結果にしたがって彼らは 3600 cm^{-1} 付近のショルダーを ν_3† に，主極大を主として ν_1 に，3200 cm^{-1} 付近の成分を $2\nu_2$ と ν_1 のフェルミ共鳴によるものとした．バンドの形の温度変化は ν_1, ν_2 および ν_3 振動数のずれによるフェルミ共鳴の変化に帰せられた．

水の伸縮バンドの形についてわずかながら異った解釈が Schiffer and Hornig (1967) によって提出された．彼らは分子どおしの衝突によって ν_1 と ν_3 の振動数に巾ができると考える．ν_1 と ν_3 の平均振動数は，それぞれ 3400 cm^{-1} と 3600 cm^{-1} にあるとする．ν_2 の倍音が 3200 cm^{-1} 付近にあって ν_1 の最低振動数と重なるために ν_1 からフェルミ共鳴を通じて強度を借りる．温度が上昇すれば ν_1 と ν_3 バンドの平均振動数は増大するが，これは ν_1 と $2\nu_2$ の間のフ

† Senior and Thompon (1965) はこの帰属の当否を論じた．伸縮領域に関するいくつかの解釈の優劣については彼らの論文を参照されたい．

ェルミ共鳴の効果を減じ 3200 cm^{-1} 付近の強度を減少させることになる.

(c) 分子間振動

分子間振動から 3 つの振動帯が生ずることは，すでに第 4.7 (a) 節で述べたとおりである．0°C 付近の温度においては，これら 3 つのバンドは氷のものと極めてよく似ている．−3°C にある氷と ＋2°C にある水の 60〜900 cm^{-1} 領域における中性子非弾性散乱スペクトルは，事実上ほとんど同じである (Larsson and Dahlborg 1962).

分子の衡振に帰属される巾ひろい ν_L バンド (300〜900cm^{-1}) は赤外線，ラマン，および中性子非弾性散乱のスペクトルに現れる．0°C において赤外バンドの極大は〜700 cm^{-1} 付近にある (Draegert *et al*. 1966)．これは氷 I における〜795 cm^{-1} (Zimmermann and Pimentel 1962) よりすこしばかり低い．温度上昇にともなってこのバンドはさらに低振動数側に移動するが，これは中性子非弾性散乱スペクトルにおける ν_L のふるまいと同じである．われわれは第 3.5 (b) 節において，いくつかの多形氷において見られる低い振動数の ν_L をより曲りやすい水素結合によるものとした．また，低い振動数の ν_L をもつ多形はおそらく弱い水素結合をもつであろうということを見出した．したがって水の ν_L の振動数が氷のものにくらべて低いことは，水の水素結合がそれだけ曲りやすく，かつ弱いということを示すように思われる．さらに加熱すれば水素結合はますます弱くなり，水素結合の変形が助長される．

より弱い ν_T バンドは束縛並進に帰属され，0°C において 199 cm^{-1} 付近に極大をもつ．この振動数は氷 I の ν_T バンドの極大振動数，〜214 cm^{-1} (Zimmermann and Pimentel 1962) よりわずかに低い．温度上昇にともなって水におけるバンドの極大はおよそ 0.2 cm^{-1}/K の割合で低振動数側に移動する．同様の変化がラマンの ν_T バンドにおいても観測された (Walrafen 1966)．第 3.5 (b) 節において，いくつかの多形氷で見られる低振数の ν_T をこれらの多形に存在する比較的容易に伸びやすい水素結合によるものとした．したがって水における水素結合が氷のものより伸びやすく，また高温ではますます伸びやすくなると考えることは妥当であろう．

ラマンスペクトルによる分子間振動の研究は Walrafen (1964, 1966, 1967 a) によって行われた．このバンドは強度が小さいために研究が難しい．Walrafen

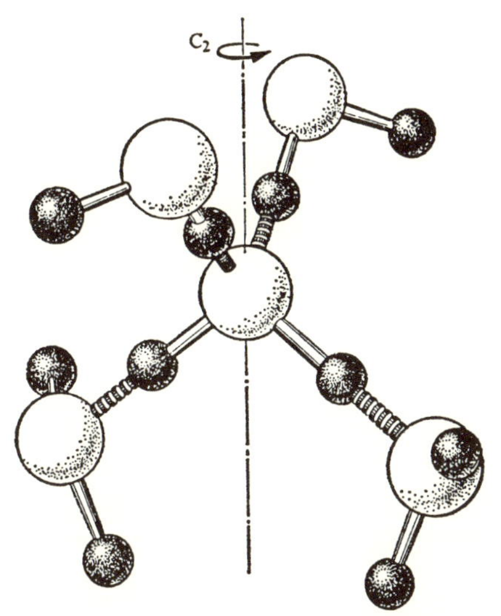

図 4.25　5個の水分子よりなる水素結合構造．水の分子間振動のバンドを規準振動に帰属するために Walrafen (1964) によって使われたもの．小さい球は水素原子を，大きい球は酸素原子を，また，小さい円板は水素結合を表わす．Walrafen (1964) より．

によると ν_L バンドは～440, 540, および 720 cm^{-1} に中心をもつ三つのガウス型成分より成る．彼はこれらのバンドをそれぞれ別々の振動様式に帰属し，その温度依存性を水の構造の変化にもとづいて解釈した．

Walrafen は分子間振動を図 4.25 に示したような分子より成る水素結合構造の規準振動に帰属した．このモデルがえらばれたのは水において四面体的に配位した分子があるという X- 線回折（第 4.2 (a) 節）からの根拠にもとづいている．簡単のために，このモデルは C_{2V} 対称をもつと仮定される．規準振動のなかに分子の 3 本の慣性主軸のまわりの回転的振動に対応して 3 つの非対称的な変形が含まれるが，Walrafen (1964, 1967 a) は 3 本の ν_L 成分をこれらのモードに帰属した．またこのモデルは 4 本の水素結合伸縮モードを与える．Walrafen は 175 cm^{-1} 付近の ν_T バンドをこれらに帰属した．これらの他に水素結合の曲りに対応する対称的な変形の規準振動が存在する．60 cm^{-1} のバンドはこのモードに帰属された．対称的な変形モードと水素結合の曲るモードに対しては，水素原子だけでなく分子全体が振動子の質量となるので，ごくわずかな同位体効果しか期待されない．Walrafen (1964, 1966) は，分子間振動バンドのラマン散乱強度が温度上昇とともに減少する理由を，四面体的な水分子のグループがくずれることに求めた．彼はこのことを4つの隣接分子と水素結合で結ばれた“束縛”分子（B）と，そのような結合状態にない“非束縛”分子（U）の間の平衡として表現した．すなわち，U⇄B である．ν_T バンドの積分強度が束縛分子の濃度に比例すると仮定して，Walrafen は水素結合している分子の割合を各温度で見積った．彼の結果は，図 4. 11 に示されたように水素結合した分子の割合が 0°C の 0.6 から 100°C の 0.1 にまで変化するというものである．Walrafen (1966) は B→U の過程にともなう活性化エネルギーとして 5.6 kcal mol^{-1} を得た．四面体型の格子を完全にくずすには1分子あたり2本の水素結合を切断することが必要であるから，この ΔH^0 は平均の水素結合エネルギーとして 2.8k cal mol^{-1} に対応する．

ラマンの強度が高温において減少することに対して，他の説明を与えることもできる．そのひとつは，Walrafen (1966) が簡単に触れたものである．すなわち，彼は分子間振動のラマン強度の減少を水素結合が著しく曲ることに関連づけられるという可能性を示唆した．この観点によれば，高温における強度の減少はひずんだ水素結合の増加を表わしており，U 分子は著しくひずんだ水素結合を形成する分子にすぎないことになる．いまひとつの解釈は，強度減少の説明を氷Ｉの赤外線スペクトルにおいて ν_T バンドの主極大強度が昇温にともなって減少することの説明と同じ点に求めるものである（Bertie and Whalley 1967；第 3. 5 (a) 節）．Bertie and Whalley はこの効果をホット・バンドによるものと考えている．

分子間モードのラマン強度が減少することの説明として，もし Walrafen の第1のものをとるとすれば，伸縮バンドに関しても，水素結合した分子と水素結合していない分子の間の平衡にもとづく彼の解釈（第 4. 7 (b) 節）を受入れなければならないことは明らかである．しかし，そうすれば，100°C において10パーセントしか水素結合が残っていないと考えるのであるから，100°C の液体と気体におけるカップルしていない伸縮バンドの差のほとんどすべてを水素結合以外の力に帰さなければならなくなる．ここでいうカップルしていないバンドの差とは，吸収極大の高振動数側へのずれ（～260 cm^{-1} に達する）と積分強度の相当な減少である．しかしこのような変化は通常，水素結合の切断にともなって起るものである（Pimentel and McClellan 1960, p. 70）．この理由によって，分子間振動のラマンバンド強度が減少することの説明として他のいずれかの方が妥当であるように思われる．

（d）　倍音と結合音

4000 cm^{-1} 以上の振動数領域における水のスペクトルに関してここで立入った議論はしないが，水の構造についての結論に導くという限りにおいて考察したい．

Buijs and Choppin（1963）は 8000 cm^{-1} 付近における水の赤外スペクトルの温度依存性を測定した†．彼らはこの領域における吸収を水分子の $\nu_1+\nu_2+\nu_3$ という結合音に帰属した．彼らはこの吸収が3つの成分より成るものであり，各成分の強度は温度変化すると述べている．第1の成分（8000 cm^{-1}）は氷においてはっきりと現れるものであるから，彼らはそれを2つの O—H グループがともに水素結合した水分子に帰属した．また第2のバンド（8330 cm^{-1}）は一方の O—H グループだけが水素結合した水分子に，第3のバンド（8620 cm^{-1}）はいずれの O—H グループも自由な水分子に帰属した．各成分の吸収強度の温度依存性から Buijs and Choppin は水におけるこれら3種の分子の相対数を算出した．水素結合をもたない分子の割合は 6°C における 0.27 から 72°C における 0.40 に増加し，二本の水素結合をもつ分子の割合は同じく 0.31 から 0.18 にまで減少する．また一本の水素結合をもつ分子の割合は，約 0.42 でほとんど温度変化しない．

Hornig（1964）はこの研究の基本となっている仮定に反論した．その仮定とは，8000 cm^{-1} 付近の赤外バンドの温度依存性が水の分子種の濃度変化に起因するという考え方である．はっきりと異った3種の分子種が存在し，そのために結合音に構造が生じているのならば，結合していない基本伸縮バンドにも同様の構造が現れなければならないと Hornig は主張した．ところがこれらのバンドには構造が見られない（第 4. 7（b）節）ので 8000 cm^{-1} 付近の吸収の温度依存性は他の原因によるものであろう†．より妥当性のある説明は加熱に

† Thomas *et al.*（1965）はこの研究を追試して，そのデータをすこしばかり違った方法で解析した．彼らは対応する領域の D_2O のスペクトルも研究した．Luck（1965）は 0°C から臨界点にいたる温度範囲にわたって同様の研究を行なった．

よって基本振動数にずれが生じ，その結果重なり合った倍音と結合音の間のフェルミ共鳴を変化させるという解釈であろう．

4.8 水の構造: 物性から導かれる結論

(a) 水素結合にもとづいて水の性質を記述するときの問題点

この章で挙げた数多くの例に示されるとおり，水素結合は水の諸物性データ相互を関連づけるのに有用な概念である．しかしながら，いくつかの場合には水素結合にもとづいて水の性質を記述するさいに十分注意を払わなければならない．水素結合を共有結合と全く類似的なものと見なすことは誤解に導くおそれがある．例えばいくつかの節（3.6 (a), 3.6 (c) および 4.3 (a)）で注意したように，水素結合のエネルギーは通常の化学結合が室温にある場合とちがって，それがおかれた環境に強く依存する．このことに関連して，水の水素結合を「切断」するという語の意味を考えよう．この問題は大部分語義上のものであるが，ある程度までは，水における切断された水素結合の割合に対して様々

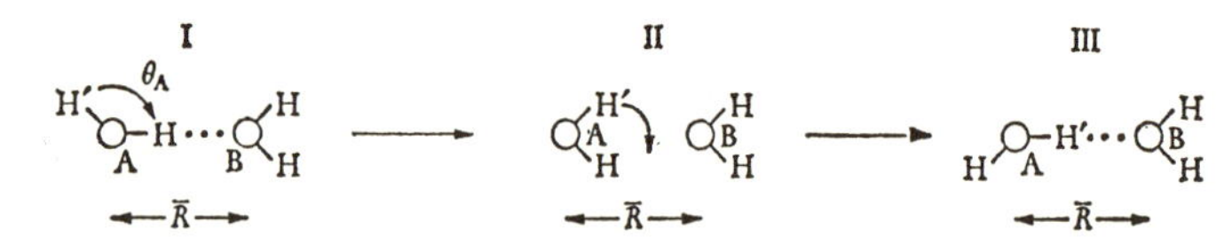

図 4.26　水における分子の回転．

な推定値が出されているという事実（図 4.11）の説明にもなり，また，同時に分子の再配向過程についての見方をあたえるものである．

図 4.26 に示されたように液体中で水分子が回転するときに，それにともなうエネルギーの変化を決定することができたとしよう．この図において分子 A の回転にともなって液体の他の部分が再編成され，その結果として生ずる最後の配置 III のエネルギーは配置 I のエネルギーに等しいものとする．中間の配置 II において A と B の間の水素結合は著しくひずみ，もしくは切断し，そのエネルギーは高い．この 2 分子系の最大エネルギーは双極子-双極子間の力や，その他の力のために 2 つの孤立分子のエネルギーより低いであろう．

つぎにこれらのエネルギーをより詳しく定義しよう．分子 A, B と液体中の

---

† Buijs and Choppin (1964) はこの点について返答を出したが，本書の著者の見るところでは彼らの解釈に対する Hornig の基本的な疑問には答えていないように思われる．

他の分子（1, 2……, N）の座標は9次元ベクトルの組 $\boldsymbol{R}_{\mathrm{A}}, \boldsymbol{R}_{\mathrm{B}}, \boldsymbol{R}_1, \boldsymbol{R}_2\cdots\cdots, \boldsymbol{R}_N$ によって指定される．これらのうち3次元は分子の重心の位置を，他の3次元は分子の配向を，そして残りの3次元は分子内座標をあらわす．液体のポテンシャルエネルギーは次のように書かれる．

$$U(\boldsymbol{R}_{\mathrm{A}}, \boldsymbol{R}_{\mathrm{B}}, \boldsymbol{R}_1, \boldsymbol{R}_2\cdots\cdots, \boldsymbol{R}_N).$$

われわれが知ろうとするエネルギーはBを固定し（$\theta_{\mathrm{B}}=0$とする），Aの配向（θ_{A}で表わす）を変化させた場合の各θ_{A}におけるUの平均値である．そのさい，AとBの距離は水の動径分布関数における第1極大の位置に対応する間隔$\bar{R}$に固定しておく．このエネルギーは次式の関数によって与えられる．

$$\bar{U}(\bar{R}, \theta_{\mathrm{A}}, \theta_{\mathrm{B}})= \\ =\frac{\int\cdots\int U(\boldsymbol{R}_{\mathrm{A}}, \boldsymbol{R}_{\mathrm{B}}, \boldsymbol{R}_1, \cdots\cdots \boldsymbol{R}_N)\mathrm{e}^{-U/kT}\mathrm{d}\boldsymbol{R}_{\mathrm{A}}{}'\mathrm{d}\boldsymbol{R}_{\mathrm{B}}{}'\mathrm{d}\boldsymbol{R}_1\cdots.\ \mathrm{d}\boldsymbol{R}_N}{\int\cdots\int \mathrm{e}^{-U/kT}\mathrm{d}\boldsymbol{R}_{\mathrm{A}}{}'\mathrm{d}\boldsymbol{R}_{\mathrm{B}}{}'\mathrm{d}\boldsymbol{R}_1\cdots,\ \mathrm{d}\boldsymbol{R}_N}, \quad (4.25)$$

ここで積分は分子AとBの配向とそれらの間隔を指定する座標以外の座標について行なう．$\mathrm{d}\boldsymbol{R}_A{}'$と$\mathrm{d}\boldsymbol{R}_B{}'$に付けたプライムはこのベクトル成分のうちいくつか（$\bar{R}, \theta_{\mathrm{A}}$および$\theta_{\mathrm{B}}$に依存するもの）は固定されることを示す．

さて図4.26に示すように分子Bを$\theta_{\mathrm{B}}=0$に固定し，分子Aを配置I, II, IIIを通って回転させたときに，$\bar{U}(\bar{R}, \theta_{\mathrm{A}}, \theta_{\mathrm{B}})$がどのように$\theta_{\mathrm{A}}$に依存するかを考えよう．

図4.27は回転座標θ_{A}の関数としてエネルギー$\bar{U}(\bar{R}, \theta_{\mathrm{A}}, 0)$のとりうる4つの可能な形を示す．曲線$a$は配置IIで極大をとり，その後次第に減少するエネルギーを表わす．曲線bは急激に増加した後，配置IIの領域で平らになり，その後急激に減少する．曲線cは曲線bと類似しているが，配置IIのあたりで浅い極小をもつ．曲線dは曲線aとほとんど同じであるが，極小と極大の間に3つの変曲点をもつ．

もしエネルギー$\bar{U}$がbやcの曲線にしたがうものであれば，水素結合の「切断」を言々してもよいであろう．配置IIにある場合の二分子系のエネルギーが配置IもしくはIIIにある場合とはっきりと異なるからである．しかしエネルギーの曲線がaのようなものであれば，水素結合の「切断」という語は明確な意味をもたず，おそらく水素結合の「ひずみ」と呼ぶほうが適切であろう．

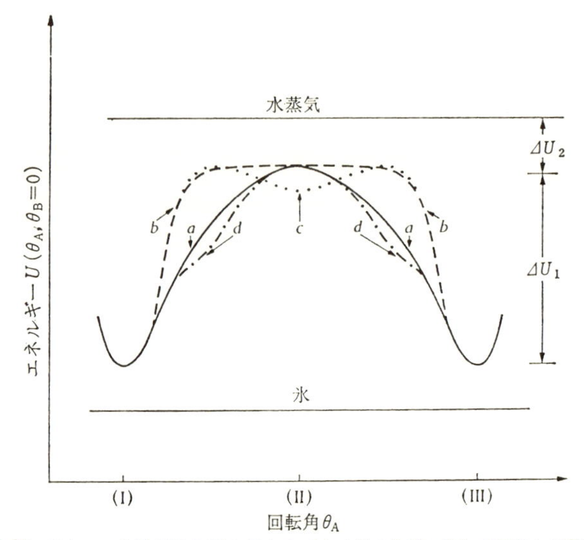

図 4.27 ひとつの分子が図 4.26 に示したごとく他の分子に対して回転する際に生ずると考えられるエネルギーの変化.

そしてこの場合に水における切断された水素結合の割合を種々の実験的および理論的な方法で決定しようとすれば，どっちつかずの結論や，矛盾を含んだ結論が導かれることにさえなろう．というのは，曲線 a においては水素結合の「切断」された状態が何らエネルギー曲線上のはっきりと定義された領域に対応せず，したがって水素結合が「切断」されたと見なされる点が解析方法によって違うということがあり得るからである．要するに，この場合には切断された水素結合の割合は水の性質を記述するのに有用なパラメーターでないということである．エネルギー曲線が d のような場合には事情は明確ではないが，やはり変形という表現のほうがよいと考えられる．

図 4.27 の 4 つの曲線のうちに水の場合を定性的に正しく表わすものがあるとしても，現在のところいずれが妥当であるかを結論することはできない．しかし分光学的なデータは曲線 a，もしくは d が現実に比較的近いことを示唆している．もし，b もしくは c が正しいとすれば，結合していない O—H および O—D の伸縮振動のバンドに 2 つのはっきりと異った O—H の環境の存在が反映されると期待される．ところが第 4.7 (b) 節で述べたように，このような明確に異った環境があるという証拠はない．Walrafen (1967 b ; 図 4.23 (c)) に

よって観測されたショルダーは d の曲線とは矛盾しない．したがって，a よりも d の方が正しいことを示すものと考えることもできよう．

曲線 b もしくは c の方が現実に近いと仮定し，カップルしていない O—H 伸縮バンドに 2 種類の環境の存在が反映されないのは図 4.27 の ΔU_2 が ΔU_1 より大きいからであると論ずることもできる．この場合には，液体の中で水素結合していない O—H グループのエネルギーは水蒸気の O—H グループよりむしろ O—H……O グループのエネルギーに近い値をもつことになる．したがって水素結合していない O—H グループの存在はカップルしていない伸縮バンドの非対称性のみに反映され，2 つの極大とはならないであろう．しかしながら小さい ΔU_1 を水の大きな誘電定数（およびその他の性質）と矛盾なく結びつけることは難しい．誘電定数の大きな値は分子間の角度相関が強いことを意味しており，これは言いかえれば ΔU_1 が大きいことを示すからである．

回転に対するエネルギー変化の曲線の温度および圧力依存性を考察することは興味深い．水の誘電緩和および粘性流動に対する活性化エネルギーが温度上昇にともなって減少するということから，極小より測った極大の高さ（図 4.27 における ΔU_1）が温度上昇とともに減少するということが示唆される．これに対応して ν_L モード（第 4.7 (c) 節）の振動数は昇温にともなって減少する．これはポテンシャルエネルギー曲線がその極小領域でなだらかになることを示す．30°C 以下の温度においては加圧によって粘性が減少するので，圧力も同様の効果をおよぼすことがわかる．

(b)　水の V- 構造：まとめ

水の小さな部分の，振動的に平均化した構造，すなわち V- 構造とは分子間振動に要する時間より長く，分子の拡散運動に要する時間より短い時間にわたって平均化した分子の配置をいう．小さい領域の V- 構造は平均として τ_D のあいだ保たれ，その後，分子の並進や再配向によって変化する．この時間 τ_D は温度と圧力に依存する．粘性，誘電緩和時間および自己拡散係数の温度依存性は，すべて昇温とともに τ_D が減少することを示す．室温において分子の移動の緩和時間は 10^{-11}～10^{-12}s の程度である．したがって 1 つの分子は再配向や並進によって新しい平衡位置に移るまでに，平均として 100 回以下の束縛並進振動（ν_T モード）および 1000 回以下の回転振動（ν_L モード）を行なう．

あまり高くない圧力と 30°C 以下の温度において水の粘性は加圧によって減少し，したがって τ_D も減少する．重水 D_2O に対する τ_D の値は軽水の τ_D よりわずかに長い．これは D_2O 緩和時間の方が長いことから知られる．

分光学的な研究によって，水の V- 構造の基本的な特徴のいくつかが確立された．

(1) カップルしていない O—H と O—D の伸縮バンドの巾から，水分子の局所的な環境がかなり多様性をもつことが示される．これは氷 I における分子環境の一様性と対比される．これらのバンドのひろがりから，最隣接分子間の隔りは 2.75 Å から 3.10 Å に及ぶことが推論され，最尤分子間距離はおよそ 2.85 Å であると考えられる．比較的短かい分子間距離は氷におけるものと同様の強い水素結合に対応し，大きい分子間距離は著しくひずんだ水素結合，もしくは切断した水素結合に対応する．

(2) V- 構造がはっきりと区別のつく少数の分子環境から成るのではないことがカップルしていない伸縮バンドの形によって示される．これらのバンドの形が比較的滑かでただ一つの極大をもつことから，V- 構造は少数の異った分子環境より，むしろひろく分布した種々の環境を含むことが示されるように思われる．しかしながら，カップルしていない伸縮バンドの研究から水素結合していない O-H 結合が水の中に存在しないという明確な証拠は得られない．したがって水は様々に水素結合した分子を含んではいるが，さらに水素結合していない O—H グループをもつ分子をも含む可能性がある．

(3) カップルしていない伸縮バンドの研究から，昇温にともなって水における分子の環境が多様性を増すということ，および水素結合の平均エネルギーが減少することが示される．0°C 付近においても水は氷より多様な分子環境をもつ．これはカップルしていない伸縮バンドの巾が大きいことから示される．また水の O—H 伸縮振動数は氷における値より大きい．これは水の水素結合が氷のものより平均として弱いことを示す．また水の ν_L および ν_T バンドの振動数は氷における値より小さい．これは，水の水素結合がそれだけ変形しやすいことを示す．これらの水と氷の差異は温度上昇にともなってますます大きくなる．すなわち，カップルしていない伸縮バンドは広がり，水素結合はますます弱く，ますますひずみやすくなる．

水のV-構造に関して多くの重要な問題が未解決のまま残っている．例えばV-構造における水素結合角の分布やV-構造に対する圧力の効果は，ほとんど知られていない．また，はっきりと水素結合していないと言えるO—Hグループが存在するか否かという問題も，もちろん決着がついていない．

最後にV-構造はD-構造と異なる物理的性質をもつと考えるべきであるという点に注意しよう．もし，τ_D程度の時間のうちに熱力学的およびその他の測定をすることができるとすれば，分子の位置はその間，ほとんど固定しており，したがってわれわれはV-構造の性質を測定することになろう．そうすれば，熱容量には分子の位置および配向変化からくる分子配置の寄与が現れる時間がないので，振動からの寄与（$\sim$10 calK^{-1} mol^{-1}）のみが測定されるであろう．同じように圧縮率および熱膨脹にも振動の寄与のみが現れることになろう．また誘電定数も高振動数値ε_∞をもつことになる．

（c）水のD-構造：まとめ

拡散によって平均化された水の構造，すなわち水のD-構造は，任意にえらばれた「中心」分子のまわりでτ_Dより長い時間にわたって平均化した分子配置である．第4.1(a)節で注意したようにD-構造は「中心」分子をつぎつぎと換えてV-構造を空間平均したものと見なすこともできる．時間平均，空間平均いずれの見方も実験データを解釈するさいに役立つ．

動径分布関数（図4.4）を空間平均と見るとすれば，融点付近の温度にある水において多くの分子は任意の各瞬間において，2.9 Å, 5 Å，および7 Åの距離に高濃度で隣接分子をもつと言うことができる．第4.2(a)節で論じたようにこのピークの並び方および動径分布関数の第1ピーク面積から，数多くの分子がちょうど氷Iにおけると同様に四面体配位の分子から成る水素結合の網目構造を作っていることが示唆される．しかし動径分布関数のピークの巾は異なる中心分子のまわりのV-構造が氷の場合よりはるかに多様であることを示す．また多くの水分子が約3.5 Åの距離に隣接分子をもつが，これは氷Iにおいては見られないものである．今のところこれらの分子は，水素結合の網目構造に属さない隣接分子であるか，もしくは176ページで述べた歪んだ水素結合の一つに属するものと考えられる．温度を上げると5 Åおよび7 Å付近の密度は次第に減少し，200°Cにおいては6 Å以上の距離での密度は液体全体の密度とほとんど違わなくなる．これは言うまでもなく熱擾乱によって水素結合の網目構造がひずみ，もしくは切断されることを示す．

各瞬間に多くの水分子が水素結合の網目構造形成に関与していることは，水の誘電定数が大きいという事実によっても示される．事実，今までに行われたこの性質の理論的とりあつかいで成功したものは，室温において大部分の分子が四配位をもつという仮定にもとづいている．多くの O—H グループが室温において水素結合に関与してていることを示すその他の性質としては，水蒸気のプロトンを基準とした水のプロトンの NMR 化学シフトが大きいこと，水におけるプロトンの易動度が異常に大きいこと，および重水における重水素核の四極子相互作用が小さいことなどがある．

通常の方法で測定される熱力学的性質は水の D- 構造の特性を表わすものである．与えられた性質（例えば熱容量や圧縮率など）は 2 つの寄与より成ると考えることができる．その一方は振動の寄与であり，圧縮や加熱によって誘起される分子振動の振幅の変化にもとづくものである．他方は液体の構造変化にもとづく寄与である．液体の構造変化は分子の移動によっておこるが，これらは$\sim 10^{-12}$ s 程度の継続時間をもつ．したがってこれ以上の時間を要する測定には分子配向の寄与が現われる．分子配向からの寄与には，水が加熱されたり圧縮されたりするさいに生じる水素結合のポテンシャルエネルギー変化が大きく関与していると考えられる．計算によると熱容量および内部エネルギーに対する分子配向の寄与は，それぞれの全測定値の半分程度を占めている．膨脹係数も振動と配向の寄与を含むと考えることができる．水が熱せられると（非調和性の）分子間振動の振幅が増大し液体の体積を増加させる．これは，言うまでもなく膨脹係数に対する振動の寄与である．しかし同時に，昇温にともなって水素結合のひずみが増大する．そしてこの効果は体積を減少させるように働く．この項の寄与が振動からくる正の寄与と拮抗して実測されるとおりの体積極小を 4°C に作り出すと考えられる．

第5章　水のモデル†

水の熱力学的性質に関する厳密な古典論を展開するために，次の2つの主要な問題を解くことが必要である．

(1)　水分子の集りにおける相互作用のポテンシャル関数が，その系のハミルトン関数 H を明示するために必要である．このようなポテンシャル関数はまだ得られていないがこの方面の研究が活発に行われており，より正しいポテンシャル関数が遠からず見出されよう（第2.1，第3.6(b)節参照）．

(2)　古典的な分配関数

$$Z=\frac{1}{N!h^{3N}}\int\cdots\cdots\int\exp(-H/kT)\mathrm{d}\boldsymbol{R}_1\cdots\mathrm{d}\boldsymbol{R}_N\mathrm{d}\boldsymbol{p}_1\cdots\mathrm{d}\boldsymbol{p}_N$$

を計算しなければならない．ここで N は分子数，$\boldsymbol{R}$ と $\boldsymbol{p}$ は分子の空間座標と運動量である．これは数学的に非常に難しい問題である．しかし単純な液体，例えばアルゴンについてはこの方面で著しい進歩が見られる（例えば Rice and Gray 1965 を参照）．同様の方法が究極的には水に応用されうるかもしれない．

しかしながらこれらの問題は極めて難しく，現在のところ水の厳密な理論を正面から展開する試みは行われていない．

多くの理論は，あまり根本的ではないが，より扱いやすい方法にもとづいている．すなわち

(1)　何らかの実験的な根拠と直観にもとづいて水のモデルが仮定される．

(2)　そのモデルが数学的な形に翻訳される．いくつかのパラメーターを含む

† 水のモデルに関する綜説と議論としては次のものを挙げることができよう．Chadwell (1927), Némethy and Scheraga (1962), Frank (1963, 1965), Kavanau (1964), Davis and Litovitz (1965), Wicke (1966), Berendsen (1967), Davis and Jarzynski (1967—8),

簡単な分配関数が工夫される.

(3) 分配関数から導かれる熱力学的表示式を，実験結果と合わせるべくパラメーターを変化させる.

もしよく合う結果が得られれば，はじめに仮定したモデルが真の水の構造を幾分かは反映することを示すであろうが，そのモデルが正確であることの証明にはならない．事実，第5.2 (b) 節で見るように，互いに全く異なると考えられるいくつかのモデルが，このような方法によって実験データと合わせられる．逆に実験とよく合わないからといって，そのモデルが水を正確に記述しないとは結論されない．たとえよいモデルであっても分配関数に導入されるときの近似によってゆがめられるおそれがあるからである.

以上のような理由で，水のモデルを論ずるにあたり，まず分光学的およびその他のデータとの一致に注意し，つぎに熱力学関数がどの程度に再現されるかを見ることにする．なお読者は第4.2 (b) 節で述べたモデルに関する事柄をすでに知っているものとする.

5.1 小集合体モデル

水を水分子の小さな集合体の平衡混合物と考える一連のモデルがかつては広く受入れられたが，現在では歴史的な意味しかもたない．これらのモデルのいくつか（Chadwell 1927 を参照）は，水を H_2O, $(H_2O)_2$ および $(H_2O)_3$ の混合物として扱った．後二者はそれぞれディヒドロール（dihydrol）およびトリヒドロール（trihydrol）と呼ばれた．また他のモデル（Eucken 1946）において，水は H_2O, $(H_2O)_2$, $(H_2O)_4$, および $(H_2O)_8$ の混合物と見なされた．温度，圧力および溶質濃度に対する諸性質の依存性がこれら集合体の平衡濃度の変化によって説明され，数多くの性質について実験とのよい一致が得られた．Dorsey は水に関する彼の成書（1940, p. 168）においてディヒドロールとトリヒドロールの性質を表にまとめた.

Bernal and Fowler（1933）は小集合体モデルを“あまりにも分子の化学にとらわれた考え”であり，液体中での分子の空間的な配置の誤った記述を与えるものとして批判した.

最近のデータは，小集合体モデルが正しくないことを確証している．分光学的データ（第4.7(b)節）は水がはっきりと区別される小数の分子種から成るのではないことを示す．また，誘電緩和時間の分布が小さい（第4.6(a)節）ことから，種々の集合体が水の中に存在するとしても，それは 10^{-11} s 以上にわたって持続するものではないことがわかる．水分子の間に強い角度の相関があることは，大きい誘電定数の値から明らかであるが，これは小集合体モデルによって説明されない．

5.2　混合物モデルおよび割りこみ分子のモデル

(a)　基本的な仮定

たいていの混合物モデルの基本となる仮定は，水が明確に区別され得る少数の分子種より成るということである．前章の言葉で言えば，混合物モデルは異なる中心分子のまわりの V- 構造に少数の明確に区別できるタイプがあると考える．割りこみ分子のモデルは混合物モデルの一種であって，一方の分子種が水素結合の網目構造を作り，他方の分子種が網目構造の中の空洞に入りこむと考える．前節でのべた小集体モデルも混合物モデルの一種である．

混合物モデルの数学的取扱いにおいて，各水分子はとびとびのエネルギー準位を占めると考えられる．各エネルギー準位は通常状態と呼ばれる．熱擾乱のために分子はこれらの状態の間を遷移し，したがってある程度の時間にわたってみれば各分子は等価である．各準位の占有率は温度や圧力によって変化すると仮定され，それによって水の熱力学性質が説明される．

Frank (1958, 1963, 1965) は水の混合物モデルを支持する理論的な根拠を提出した．彼は次のような共鳴構造が一対の水分子間の引力に寄与するという水素結合の原子価論にもとづく Coulson and Danielsson (1954) の指摘に注目した．

$$\mathrm{H{-}O_A^{-}\quad H_A{-}O_B^{+}{<}^{H}_{H}}$$

Frank は O_A に現れる負電荷が他の水分子のプロトンを引きつけるであろうと考え，したがって1つの水素結合が形成されるとその近くに他の水素結合が作られやすくなるであろうと結論した．逆に水素結合の切断は隣接する他の水素の切断を促進すると考える．このように水素結合の形成と切断が協同現象であ

表 5.1 水に対する混合物モデルおよび割り込み分子のモデルの主要な特徴[a]

モデルの種類	著 者	分子種の数	分子種の性質	最低密度分子種の 0°C におけるモル分率	分子種間のエネルギー差 kcal mol^{-1}	分子種間の体積差 cm^3 mol^{-1}	パラメーターの決定に利用されたデータ
単純な2状態モデル	Hall (1948)	2	(1)氷に類似 (2)単純な稠密液体状態に類似	～0.7		8.5	超音波吸収
	Grjotheim and Krog-Moe (1954)	2	(1)歪んだ氷状の構造 (2)水素結合していない稠密構造	0.44	2.6	2.9	モル体積
	Smith amd Lawson (1954)	2	Hall (1948) に同じ	0.5	2.6	＞8.0	音速
	Litovitz and Carnevale (1955)	2	Hall (1948) に同じ	0.3	0.87	8.4	超音波吸収
	Wada (1961)	2	(1)氷状の準結晶構造をもつ低密度状態 (2)"稠密状態"	0.42	2.5	2.8	モル体積
	Davis and Litovitz (1965)	2	(1)空間の多い氷状の6員環 (2)6員環の稠密配置，各分子は6員環中で2分子と水素結合する.	～0.6	～2.7	～7	動径分布関数およびモル体積
	Davis and Bradley (1966)	2	Davis and Litovitz (1965) に同じ．ただし D_2O に関するもの	0.61[b]	2.9	7.2[b]	動径分布関数およびモル体積
割り込み分子のモデル	Pauling (1959); Frank and Quist (1961)	2	(1)水素結合した包接化合物状の構造 (2)空洞の一部に割り込んだ H_2O 分子	0.82[b]	～2.2		モル体積および塩素水和物の構造
	Danford and Levy (1962); Narten *et al.* (1967)		(1)異方的に膨張した氷 I 類似の格子 (2)空洞の一部に割り込んだ H_2O 分子	0.82[b]			モル体積および動径分布関数

	Némethy and Scheraga (1962)	5	隣接分子との間にそれぞれ 0,1 2, 3, および4本の水素結合をもつ5種の分子種	0.54	2.6[d]	3.6	熱力学関数
	Némethy and Scheraga (1964)	5	Némethy and Scheraga (1962) に同じ，ただし D_2O に関するもの	0.54[b,c]	3.1[d]	3.5	熱力学関数
分配関数に関連したモデル	Marchi and Eyring (1964)	2	(1) 4配位の水素結合構造 (2)空洞中で自由回転する単分子	0.98	6.9	0.5	熱力学関数
	Vand and Senior (1965)	3	隣接分子との間にそれぞれ 0, 1, または2本の水素結合をもつ3種の分子種．同じ種に属する分子は必ずしも同じ離散的なエネルギーを持たず，むしろバンドを成している．		2.8[e]		熱力学関数
	Jhon *et al.* (1966)		(1)46分子から成るかご状の構造，氷Iと同じ密度をもつ．4°C 以上の温度ではほとんど分解する． (2)同様に水素結合しているが，より密度の高い氷III状の構造，いずれの構造も“流動性の空間”を含む．		0.48	2.0	熱力学関数

a 数値はとくに断らないかぎり 0°C における値．

b 4°C における値．

c 4, 3, および2本の水素結合をもつ種のモル分率の和. Némethy and Scheraga はこれらのモル体積を同一とした．

d 4本の水素結合をもつ種と水素結合をもたない種のエネルギー差．

e 2本の水素結合をもつ種と水素結合をもたない種のエネルギー差．

るとする考えにもとづいて，Frank and Wen (1957) は水の中に“解けては結ぶクラスター”が存在するという仮定（第4.6 (a) 節）に導かれた．さらに彼らはクラスターの中の水素結合した水分子がその外側にある水素結合していない水分子と明らかに異なるものであると示唆した．

水分子間の水素結合が協同現象によって強められると考えるべき理由が他にもある．水蒸気の第2，第3ビリアル係数（第2.1 (b) 節）を比較することによって，2分子の間に存在しない引力が3分子の間に作用していることが示唆される．また，氷の格子エネルギーの計算にもとづいて，水分子相互の分極作用が凝集力に寄与することが示される．これらの観点からすれば，協同効果が水分子間の水素結合の強さに重要な影響を及ぼすという Frank の結論は正しいと考えられる．しかしもうひとつの結論，すなわち，水のなかに明確に区別される小数の分子種が存在するという結論は，上述の考察から直ちに導かれるものではない．第4.7 (b), 4.8 (b) 節で要約したとおり，むしろこの結論は正しくないと考えられる．

(b) いくつかのモデルの詳細

最も単純な水の混合物モデルはただ2つの分子種を仮定する．そして水の性質が次式に示す平衡によって説明される．

$$(H_2O)_{疎な分子種} \rightleftarrows (H_2O)_{密な分子種}.$$

これら二状態モデルにおいて，多くの場合，疎な分子種は“氷状”に水素結合した分子の集合体と考えられ，密な分子種はより稠密に填ったエネルギーの高い状態であると考えられる．したがって上記の平衡が右へずれると高エネルギー状態にある分子の数が増加し，液体の体積は減少する．この平衡の ΔV, ΔU, および各分子種のモル分率が実験的に決定された1つもしくは2つの性質を用いて見積られる．いくつかの二状態モデルで用いられるパラメーターを表5.1にまとめる．

表5.1には2つの割りこみ分子のモデルも示されている．一方は Danford and Levy (1962) および Narten *et al.* (1967) によるもので，すでに第4.2 (b) 節で述べた．他方は Pauling の“水和水”モデルである．Pauling (1959) は水における分子配置が包接化合物の一つ，すなわち塩素水和物に類似しているという可能性を示唆した．このモデルにおいては20個の水分子が水素結合

して中空の五角十二面体を作り，その中に水素結合していない水分子が入る．五角十二面体どおしは互いに水素結合で結ばれるような配置をとりうる．もし塩素水和物（Pauling and Marsh 1952）の場合と同様の填り方をとれば，単位胞あたり46分子で水素結合の枠組が出来あがり，その中に8個の空洞が作られる．各空洞が一つの H_2O 分子をふくむとすれば，この構造の密度は0.98 g cm^{-3} となって水の密度に近い値がえられる．Pauling が注意したように，21分子より成るこの十二面体の複合体は30本の水素結合を含んでいて，これは可能な全水素結合数の71.5%にあたる．また，21分子より成るどのような複合体を氷Ⅰの格子から切り取っても，その中には可能な全水素結合数の60%以上の水素結合を含むものはない．

Pauling のモデルから導かれる熱力学的な帰結は Frank and Quist (1961) によって研究された．空洞の占有率が変りうるとすることにより彼らは30°C, 2000 kg cm^{-2} までの範囲で P-V-T 関係をよく説明することができた．しかし，占有率は温度によってわずかしか変化しないので，分子配向にもとづく熱容量は0.55 cal/mol°C にとどまる．したがってこのモデルは水の大きい熱容量を説明しない．Frank and Quist の結論は，Pauling の提案した型の構造が実在するとしても水はそのような枠組と割りこみ分子ばかりでできているのではないということである．速度論的な性質からわかるとおり，水の V- 構造はたえず変化しており，各瞬間に何程かの分子が枠組から空洞への遷移状態にあると考えられる．Frank and Quist は，これらの遷移構造が分子配置の熱容量を大部分説明するであろうと述べている．

表5.1に挙げられた他のモデルについては，もっと詳しい数学的記述が展開されている．各モデルについて分配関数が作られ，多くの場合に状態間のエネルギー差が未定のパラメーターであって熱力学的性質の計算値を実験データと合わせることにより決定される．しかし，Vand and Senior (1965) はエネルギー間隔を Buijs and Choppin (1963；第4.7 (e) 節）の分光学的研究に合うように定めた．Vand and Senior の計算は分子のエネルギー準位がとびとびの値でなく，各分子種について平均値のまわりにガウス分布したエネルギー帯をなしていると考える点でも他のものと異っている．彼らは水分子が0本，1本および2本の水素結合を作ることに対応して3つのエネルギー帯があると仮

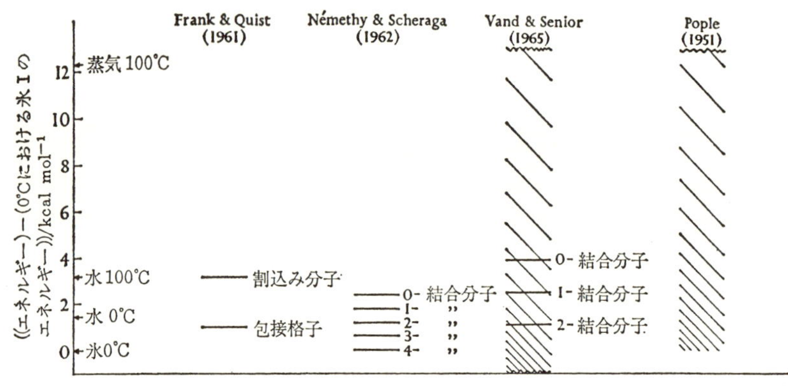

図 **5.1** いくつかのモデルにおいて仮定される水のエネルギー状態. 左端に 0°C と 100°C における水と 100°C における水蒸気の内部エネルギーの実験値が与えられている. Vand and Senior のモデルにおいて分子の占めるエネルギー状態は 3 つのガウス曲線に従って分布しており, ガウス分布の中心が実線で与えられている. したがってこのモデルのとりうるエネルギーは $-\infty$ から $+\infty$ わたっている. Pople のモデルにおいては分子のとりうるエネルギー状態は 0 から $+\infty$ に分布している.

定した. 各エネルギー帯の巾は水素結合エネルギーと配位数のひろがりを表わすものとされる. したがって, このモデルは少数のはっきりと区別されうる分子種が仮定される点では狭義の混合物モデルの特徴をもち, 分子環境に連続的な分布を仮定するという点では第 5.3 節で論じたモデルの特徴を合わせもつものである. 図 5.1 にいくつかのモデルで仮定されるエネルギー状態を示す.

これらのモデルにもとづく熱力学的性質の計算結果を表 5.2 に示す. 各モデルの描く水の V- 構造が異なるにもかかわらず, いずれのモデルも熱エネルギー関数の実験データを相当よく再現する. この事実は, モデルをパラメーターでおきかえ, その計算にもとづいて水の V- 構造に関する結論をひきだすことの危険性を示すものである. 10 もしくはそれ以上のパラメーターを使って数学的な融通性をもたせるならば, 多くのモデルが熱力学関数の実験値と合せられると考えられる. したがって一致の良さだけではモデルの正しさを保証する証明となり得ない. しかし, 表 5.2 に挙げたモデルが熱エネルギーおよび *P-V-T* 性質をよく記述するという事実は, おそらくこれらすべてが水の構造の基本的な特徴をある程度反映することを示していると考えられる. 例えば, いずれのモデルも (昇温にともなって水素結合が切断されるという仮定によって)

図 5.2　混合物モデルにもとづく水の熱力学的性質の計算†

著者	可変パラメーターの数	計算された性質と実験値の一致の程度	
Némethy and Scheraga (1962)	9個の振動数＋2個	0–100°C の温度にわたって U, S, A, は 3.8% 以内, C_V は 0°C において 18% 過剰, 100°C において 28% 不足	常圧下における P-V-T の性質を他のいくつか（およそ6個）のパラメーターを用いて合わせた. V は 4°C において極小を示し, 0–70°C の間で実験値と 0.5% 以内に一致.
Marchi and Eyring (1964)	14 個	S と A はより一致. C_V は小さすぎる (=10cal/mol°C)	0–140°C の範囲で蒸気圧の一致良好. 0–180°C にわたって V は 0.3cm^3 mol^{-1} 以内で一致. 4°C に極小を示さない.
Vand and Senior (1966)	12個＋6個の分光学的定数	0–100°C にわたって U, S, A, および C_V は 1.5% 以内	
Jhon *et al*, (1966)	9個	0–150°C にわたって S および A の一致極めて良好, C_V は 0–100°C において 12.3% 以内	0–150°C の範囲で V は 1% 以内, 蒸気圧は 3.2% 以内.

† モデルの簡単な説明については表 5.1 を参照のこと.

分子配向からくる大きい熱容量を与える．また実験に見られるとおりに，モル体積の極小を再現するモデルは熱膨脹に分子配置からの寄与と振動からの寄与を含んでいる．

これらのモデルの1つ――すなわち Némethy and Scheraga (1962, 1964) のモデル――をすこし詳しく考察しよう．彼らはまわりの分子との間に作る水素結合の数が 0, 1, 2, 3，および4本である場合に対して各水分子が5個のエネルギー準位のいずれか一つを占めるものと仮定した．各分子はまとまったクラスターを作るか，もしくは束縛されない状態にあるとし，小さな重合体単位を形成することはないと仮定される．モデルを構成することにより Némethy and Scheraga は1つのクラスターの中で4本，3本および2本の水素結合によって結ばれた分子の比率を二つの数 n_0 と y_1 によって表現する式を得た．ここで y_1 は一つのクラスターの中で複数本の水素結合によって結ばれた分子の数の平均値，n_0 は1本の水素結合によって結ばれた分子の占める比率である．彼らは次に彼らのモデルを次式の分配関数によって記述した．

$$Z=\sum_{n_0, y, x_u} g(n_0, y_1, x_u)\prod_{i=0}^{4}\left\{f_i \exp\left(-\frac{E_i}{RT}\right)\right\}^{NX_i},$$

ここで各記号は次の意味をもつ.

X_u；結合していない分子のモル分率

N ；アボガドロ定数

X_i；i 番目の分子種のモル分率

E_i ；i 番目の分子種のエネルギー準位

$g(n_0, y_1, x_u)$: 組合せ因子$=N!/(N_4!N_3!N_2!N_1!N_u!)$

ここで N_i は水 1 モル中にある i 番目分子種の分子数, f_i は i 番目分子種の自由度を記述する重み因子である.

f_i の形は次のとおりである.

$i=1, 2, 3, 4$ に対して $f_i=f_v$,

結合していない分子に対して $f_i=f_t f_r f_v$.

また

$$f_v=\prod_{i=1}^{s}\left\{1-\exp\left(-\frac{h\nu_{ij}}{kT}\right)\right\}^{-1},$$

$i=1, 2, 3, 4$ に対して $s=6, i=u$ に対して $s=2$ であり,

$f_t=(2\pi mkT/h^2)^{3/2}V_f$ および

$f_r=(2\pi/\sigma)(2\pi IkT/h^2)^{1/2}$

である. これらの式において添字 t, r, および v はそれぞれ並進, 回転, および振動を意味し, σ, m, および I は水分子の対称数, 質量および慣性モーメントを表わす. V_f は可変パラメーターであり自由体積と呼ばれる.

Némethy and Scheraga は, 彼らの報告にあるとおり最大項の近似によって分配関数を計算した. 熱力学的諸関数は $A=-kT \ln Z$ 等々の周知の表示式によって与えられる. 自由体積 V_f およびエネルギー準位間隔を変えることにより（また振動数 ν_{ij} に適当な値をえらび）彼らは熱エネルギー関数の計算値を実験データと合わせた. 彼らの得た一致の程度は表 5. 2 に示すようなものである.

水の P-V-T 関係式を計算するにあたって, Némethy and Scheraga はクラスターが氷 I と同じ膨張係数をもつとした. 水素結合していない分子の体積と膨張係数は全モル体積を 0°C, 4°C および 25°C において実験値と合わせることにより決定された. 得られた値は他の極性液体のものと同程度の大きさであった. この手続きにおいてクラスターのモル分率が必要であるが, その値は熱エネルギーの計算値と実験データを合わせることにより別途に決定されたものである. モル体積の計算値は 4°C に極小値を示す. そのうえ, 上述の手続きを D_2O に適用したところ (Némethy and Scheraga 1964) 新しいパラメーターとして D_2O 中のクラスターのモル分率のみが導入されたのみであるにもかかわらず 11. 2°C に生ずる体積極小が 1°C 以内の誤差で再現された.

(c) 混合物モデルと実験データの整合性

混合物モデルの基礎となっている仮定——すなわち，水は明確に区別される少数の分子種よりなるという仮定——は実験データに合致しない．カップルしていない伸縮バンドの研究（第4.7(b)節）から明らかなように，水はさまざまな分子環境を含んでおり，したがって少数の離散的な状態によっては正しく記述されない．カップルしていない伸縮バンドの形ははっきりと異った水素結合状態にあるグループの存在を完全に否定するものではないが，むしろ分子種に幅ひろい分布があるということで水が特徴づけられていることを示しており，したがってこの事実を考慮にいれないモデルは水を精確に表わすとは言い難い．

また，明確に区別のつく分子種が水のなかに存在するとしても，それを表現するために通常用いられる言葉は不正確である．「氷状」のクラスターと言っても決して氷状であり得ない．水において相当数のO—Hグループが氷のO—Hグループと同じ環境をもつものならば，カップルしていないO—H伸縮バンドの3300 cm^{-1} 付近に鋭い極大が観測されるであろう．しかし実際にはこのようなピークは観測されない．さらに，純粋の水が容易に過冷却されるという事実は氷状の核が水の中に存在しないことを示す（例えば，Koefoed 1957)．また室温にある水に相当の割合で「水蒸気状」の水分子が存在するという見方に対して反証が Stevenson (1965) によって集められている．彼は水中に存在すると仮定される水蒸気状の水分子に対しいくつかの操作的定義を与え，いずれの定義にしたがっても，O—100°C の範囲において水蒸気状分子のモル分率が 0.01 より小さいことを示した．彼の定義の1つは真空紫外領域における水と水蒸気の相対吸収強度にもとづくものであり，他の1つは CCl_4 に溶かした H_2O 稀薄溶液の赤外線吸収にもとずくものである．

混合物モデルを採用することの正当性の主張として，そのモデルにもとずく分配関数が水の平衡物性の数々をよく再現することがしばしば挙げられる．しかし，ここで，平衡物性は分子集合体の**平均**エネルギーに依存することに注意する必要がある．真のエネルギースペクトルが連続的である場合でも離散的なエネルギー準位を上手にえらべば正しい平均エネルギーが得られるであろう．したがって水のV-構造に関するモデルの良否を判断するには，水の分子環境について分光学的に知られている諸事実とそのモデルが矛盾するか，しないかを基準とする方がはるかによい．この基準からすれば，大部分の混合物モデルは受入れ難い．したがって，クラスターの平均的な大きさ，切断された水素結合の数等々の分子的なパラメーターに関して，そのようなモデルから結論を導くのは論理的でない．

5.3 ひずんだ水素結合のモデル

Pople (1951) によるひずんだ水素結合のモデルと，それに密接に関連した Bernal (1964) の無秩序な網目構造のモデルは第 4.2 (b) 節において手短かに論じられた．混合物モデルにおいて，水素結合は完全に結ばれているか完全に切断されているかのいずれかであったが，これらのモデルにおいては，さまざまの程度に変形すると見なされる．氷の場合と同じように水分子は四配位をもつとされるが，分子が結び合ってできる網目構造は氷に見られるいくつかの基本的な秩序構造とは対照的に不規則であり乱れているとされる．Bernal (1964) によると 5 員環が多く出現するが，4, 6, 7，およびそれより多くの分子より成る環も網目構造中に現れると考えられる．

今までのところ，これらのひずんだ水素結合のモデルは混合物モデルおよび割込み分子のモデルほどに関心を集めていない．Pople および Bernal は，これらのモデルが水の動径分布関数と合致することを示した（第 4.2 (b) 節）．また Pople は，彼のモデルが水の誘電定数（第 4.4 (a) 節）と融解にともなって氷 I の体積が収縮するという事実を説明することを示した．第 4.3 (a) 節では，簡単な計算にもとづいてこの種のモデルが水の熱容量と熱エネルギーを説明するであろうことが示唆された．

Pople は水における水素結合の平均的なひずみの角度の見積り方を示した．2 つの水分子が液体中でとる相対的な配向は，それらの間の水素結合をひずませるに要するエネルギーのみで決定されると仮定して，彼はこのエネルギーを「水素結合変形の力定数」k_ϕ で表わした．k_ϕ は 式 4.2 および図 4.7 で定義されている．さらに，水素結合のひずみが古典統計によって扱われると仮定して，Pople は水素結合した分子の間の O—O 軸と O—H 結合（もしくは孤立電子対）のなす角 ϕ の平均値を推算した（図 4.7 参照）．微小な角度に対し，変形に要するエネルギーが $-k_\phi \cos\phi$ によって与えられることに注意して，彼

は角 ϕ が ϕ と $\phi+d\phi$ の間にある確率を次式のように書いた．

$$p(\phi)\sin\phi d\phi=\frac{\exp\{(k_\phi\cos\phi)/kT\}\sin\phi d\phi}{\int_0^\pi \exp\{(k_\phi\cos\phi)\}/kT\}\sin\phi d\phi}$$

$$=\frac{k_\phi/k\mathrm{T}}{2\sinh(k_\phi/kT)}\exp\{(k_\phi\cos\phi)/kT\}\sin\phi d\phi.$$

したがって $\cos\phi$ の平均値，$\overline{\cos\phi}$ は，次式で与えられる．

$$\overline{\cos\phi}=\int_0^\pi p(\phi)\cos\phi\sin\phi\,d\phi=\coth(k_\phi/kT)-kT/k_\phi.$$

第4.2 (b) 節 で述べたように Pople は動径分布関数の研究から k_ϕ の値を導いた（$=3.78\times10^{-13}$ erg/rad)．この値をもちいると 0°C および 100°C での $\cos^{-1}(\overline{\cos\phi})$ はそれぞれ 26° および 30° となる．

ひずんだ水素結合のモデルは水の構造について，実験的に知られているほとんどすべての事柄と合致するように思われる．これらのモデルで仮定される分子環境の多様性の程度は，水のカップルしていない伸縮バンドの幅と矛盾しない (第4.7 (b) 節)．水素結合が広範に形成されているということがこれらのモデルの本質的な内容であるが，そのことによって水の大きい誘電定数，大きい蒸発熱，異常なプロトン易動度，および重水における小さい四極子結合定数などが説明される．これらのモデルと折り合わせることのむずかしい1つの実験結果は水の誘電緩和時間の分布がせまいという事実であるが，これは混合物モデルおよび割りこみ分子のモデルともうまく折り合わせ難いということに注意すべきであろう．幾人かの研究者（例えば Némethy and Scheraga 1962）は広範に水素結合で結ばれた液体は粘性が高いはずであるという論拠にもとづいて Pople のモデルに反対している．この議論は切断された水素結合と極度にひずんだ水素結合が根本的に異なるものであるという仮定に立っている．換言すれば水の中で分子が回転するさいのエネルギー曲線として図 4.27 の a もしくは d より b もしくは c の方が正しいと仮定している．第4.8 (a) 節で述べたとおり，現在までに知られている証拠は水における水素結合の切断と著しい変形の間に基本的な差がないことを示唆している．Pople モデルに対するもう1つの反論は，著しくひずんだ水素結合が水の中にあるとは考えにくいという定性的な議論にもとずいている（例えば Frank 1958)．このような議論は氷の高圧相（第32節）において極度にひずんだ水素結合が見出された現在となってはあまり説得力をもたない．氷II, III, V および VI はすべてひずんだ水素結合を含むが，それらの相は氷Iより10分の数 kcal mol^{-1} 程度高い内部エネルギーをもつにすぎない．ところが0°Cにある水は氷Iより1.44 kcal mol^{-1} ばかり高い内部エネルギーをもつのである．

著者らは，ひずんだ水素結合のモデルがさらに深く研究するに値すると考える．Pople の「水素結合変形の力定数」は水分子間の力を表わすには単純すぎるであろう．より現実性のあるポテンシャル関数にもとづく計算は極めて興味深いものとなろう．

補　　遺

水分子

実験から導かれる性質（1.1e 節）

Ben Aryeh (1966) は分子の双極子モーメントの原子価角に関する導関数 $(\partial\mu/\partial\alpha)$ を赤外の ν_2 バンドの積分強度より決定した．

H_2O, HDO および D_2O における水素核のスピン・回転定数が Bluyssen *et al.* (1967) と Treacy and Beers (1962) によって報告された．Stevenson and Townes (1957) は $HD^{17}O$ における ^{17}O 核の四極子結合定数を測定した．この値から酸素核における静電場勾配が導かれる．

性質の計算（1.2d 節）

Harrison (1967) と Aung *et al.* (1968) は水分子の数多くの性質を正確な波動関数にもとづいて計算した．Harrison は 1.2d 節で述べた Whitten *et al.* (1966) の波動関数を使った．分子の諸性質に対する原子核の零点振動の寄与が Kern and Matcha (1968) によって計算された．Arrighini *et al.* (1967) は分子の分極率テンソルの成分を計算した．

氷

氷の構造と性質（3.1, 3.2, 3.3, 3.4d, および 3.5c 節）

Brill and Tippe (1967) は氷 I の格子定数を 15～200 K の温度範囲にわたって X 線の方法によって測定し，a-軸と c-軸方向の膨張係数を導いた．水素原子の配置の乱れから生ずる氷の残余エントロピーの計算が Lieb (1967) によってさらに展開された．

氷 III を −65°C 以下に冷却するときに起る水素原子の秩序化が Whalley *et*

al. (1968) によって研究された．彼らは秩序構造に対して新しい呼称（氷IX）と，その水素原子の位置を提出した．Kell and Whalley (1968) はより高い温度に秩序－無秩序転移の在存を示唆していた古い熱力学的データに誤りを見出した．Ghormley(1968) はガラス性氷*と氷 I_c の熱的性質に関する新しい測定を報告した．

Barnaal and Lowe (1967) は氷Iにおける陽子磁気共鳴の2次モーメントを測定し，その値が O—H 結合長 1.00 Å，H—O—H 結合角 109.5° という値に矛盾しないことを結論した．D_2O の氷Iにおける ^{17}O の四極子結合定数が Waldstein and Rabideau (1967) によって決定され液相および気相における値と比較された．

Ramseier (1967) は氷Iにおけるトリチウムの自己拡散を研究し，空格子点の機構によって水分子全体が拡散することを結論した．

水素結合（3.6 節）

固体における水素結合の実験的研究方法が Hamilton and Ibers (1968) によって詳しく論じられた．

Morokuma and Pedersen (1968) は2つの水分子の間の相互作用エネルギーを量子力学的に計算した．最安定配置は供与体分子のひとつの O—H グループが受容体分子の2回軸と共線的に列らぶものである．その結合エネルギーは 12.6 kcal mol^{-1}，平衡 O…O 距離は 2.68 Å である．Weissmann *et. al.* (1967) は氷における水素結合エネルギーのそれまでに行われた計算のいくつかを論じた．

水

振動分光と水の構造に関する全般的な議論（4.7, 5.2, および 5.3 節）

Walrafen (1968a) はカップルしていない伸縮バンドに関する彼のラマン分光による研究を O—H 結合に拡大し，その結果と Wall and Hornig (1965) の結果の差異を強調した．Walrafen (1968b) は水に関する彼自身の研究の詳

---

* p. 2 の訳注参照

しいレビューにおいて，ラマンスペクトルの温度変化を様々な水の分子種の間の平衡にもとづいて解釈した．彼は，伸縮バンドおよび分子間振動バンドの強度変化を加熱によって起る水素結合の段階的な切断にもとづいて説明し，また，この水素結合の切断が水の熱容量に対する分子配向の寄与の説明をも与えることを示した．

Luck (1967) は分光学的性質と熱力学的性質の相関を別の観点から論じた．彼の論文の後に水の構造と性質に関する議論が報告され，その中で Luck 博士，H. S. Frank 教授，M. Magat 教授，およびその他の多数の研究者が重要なコメントを述べている．

Stevenson (1968) は水の UV および赤外線吸収の測定を発展させた．彼の結論は彼の結果が「水をいくつかの明確に区別されうる水素結合性分子種にもとづいて記述することとは両立しえない」ということである．

Kamb (1968) は高圧氷に関する研究をレビューし高圧氷の構造と類似の分子配置が水においても存在すると考えることが，どの程度まで可能であるかを考察した．彼の議論は熱力学的，電気的，分光学的等々の諸性質にわたる徹底的なものである．

熱力学的性質（4. 3 節）

Vedam and Holton (1968) は水の P-V-T データの表を，0～100°C の温度と 1～1000 kg cm^{-1} の圧力および 30～80°C の温度と 1～1000 kg cm^{-1} の圧力にわたって与えた．これらのデータは音速の圧力と温度依存性に関する Wilson (1959) と Holton *et al.* (1968) の正確な測定から導かれ，4 章で引用した Bridgman のデータとよく一致する．Vedan and Holten は断熱および等温圧縮率，熱膨張係数，C_P, C_P/C_V の値をも上述の温度圧力範囲にわたって与えた．

その他の性質（4. 3, 4. 4b, および 4. 5b 節）

水の光散乱の理論に関する論文において，Litan (1968) は Einstein-Smoluchowski-Cabannes による表示式 (4. 19) が散乱光を過小評価することを示した．しかしその差は実験誤差の範囲を出ない．

Florin and Alei (1967) は $H_2{}^{17}O$ の水における ^{17}O NMR の化学シフトを測定した.

Kuhns and Mason (1968) は水の小さい液滴の過冷却と凝固に関する研究をレビューした.

水のモデル (5.2 節)

2 状態の割込み分子モデルが Gurikov (1965, 1966) および Vdovenko *et al.* (1966, 1967) による一連の論文において展開された.

Perram and Levine (1967) は水の統計力学的取扱いにおいて Némethy and Scheraga のもちいた組合せ因子の導出を批判した.

参考文献

Akerlof, G. C., and Oshry, H. I. (1950). *J. Am. chem. Soc.* **72,** 2844.

Antonoff, G., and Conan, R. J. (1949). *Science* **109,** 255.

Arrighini, G. P., Maestro, M., and Moccia, R. (1967). *Chem. Phys. Lett.* **1,** 242.

Aung, S., Pitzer, R. M., and Chan, S. I. (1968). *J. chem. Phys.*, in press

Auty, R. P., and Cole, R. H. (1952). *J. chem. Phys.* **20,** 1309.

Bader, R. F. W. (1964*a*). *J. Am. chem. Soc.* **86,** 5070.

—— (1964*b*). *Can. J. Chem.* **42,** 1822.

—— and Jones, G. A. (1963). *Can. J. Chem.* **41,** 586.

Bain, R. W. (1964). *National Engineering Laboratory Steam Tables 1964.* H.M.S.O., Edinburgh.

Barnaal, D. E., and Lowe, I. J. (1967). *J. chem. Phys.* **46,** 4800.

Barnes, W. H. (1929). *Proc. R. Soc.* A **125,** 670.

Bass, R., Rossberg, D., and Ziegler, G. (1957). *Z. Phys.* **149,** 199.

Bayly, J. G., Kartha, V. B., and Stevens, W. H. (1963). *Infrared Phys.* **3,** 211.

Beaumont, R. H., Chihara, H., and Morrison, J. A. (1961). *J. chem. Phys.* **34,** 1456.

Bell, S. (1965). *J. molec. Spectrosc.* **16,** 205.

Ben Aryeh, Y. (1966). *Proc. phys. Soc.* **89,** 1059.

Benedict, W. S., Claassen, H. H., and Shaw, J. H. (1952). *J. Res. natn. Bur. Stand.* **49,** 91.

—— Gailar, N., and Plyler, E. K. (1953). *J. chem. Phys.* **21,** 1301.

—— —— —— (1956). *J. chem. Phys.* **24,** 1139.

Berendsen, H. J. C. (1967). *Theoretical and experimental biophysics* (ed. A. Cole) **1,** 1.

Bernal, J. D. (1937). *Trans. Faraday Soc.* **33,** 27.

—— (1964). *Proc. R. Soc.* A **280,** 299.

—— and Fowler, R. H. (1933). *J. chem. Phys.* **1,** 515.

Bertie, J. E., Calvert, L. D., and Whalley, E. (1963). *J. chem. Phys.* **38,** 840.

—— —— —— (1964). *Can. J. Chem.* **42,** 1373.

—— and Whalley, E. (1964*a*). *J. chem. Phys.* **40,** 1637.

—— —— (1964*b*). *J. chem. Phys.* **40,** 1646.

—— —— (1967). *J. chem. Phys.* **46,** 1271.

Bett, K. E., and Cappi, J. B. (1965). *Nature, Lond.* **207,** 620.

BISHOP, D. M., and RANDIĆ, M. (1966). *Molec. Phys.* **10**, 517.

BJERRUM, N. (1951). *K. danske Vidensk. Selsk. Skr.* **27**, 1.

—— (1952). *Science*, **115**, 385.

BLACKMAN, M., and LISGARTEN, N. D. (1957). *Proc. R. Soc.* A **239**, 93.

—— —— (1958). *Adv. Phys.* **7**, 189.

BLUE, R. W. (1954). *J. chem. Phys.* **22**, 280.

BLUYSSEN, H., DYMANUS, A., REUSS, J., and VERHOEVEN, J. (1967). *Phys. Lett.* **25A**, 584.

BÖTTCHER, C. J. F. (1952). *Theory of electric polarisation.* Elsevier, London.

BRADY, G. W., and ROMANOW, W. J. (1960). *J. chem. Phys.* **32**, 306.

BRAGG, W. H. (1922). *Proc. phys. Soc. Lond.* **34**, 98.

BRAND, J. C. D., and SPEAKMAN, J. C. (1960). *Molecular structure.* Arnold, London.

BRIDGMAN, P. W. (1912). *Proc. Am. Acad. Arts Sci.* **47**, 441.

—— (1931). *The physics of high pressure.* Bell, London.

—— (1935). *J. chem. Phys.* **3**, 597.

—— (1937). *J. chem. Phys.* **5**, 964.

BRILL, R. (1962). *Angew. Chem.* (*Int. edn*) **1**, 563.

—— and TIPPE, A. (1967). *Acta crystallogr.* **23**, 343.

BROWN, A. J., and WHALLEY, E. (1966). *J. chem. Phys.* **45**, 4360.

BUCKINGHAM, A. D. (1956). *Proc. R. Soc.* A **238**, 235.

—— (1959). *Q. Rev. chem. Soc.* **13**, 183.

BUIJS, K., and CHOPPIN, G. R. (1963). *J. chem. Phys.* **39**, 2035.

—— —— (1964). *J. chem. Phys.* **40**, 3120.

BURNELLE, L., and COULSON, C. A. (1957). *Trans. Faraday Soc.* **53**, 403.

CAMPBELL, E. S. (1952). *J. chem. Phys.* **20**, 1411.

—— GELERNTER, G., HEINEN, H., and MOORTI, V. R. G. (1967). *J. chem. Phys.* **46**, 2690.

CHADWELL, H. M. (1927). *Chem. Rev.* **4**, 375.

CHAN, R. K., DAVIDSON, D. W., and WHALLEY, E. (1965). *J. chem. Phys.* **43**, 2376.

CHIDAMBARAM, R. (1961). *Acta crystallogr.* **14**, 467.

COHAN, N. V., COTTI, M., IRIBARNE, J. V., and WEISSMANN, M. (1962). *Trans. Faraday Soc.* **58**, 490.

COHEN, G., and EISENBERG, H. (1965). *J. chem. Phys.* **43**, 3881.

COLLIE, C. H., HASTED, J. B., and RISTON, D. M. (1948). *Proc. phys. Soc.* **60**, 145.

COLLINS, J. G., and WHITE, G. K. (1964). In *Progress in low temperature physics* (ed. C. J. GROTER), Vol. IV.

COTTRELL, T. L. (1958). *The strengths of chemical bonds.* Butterworths, London.

COULSON, C. A. (1951). *Proc. R. Soc.* A **207**, 63.

—— (1957). *Research* **10**, 149.

Coulson, C. A. (1959*a*). *Spectrochim. Acta* **14,** 161.

—— (1959*b*). In *Hydrogen bonding* (ed. D. Hadzi), Pergamon Press, London.

—— (1961). *Valence*, 2nd edn. Clarendon Press, Oxford.

—— and Danielsson, U. (1954). *Ark. Fys.* **8,** 239, 245.

—— and Eisenberg, D. (1966*a*). *Proc. R. Soc.* A **291,** 445.

—— —— (1966*b*). *Proc. R. Soc.* A **291,** 454.

Cross, P. C., Burnham, J., and Leighton, P. A. (1937). *J. Am. chem. Soc.* **59,** 1134.

Cuddeback, R. B., Koeller, R. C., and Drickamer, H. G. (1953). *J. chem. Phys.* **21,** 589.

Cummins, H. Z., and Gammon, R. W. (1966). *J. chem. Phys.* **44,** 2785.

Danford, M. D., and Levy, H. A. (1962). *J. Am. chem. Soc.* **84,** 3965.

Dantl, G. (1962). *Z. Phys.* **166,** 115.

Darling, B. T., and Dennison, D. M. (1940). *Phys. Rev.* **57,** 128.

Davidson, D. W. (1966). In *Molecular relaxation processes:* Academic Press, New York.

Davis, C. M., Jr., and Bradley, D. L. (1966). *J. chem. Phys.* **45,** 2461.

—— and Jarzynski, J. (1967–8). *Adv. molec. Relaxation Processes,* **1,** 155.

—— and Litovitz, T. A. (1965). *J. chem. Phys.* **42,** 2563.

Debye, P. (1929). *Polar molecules.* Dover, New York.

Dengel, O., and Riehl, N. (1963). *Phys. Kondens. Materie,* **1,** 191.

Denney, D. J., and Cole, R. H. (1955). *J. chem. Phys.* **23,** 1767.

Dennison, D. M. (1940). *Rev. mod. Phys.* **12,** 175.

DiMarzio, E. A., and Stillinger, F. H., Jr. (1964). *J. chem. Phys.* **40,** 1577.

Dorsey, N. E. (1940). *Properties of ordinary water-substance.* Reinhold, New York.

Dowell, L. G., and Rinfret, A. P. (1960). *Nature, Lond.* **188,** 1144.

Draegert, D. A., Stone, N. W. B., Curnutte, B., and Williams, D. (1966). *J. opt. Soc. Am.* **56,** 64.

Drost-Hansen, W. (1965*a*). Scientific Contribution No. 628 from the Marine Laboratory, Institute of Marine Science, University of Miami, Miami, Florida (preprint of paper from the Proceedings of the First International Symposium on Water Desalination).

—— (1965*b*). *Ann. N.Y. Acad. Sci.* **125,** 471.

Duncan, A. B. F., and Pople, J. A. (1953). *Trans. Faraday Soc.* **49,** 217.

Dunitz, J. D. (1963). *Nature, Lond.* **197,** 860.

Edsall, J. T., and Wyman, J. (1958). *Biophysical chemistry,* Vol. I. Academic Press, New York.

Eigen, M. (1964). *Angew. Chem.* (*Int. edn*) **3,** 1.

—— and De Maeyer, L. (1958). *Proc. R. Soc.* A **247,** 505.

—— —— (1959). In *The structure of electrolyte solutions* (ed. W. J. Hamer). Wiley, New York.

—— —— and Spatz, H. Ch. (1964). *Ber. Bunsenges.* **68,** 19.

EISENBERG, D., and COULSON, C. A. (1963). *Nature, Lond.* **199**, 368.

—— POCHAN, J. M., and FLYGARE, W. H. (1965). *J. chem. Phys.* **43**, 4531.

EISENBERG, H. (1965). *J. chem. Phys.* **43**, 3887.

ELLISON, F. O., and SHULL, H. (1955). *J. chem. Phys.* **23**, 2348.

EUCKEN, A. (1946). *Nachr. Akad. Wiss. Göttingen*, p. 38.

EWELL, R. H., and EYRING, H. (1937). *J. chem. Phys.* **5**, 726.

FALK, M., and FORD, T. A. (1966). *Can. J. Chem.* **44**, 1699.

—— and KELL, G. S. (1966). *Science* **154**, 1013.

FISHER, I. Z. (1964). *Statistical theory of liquids.* University of Chicago Press, Chicago.

FLORIN, A. E., and ALEI, M. (1967). *J. chem. Phys.* **47**, 4268.

FLUBACHER, P., LEADBETTER, A. J., and MORRISON, J. A. (1960). *J. chem. Phys.* **33**, 1751.

FRANCK, E. U., and ROTH, K. (1967). *Discuss. Faraday Soc.* **43**, 108.

FRANK, H. S. (1958). *Proc. R. Soc.* A **247**, 481.

—— (1963). *Desalination Research Conference Proceedings, National Acad. of Sciences—National Research Council, Publication* 942, p. 141.

—— (1965). *Fedn Proc.* (*Fedn Am. Socs. exp. Biol.*) **24**, Supplement 15, S1.

—— and QUIST, A. S. (1961). *J. chem. phys.* **34**, 604.

—— and WEN, W. Y. (1957). *Discuss. Faraday Soc.* **24**, 133.

FRENKEL, J. (1946). *Kinetic theory of liquids.* Clarendon Press, Oxford.

FRIEDMAN, A. S., and HAAR, L. (1954). *J. chem. Phys.* **22**, 2051.

GARG, S. K., and SMYTH, C. P. (1965). *J. chem. Phys.* **43**, 2959.

GHORMLEY, J. A. (1956). *J. chem. Phys.* **25**, 599.

—— (1968). *J. chem. Phys.* **48**, 503.

GIAUQUE, W. F., and ASHLEY, M. (1933). *Phys. Rev.* **43**, 81.

—— and STOUT, J. W. (1936). *J. Am. chem. Soc.* **58**, 1144.

GINNINGS, D. C., and CORRUCCINI, R. J. (1947). *J. Res. natn. Bur. Stand.* **38**, 583.

GLAESER, R. M., and COULSON, C. A. (1965). *Trans. Faraday Soc.* **61**, 389.

GLARUM, S. H. (1960). *J. chem. Phys.* **33**, 1371.

GLASEL, J. A. (1966). *Proc. natn. Acad. Sci. U.S.A.* **55**, 479.

—— (1967). *Proc. natn. Acad. Sci. U.S.A.* **58**, 27.

GLASSTONE, S., LAIDLER, K. J., and EYRING, H. (1941). *The theory of rate processes.* McGraw–Hill, New York.

GLEN, J. W. (1958). *Adv. Phys.* **7**, 254.

GRÄNICHER, H. (1958). *Z. Kristallogr. Kristallgeom.* **110**, 432.

—— (1963). *Phys. Kondens. Materie*, **1**, 1.

—— JACCARD, C., SCHERRER, P., and STEINEMANN, A. (1957). *Discuss. Faraday Soc.* **23**, 50.

GRANT, E. H. (1957). *J. chem. Phys.* **26**, 1575.

GRANT, E. H., BUCHANAN, T. J., and COOK, H. F. (1957). *J. chem. Phys.* **26,** 156.

GRJOTHEIM, K., and KROGH-MOE, J. (1954). *Acta chem. Scand.* **8,** 1193.

GURIKOV, YU. V. (1965). *J. struct. Chem.* (translation of *Zh. strukt. Khim*) **6,** 786.

—— (1966). *J. struct. Chem.* (translation of *Zh. strukt. Khim.*) **7,** 6.

HAAS, C. (1960). *Technical Report* #5, Frick Chemical Laboratory, Princeton University, Princeton, N.J.

—— (1962). *Phys. Lett.* **3,** 126.

—— and HORNIG, D. F. (1960). *J. chem. Phys.* **32,** 1763.

HAGGIS, G. H., HASTED, J. B., and BUCHANAN, T. J. (1952). *J. chem. Phys.* **20,** 1452.

HAKE, R. B., and BANYARD, K. E. (1965). *J. chem. Phys.* **43,** 657.

HALL, L. (1948). *Phys. Rev.* **73,** 775.

HAMILTON, W. C., and IBERS, J. A. (1968). *Hydrogen bonding in solids.* Benjamin, New York.

HARNED, H. S., and OWEN, B. B. (1939). *Chem. Rev.* **25,** 31.

HARRIS, F. E., and O'KONSKI, C. T. (1957). *J. phys. Chem. Ithaca* **61,** 310.

HARRISON, J. F. (1967). *J. chem. Phys.* **47,** 2990.

HARTMAN, K. A. (1966). *J. phys. Chem. Ithaca* **70,** 270.

HASTED, J. B. (1961). *Prog. Dielect.* **3,** 103.

HEATH, D. F., and LINNETT, J. W. (1948). *Trans. Faraday Soc.* **44,** 556.

HEEMSKERK, J. (1962). *Recl Trav. chim. Pays-Bas Belg.* **81,** 904.

HEIKS, J. R., BARNETT, M. K., JONES, L. V., and ORBAN, E. (1954). *J. phys. Chem.* **58,** 488.

HENDRICKSON, J. B. (1961). *J. Am. chem. Soc.* **83,** 4537.

HERZBERG, G. (1950). *Molecular spectra and molecular structure,* 2nd edn. Van Nostrand, New York.

HINDMAN, J. C. (1966). *J. chem. Phys.* **44,** 4582.

HIRSCHFELDER, J. O., CURTISS, C. F., and BIRD, R. B. (1954). *Molecular theory of gases and liquids.* Wiley, New York.

HOLLINS, G. T. (1964). *Proc. phys. Soc.* **84,** 1001.

HOLTON, G., HAGELBERG, M. P., KAO, S., and JOHNSON, W. H. Jr. (1968). *J. Accoust. Soc. Am.* **43,** 102.

HONJO, G., and SHIMAOKA, K. (1957). *Acta crystallogr.* **10,** 710.

HORNE, R. A., COURANT, R. A., JOHNSON, D. S., and MARGOSIAN, F. F. (1965). *J. phys. Chem. Ithaca* **69,** 3988.

—— and JOHNSON, D. S. (1966). *J. phys. Chem. Ithaca* **70,** 2182.

HORNIG, D. F. (1950). *Discuss. Faraday Soc.* **9,** 115.

—— (1964). *J. chem. Phys.* **40,** 3119.

—— WHITE, H. F., and REDING, F. P. (1958). *Spectrochim. Acta,* **12,** 338.

HUGHES, D. J., PALEVSKY, H., KLEY, W., and TUNKELO, E. (1960). *Phys. Rev.* **119,** 872.

HUMBEL, F., JONA, F., and SCHERRER, P. (1953). *Helv. phys. Acta,* **26,** 17.

ITAGAKI, K. (1964). *J. phys. Soc. Japan* **19**, 1081.

JACCARD, C. (1959). *Helv. phys. Acta* **32**, 89.

—— (1965). *Ann. N.Y. Acad. Sci.* **125**, 390.

JHON, M. S., GROSH, J., REE, T., and EYRING, H. (1966). *J. chem. Phys.* **44**, 1465.

JONES, J. R., ROWLANDS, D. L. G., and MONK, C. B. (1965). *Trans. Faraday Soc.* **61**, 1384.

KAMB, B. (1964). *Acta crystallogr.* **17**, 1437.

—— (1965*a*). *Science* **150**, 205.

—— (1965*b*). *J. chem. Phys.* **43**, 3917.

—— (1967). Private communication.

—— (1968). In *Structural chemistry and molecular biology* (ed. A. RICH and N. DAVIDSON). Freeman, San Francisco.

—— and DATTA, S. K. (1960). *Nature, Lond.* **187**, 140.

—— and DAVIS, B. L. (1964). *Proc. natn. Acad. Sci. U.S.A.* **52**, 1433.

—— PRAKASH, A., and KNOBLER, C. (1967). *Acta crystallogr.* **22**, 706.

KATZOFF, S. (1934). *J. chem. Phys.* **2**, 841.

KAUZMANN, W. J. (1942). *Rev. mod. Phys.* **14**, 12.

—— (1948). *Chem. Rev.* **43**, 219.

—— (1957). *Quantum chemistry*. Academic Press, New York.

—— (1966). *Kinetic theory of gases*. Benjamin, New York.

KAVANAU, J. L. (1964). *Water and solute–water interactions*. Holden–Day, San Francisco.

KELL, G. S. (1967). *J. chem. engng Data* **12**, 66.

—— and WHALLEY, E. (1965). *Phil. Trans. R. Soc.* A **258**, 565.

—— —— (1968). *J. chem. Phys.* **48**, 2359.

KENNEDY, G. C., KNIGHT, W. L., and HOLSER, W. T. (1958). *Am. J. Sci.* **256**, 590.

KERN, C. W., and MATCHA, R. L. (1968). *J. chem. Phys.*, in press.

KETELAAR, J. A. (1953). *Chemical constitution*, p. 90. Elsevier, New York.

KEYES, F. G. (1949). *J. chem. Phys.* **17**, 923.

—— (1958). *Trans. Am. Soc. mech. Engrs*, **78**, 555.

—— SMITH, L. B., and GERRY, H. T. (1936). *Proc. Am. Acad. Arts Sci.* **70**, 319.

KIRKWOOD, J. G. (1939). *J. chem. Phys.* **7**, 911.

KIRSHENBAUM, I. (1951). *Physical properties and analysis of heavy water*. McGraw–Hill, New York.

KISLOVSKII, L. D. (1959). *Optics Spectrosc.* **7**, 201.

KOEFOED, J. (1957). *Discuss. Faraday Soc.* **24**, 216.

KOPP, M., BARNAAL, D. E., and LOWE, I. J. (1965). *J. chem. Phys.* **43**, 2965.

KRATOHVIL, J. P., KERKER, M., and OPPENHEIMER, L. E. (1965). *J. chem. Phys.* **43**, 914.

KRAUT, J., and DANDLIKER, W. B. (1955). *J. chem. Phys.* **23**, 1544.

KRYNICKI, K. (1966). *Physica* **32**, 167.

KUCHITSU, K., and BARTELL, L. S. (1962). *J. chem. Phys.* **36**, 2460.

KUCHITSU, K., and MORINO, Y. (1965). *Bull. chem. Soc. Japan* **38,** 814.

KUHN, W., and THÜRKAUF, M. (1958). *Helv. chim. Acta* **41,** 938.

KUHNS, I. E., and MASON, B. J. (1968). *Proc. R. Soc.* A **302,** 437.

KUME, K. (1960). *J. phys. Soc. Japan* **15,** 1493.

KYOGOKU, Y. (1960). *J. chem. Soc. Japan* (Pure Chemistry Section) **81,** 1648 (NCR Technical Translation 953).

LA PLACA, S., and POST, B. (1960). *Acta crystallogr.* **13,** 503.

LARSSON, K. E. (1965). In *Thermal neutron scattering* (ed. P. A. EGELSTAFF). Academic Press, New York.

—— and DAHLBORG, U. (1962). *J. nucl. Energy* **16,** 81.

LAVERGNE, M., and DROST-HANSEN, W. (1956). *Naturwissenschaften* **43,** 511.

LEADBETTER, A. J. (1965). *Proc. R. Soc.* A **287,** 403.

LENNARD-JONES, J., and POPLE, J. A. (1951). *Proc. R. Soc.* A **205,** 155.

LEVINE, M. (1966). Undergraduate thesis, Princeton University. Unpublished.

LIEB, E. H. (1967). *Phys. Rev.* **162,** 162.

LIPPINCOTT, E. R., and SCHROEDER, R. (1955). *J. chem. Phys.* **23,** 1099.

LITAN, A. (1968). *J. chem. Phys.* **48,** 1059.

LITOVITZ, T. A., and CARNEVALE, E. H. (1955). *J. appl. Phys.* **26,** 816.

—— and DAVIS, C. M. (1965). In *Physical acoustics* (ed. W. P. MASON). Academic Press, New York.

LONDON, F. (1937). *Trans. Faraday Soc.* **33,** 8.

LONG, E. A., and KEMP, J. D. (1936). *J. Am. chem. Soc.* **58,** 1829.

LONGSWORTH, L. G. (1960). *J. phys. Chem. Ithaca* **64,** 1914.

LONSDALE, K. (1958). *Proc. R. Soc.* A **247,** 424.

LUCK, W. (1965). *Ber. Bunsenges.* **69,** 626.

—— (1967). *Discuss. Faraday Soc.* **43,** 115.

MAGAT, M. (1948). *J. Chim. phys.* **45,** 93.

MALMBERG, C. G. (1958). *J. Res. natn. Bur. Stand.* **60,** 609.

—— and MARYOTT, A. A. (1956). *J. Res. natn. Bur. Stand.* **56,** 1.

MARCHI, R. P., and EYRING, H. (1964). *J. phys. Chem. Ithaca* **68,** 221.

MARCKMANN, J. P., and WHALLEY, E. (1964). *J. chem. Phys.* **41,** 1450.

MARGENAU, H. (1939). *Rev. mod. Phys.* **11,** 1.

—— and MYERS, V. W. (1944). *Phys. Rev.* **66,** 307.

McCLELLAN, A. L. (1963). *Dipole moments.* Freeman, San Francisco.

McMILLAN, J. A., and LOS, S. C. (1965). *Nature, Lond.* **206,** 806.

McWEENY, R., and OHNO, K. A. (1960). *Proc. R. Soc.* A **255,** 367.

MEGAW, H. D. (1934). *Nature, Lond.* **134,** 900.

MEIBOOM, S. (1961). *J. chem. Phys.* **34,** 375.

MERWIN, H. E. (1930). *Int. crit. Tabl.* **7,** 17.

MILLS, I. M. (1963). *Infra-red spectroscopy and molecular structure* (ed. M. DAVIES). Elsevier, London.

MOCCIA, R. (1964). *J. chem. Phys.* **40**, 2186.

MOELWYN-HUGHES, E. A. (1964). *Physical chemistry*, 2nd edn. Macmillan, New York.

MOORE, C. E. (1949). Atomic energy levels, *National Bureau of Standards Circular* 467, Vol. 1.

MORGAN, J., and WARREN, B. E. (1938). *J. chem. Phys.* **6**, 666.

MOROKUMA, K., and PEDERSEN, L. (1968). *J. chem. Phys.* **48**, 3275.

MOSKOWITZ, J. W., and HARRISON, M. C. (1965). *J. chem. Phys.* **43**, 3550.

MULLER, N. (1965). *J. chem. Phys.* **43**, 2555.

—— and REITER, R. C. (1965). *J. chem. Phys.* **42**, 3265.

MYSELS, K. J. (1964). *J. Am. chem. Soc.* **86**, 3503.

NAGLE, J. F. (1966). *J. math. Phys.* **7**, 1484.

NARTEN, A. H., DANFORD, M. D., and LEVY, H. A. (1966). *Oak Ridge National Laboratory Report ORNL*-3997.

—— —— —— (1967). *Discuss. Faraday Soc.* **43**, 97.

NÉMETHY, G., and SCHERAGA, H. A. (1962). *J. chem. Phys.* **36**, 3382.

—— —— (1964). *J. chem. Phys.* **41**, 680.

NOWAK, E. S., and GROSH, R. J. (1961). *A.E.C. Technical Report ANL*-6508.

—— —— and LILEY, P. E. (1961*a*). *J. Heat Transfer* **83**C, 1.

—— —— —— (1961*b*). *J. Heat Transfer* **83**C, 14.

OCKMAN, N. (1958). *Adv. Phys.* **7**, 199.

OLIVER, G. D., and GRISARD, J. W. (1956). *J. Am. chem. Soc.* **78**, 561.

ONSAGER, L. (1936). *J. Am. chem. Soc.* **58**, 1486.

—— and DUPUIS, M. (1960). *Rc. Scu. int. Fis. 'Enrico Fermi'* **10**, 294.

—— —— (1962). *Electrolytes* (ed. B. PESCE). Pergamon Press, London.

—— and RUNNELS, L. K. (1963). *Proc. natn. Acad. Sci. U.S.A.* **50**, 208.

ORTTUNG, W. H., and MEYERS, J. A. (1963). *J. phys. Chem. Ithaca* **67**, 1905.

ORVILLE-THOMAS, W. J. (1957). *Q. Rev. chem. Soc.* **11**, 162.

OSTER, G. (1948). *Chem. Rev.* **43**, 319.

—— and KIRKWOOD, J. G. (1943). *J. chem. Phys.* **11**, 175.

OWEN, B. B., MILLER, R. C., MILNER, C. E., and COGAN, H. L. (1961). *J. phys. Chem. Ithaca* **65**, 2065.

—— WHITE, J. R., and SMITH, J. S. (1956). *J. Am. chem. Soc.* **78**, 3561.

OWSTON, P. G. (1958). *Adv. Phys.* **7**, 171.

PALEVSKY, H. (1966). *J. Chim. phys.* **63**, 157.

PAPOUŠEK, D., and PLÍVA, J. (1964). *Colln Czech. chem. Commun. Engl. Edn* **29**, 1973.

PARTINGTON, J. R. (1928). *The composition of water.* Bell, London.

PAULING, L. (1935). *J. Am. chem. Soc.* **57**, 2680.

—— (1940). *The nature of the chemical bond*, 2nd edn. Cornell, Ithaca, New York.

—— (1959). In *Hydrogen bonding* (ed. D. HADZI). Pergamon Press, London.

PAULING, L. (1960). *The nature of the chemical bond*, 3rd edn. Cornell, Ithaca, New York.

—— and MARSH, R. E. (1952). *Proc. natn. Acad. Sci. U.S.A.* **38**, 112.

PERRAM, J. W., and LEVINE, S. (1967). *Discuss. Faraday Soc.* **43**, 131.

PETERSON, S. W., and LEVY, H. A. (1957). *Acta crystallogr.* **10**, 70.

PIMENTEL, G. C., and MCCLELLAN, A. L. (1960). *The hydrogen bond.* Freeman, San Francisco.

PISTORIUS, C. W. F. T., PISTORIUS, M. C., BLAKEY, J. P., and ADMIRAAL, L. J. (1963). *J. chem. Phys.* **38**, 600.

PITZER, K. S. (1953). *Quantum chemistry.* Prentice–Hall, Englewood Cliffs, New Jersey.

—— and POLISSAR, J. (1956). *J. phys. Chem. Ithaca* **60**, 1140.

PITZER, R. M. (1966). Private communication.

—— and MERRIFIELD, D. P. (1966). Private communication from Professor Pitzer.

PLÍVA, J. (1958). *Colln Czech. chem. Commun. Engl. Edn* **23**, 1839.

POPLE, J. A. (1950). *Proc. R. Soc.* A **202**, 323.

—— (1951). *Proc. R. Soc.* A **205**, 163.

—— SCHNEIDER, W. G., and BERNSTEIN, H. J. (1959). *High-resolution nuclear magnetic resonance.* McGraw–Hill, New York.

POSENER, D. W. (1960). *Aust. J. Phys.* **13**, 168.

POWELL, R. W. (1958). *Proc. R. Soc.* A **247**, 464.

POWLES, J. G. (1953). *J. chem. Phys.* **21**, 633.

—— RHODES, M., and STRANGE, J. H. (1966). *Molec. Phys.* **11**, 515.

PRICE, W. C., and SUGDEN, T. M. (1948). *Trans. Faraday Soc.* **44**, 108.

RAMPOLLA, R. W., MILLER, R. C., and SMYTH, C. P. (1959). *J. chem. Phys.* **30**, 566.

RAMSEIER, R. O. (1967). *J. appl. Phys.* **38**, 2553.

REID, C. (1959). *J. chem. Phys.* **30**, 182.

REISLER, E., and EISENBERG, H. (1965). *J. chem. Phys.* **43**, 3875.

RICE, S. A., and GRAY, P. (1965). *The statistical mechanics of simple liquids.* Interscience, New York.

ROBINSON, R. A., and STOKES, R. H. (1959). *Electrolyte solutions.* Butterworths, London.

ROENTGEN, W. K. (1892). *Ann. Phys. Chim.* (*Wied.*) **45**, 91.

ROOTHAAN, C. C. J. (1951). *Rev. mod. Phys.* **23**, 69.

ROSSINI, F. D., KNOWLTON, J. W., and JOHNSTON, H. L. (1940). *J. Res. natn. Bur. Stand.* **24**, 369.

—— WAGMAN, D. D., EVANS, W. H., LEVINE, S., and JAFFE, I. (1952). Chemical thermodynamic properties, *National Bureau of Standards Circular* 500.

ROWLINSON, J. S. (1949). *Trans. Faraday Soc.* **45**, 974.

—— (1951*a*). *Trans. Faraday Soc.* **47**, 120.

—— (1951*b*). *J. chem. Phys.* **19**, 827.

—— (1954). *Q. Rev. chem. Soc.* **8**, 168.

RUSCHE, E. W., and GOOD, W. B. (1966). *J. chem. Phys.* **45**, 4667.

RUSHBROOKE, G. S. (1962). *Introduction to statistical mechanics.* Clarendon Press, Oxford.

SAKAMOTO, M., BROCKHOUSE, B. N., JOHNSON, R. G., and POPE, N. K. (1962). *J. phys. Soc. Japan,* **17**, Supp. B-II, 370.

SALEM, L. (1960). *Molec. Phys.* **3**, 441.

SAMOILOV, O. YA. (1965). *Structure of aqueous electrolyte solutions and the hydration of ions.* Consultants Bureau, New York.

SÄNGER, R., and STEIGER, O. (1928). *Helv. phys. Acta* **1**, 369.

SCATCHARD, G., KAVANAGH, G. M., and TICKNOR, L. B. (1952). *J. Am. chem. Soc.* **74**, 3715.

SCHIFFER, J., and HORNIG, D. F. (1967). Private communication.

SCHNEIDER, W. G., BERNSTEIN, H. J., and POPLE, J. A. (1958). *J. chem. Phys.* **28**, 601.

SCHULTZ, J. W., and HORNIG, D. F. (1961). *J. phys. Chem. Ithaca* **65**, 2131.

SEARCY, A. W. (1949). *J. chem. Phys.* **17**, 210.

SELWOOD, P. W. (1956). *Magnetochemistry.* Interscience, New York.

SENIOR, W. A., and THOMPSON, W. K. (1965). *Nature, Lond.* **205**, 170.

SHARP, W. E. (1962). The thermodynamic functions for water in the range −10 to 1000 °C and 1 to 250 000 bars, *Report of the Lawrence Radiation Laboratory, University of California UCRL*-7118.

SHATENSHTEIN, A. I., YAKOVLEVA, E. A., ZVYAGINTSEVA, E. N., VARSHAVSKII, YA. M., ISRAILEVICH, E. J., and DYKHNO, N. M. (1960). *Isotopic water analysis,* 2nd edn. United States Atomic Energy Commission translation *AEC*-tr-4136.

SHIBATA, S., and BARTELL, L. S. (1965). *J. chem. Phys.* **42**, 1147.

SIMPSON, J. H., and CARR, H. Y. (1958). *Phys. Rev.* **111**, 1201.

SINGH, S., MURTHY, A. S. N., and RAO, C. N. R. (1966). *Trans. Faraday Soc.* **62**, 1056.

SINGWI, K. S., and SJÖLANDER, A. (1960). *Phys. Rev.* **119**, 863.

SJÖLANDER, A. (1965). In *Thermal neutron scattering* (ed. P. A. EGELSTAFF). Academic Press, New York.

SLATER, J. C. (1939). *Introduction to chemical physics.* McGraw–Hill, New York.

SLIE, W. M., DONFOR, A. R., and LITOVITZ, T. A. (1966). *J. chem. Phys.* **44**, 3712.

SMITH, A. H., and LAWSON, A. W. (1954). *J. chem. Phys.* **22**, 351.

SMITH, D. W. G., and POWLES, J. G. (1966). *Molec. Phys.* **10**, 451.

SMYTH, C. P. (1955). *Dielectric behavior and structure.* McGraw–Hill, New York.

STEPHENS, R. W. B. (1958). *Adv. Phys.* **7**, 266.

STEVENSON, D. P. (1965). *J. phys. Chem. Ithaca* **69**, 2145.

—— (1968). In *Structural chemistry and molecular biology* (ed. A. RICH and N. DAVIDSON). Freeman, San Francisco.

STEVENSON, M. J., and TOWNES, C. H. (1957). *Phys. Rev.* **107**, 635.

STIMSON, H. F. (1955). *Am. J. Phys.* **23**, 614.

STOCKMAYER, W. H. (1941). *J. chem. Phys.* **9**, 398.

STOKES, R. H., and MILLS, R. (1965). *International encyclopedia of physical chemistry and chemical physics*, vol. 3, p. 74. Pergamon Press, Oxford.

SWENSON, C. A. (1965). *Spectrochim. Acta* **21**, 987.

TAFT, R. W., and SISLER, H. H. (1947). *J. chem. Educ.* **24**, 174.

TAMMANN, G. (1900). *Annln Phys.* **2**, 1.

TAYLOR, M. J., and WHALLEY, E. (1964). *J. chem. Phys.* **40**, 1660.

THOMAS, M. R., SCHERAGA, H. A., and SCHRIER, E. E. (1965). *J. phys. Chem. Ithaca* **69**, 3722.

TILTON, L. W. (1935). *J. Res. natn. Bur. Stand.* **14**, 393.

—— and TAYLOR, J. K. (1938). *J. Res. natn. Bur. Stand.* **20**, 419.

TOYAMA, M., OKA, T., and MORINO, Y. (1964). *J. molec. Spectrosc.* **13**, 193.

TRAPPENIERS, N. J., GERRITSMA, C. J., and OOSTING, P. H. (1965). *Phys. Lett.* **18**, 256.

TREACY, E. B., and BEERS, Y. (1962). *J. chem. Phys.* **36**, 1473.

TRUBY, F. K. (1955). *Science* **121**, 404.

TSUBOI, M. (1964). *J. chem. Phys.* **40**, 1326.

TSUBOMURA, H. (1954). *Bull. chem. Soc. Japan* **27**, 445.

VAND, V., and SENIOR, W. A. (1965). *J. chem. Phys.* **43**, 1878.

VAN ECK, C. L. VAN P., MENDEL, H., and FAHRENFORT, J. (1958). *Proc. R. Soc.* A **247**, 472.

VAN THIEL, M., BECKER, E. D., and PIMENTEL, G. C. (1957). *J. chem. Phys.* **27**, 486.

VDOVENKO, V. M., GURIKOV, YU. V., and LEGIN, E. K. (1966). *J. struct. Chem.* (translation of *Zh. strukt. Khim.*) **7**, 756.

—— —— —— (1967). *J. struct. Chem.* (translation of *Zh. strukt. Khim.*) **8**, 14, 358, 538.

VEDAM, R., and HOLTON, G. (1968). *J. Accoust. Soc. Am.*, **43**, 108.

VEDDER, W., and HORNIG, D. F. (1961). *Adv. Spectrosc.* **2**, 189.

VEGARD, L., and HILLESUND, S. (1942). *Avh. norske VidenskAkad. Oslo* No. 8, 1.

VERWEY, E. J. W. (1941). *Recl Trav. chim. Pays-Bas Belg.* **60**, 887.

VIDULICH, G. A., EVANS, D. F., and KAY, R. L. (1967). *J. phys. Chem. Ithaca* **71**, 656.

WADA, G. (1961). *Bull. chem. Soc. Japan*, **34**, 955.

WAGMAN, D. D., EVANS, W. H., HALOW, I., PARKER, V. B., BAILEY, S. M., and SCHUMM, R. H. (1965). *National Bureau of Standards Technical Note* 270–1.

WALDSTEIN, P., and RABIDEAU, S. W. (1967). *J. chem. Phys.* **47**, 5338.

WALDSTEIN, P., RABIDEAU, S. W., and JACKSON, J. A. (1964). *J. chem. Phys.* **41**, 3407.

WALL, T. T., and HORNIG, D. F. (1965). *J. chem. Phys.* **43**, 2079.

WALRAFEN, G. E. (1964). *J. chem. Phys.* **40**, 3249.

—— (1966). *J. chem. Phys.* **44**, 1546.

—— (1967*a*). *J. chem. Phys.* **47**, 114.

—— (1967*b*). Private communication. Subsequently published in *J. chem. Phys.* **48**, 244 (1968).

WALRAFEN, G. E. (1968*a*). Private communication, to be published.

—— (1968*b*). In *Equilibria and reaction kinetics in hydrogen bonded solvent systems* (ed. A. K. COVINGTON). Taylor and Francis, London. In press.

WANG, J. H. (1965). *J. phys. Chem. Ithaca* **69**, 4412.

—— ROBINSON, C. V., and EDELMAN, I. S. (1953). *J. Am. chem. Soc.* **75**, 466.

WATANABE, K., and JURSA, A. S. (1964). *J. chem. Phys.* **41**, 1650.

WAXLER, R. M., WEIR, C. E., and SCHAMP, H. W. (1964). *J. Res. natn. Bur. Stand.* **68A**, 489.

WEIR, C., BLOCK, S., and PIERMARINI, G. (1965). *J. Res. natn. Bur. Stand.* **69C**, 275.

WEISSMANN, M. (1966). *J. chem. Phys.* **44**, 422.

—— BLUM, L., and COHAN, N. V. (1967). *Chem. Phys. Lett.* **1**, 95.

—— and COHAN, N. V. (1965). *J. chem. Phys.* **43**, 119.

WESTON, R. E. (1962). *Spectrochim. Acta* **18**, 1257.

WHALLEY, E. (1957). *Trans. Faraday Soc.* **53**, 1578.

—— (1958). *Trans. Faraday Soc.* **54**, 1613.

—— (1967). Private communication.

—— and DAVIDSON, D. W. (1965). *J. chem. Phys.* **43**, 2148.

—— —— and HEATH, J. B. R. (1966). *J. chem. Phys.* **45**, 3976.

—— —— —— (1968). *J. chem. Phys.* **48**, 2362.

WHITTEN, J. L., ALLEN, L. C., and FINK, W. H. (1966). Private communication from Dr. Whitten and Dr. Fink.

WICKE, E. (1966). *Angew. Chem.* (*Int. edn*) **5**, 106.

WILLIAMS, D. (1966). *Nature, Lond.* **210**, 194.

WILSON, A. H. (1957). *Thermodynamics and statistical mechanics.* Cambridge University Press, Cambridge.

WILSON, E. B., DECIUS, J. C., and CROSS, P. C. (1955). *Molecular vibrations.* McGraw–Hill, New York.

WILSON, G. J., CHAN, R. K., DAVIDSON, D. W., and WHALLEY, E. (1965). *J. chem. Phys.* **43**, 2384.

WILSON, W. (1959). *J. Accoust. Soc. Am.*, **31**, 1067.

WOESSNER, D. E. (1964). *J. chem. Phys.* **40**, 2341.

WONHAM, J. (1967). *Nature, Lond.* **215**, 1053.

WORKMAN, E. J., TRUBY, F. K., and DROST-HANSEN, W. (1954). *Phys. Rev.* **94**, 1073.

WORLEY, J. D., and KLOTZ, I. M. (1966). *J. chem. Phys.* **45**, 2868.

WYMAN, J., and INGALLS, E. N. (1938). *J. Am. chem. Soc.* **60**, 1182.

ZAREMBOVITCH, A., and KAHANE, A. (1964). *C. r. hebd. Séanc. Acad. Sci. Paris* **258**, 2529.

ZEMANSKY, M. W. (1957). *Heat and thermodynamics.* McGraw–Hill, New York.

ZIMMERMANN, R., and PIMENTEL, G. C. (1962). *Advances in molecular spectroscopy* (ed. A. MANGINI), p. 762. Macmillan, New York.

訳者あとがき

水の近代化学はラボアジエ（1743〜94），プリーストリー（1733〜1804），およびキャベンディッシュ（1731〜1810）等による「酸素の発見」と「水の電気分解」の研究を基とし，ドルトン（1766〜1844），アボガドロ（1776〜1856）およびカニツァロ（1828〜1910）らによる「分子概念」の確立を経て，水分子の化学構造が明らかにされた時に始まる．一方，このありふれた物質が物理学者の興味を惹くようになったのはヴェルノン（1891）とそれにひきつづきX線の発見で有名なレントゲン（1845〜1923）による水の密度の異常な性質が注目されるようになってからである．しかし，今日の物理化学または化学物理の立場からの水，氷および水溶液の研究は「水素結合」の考えが次第に定着しつつあった時，バナールとファウラーが，アメリカ物理学会誌 *J. Chem. Physics* (1933）の創刊号に発表した論文が原動力となったと云えるのではあるまいか．以来，水，氷，水溶液の構造と物性，或いは無機界，生物界における水の果す重要な役割に対する研究が続々と行われ，基礎的学問の見地からのみならず応用の立場からも，最近は環境問題ともむすびついて，ますます関心が高まるようになり，広義の水に関する種々の国際会議がほとんど毎年開催されている．

本書は，奥付に記した略歴にもあるように物理化学者にして広い学問的背景をもつことで知られている Kauzmann 教授がその弟子の Eisenberg 博士の協力によってまとめられたものであって，彼の他の著書と同様に極めてバランスのとれた，しかも懇切な配慮の結果による「水と氷」の構造と物性についての標準的教科書ともいえる．出版当初（1968）より多くの読者の反響をよび，書評の名声の高いものであって，入門書としてまた専門家の知識の整理のためにも役立つすぐれた著書である．当時，これをほん訳されるはずであった戸田盛和教授がやむを得ぬ御事情でそれが果されず，みすず書房を通じ，私共にほん訳を依頼された．私共としては出来るだけ早くその約束を果すべき処，今日まで延引したことについて戸田教授ならびに出版社に大変御迷惑をおかけしたことを先ず御詫び申し上げる次第である．

昨年（1974）秋，Kauzmann 教授は日本学術振興会の交換教授として来日，京都大学理学部の山本常信教授の研究室に滞在され，その間，大阪大学でも「The Effect of Pressure on Protein in Solution」の題目で蛋白質と水の相互作用について講演された．教授は最近の研究テーマの一つとしてこの分野の化学熱力学的研究を行なって興味ある結果を発表しておられるが，私共の「水と氷」のガラス状態発見に関する熱力学的研究についても興味をもっておられ，その機会に精密な構造化学熱力学的研究の重要性について互いの立場から楽しい会談をした憶い出が新しい．

本書の内容については著者序文や日本版序文にも述べておられるので，ここでは説明する必要がない．私共はこの書物が水と氷の基礎的知識を得るための最も有用なものであるということを指摘するに止めたい．

本書のほん訳はほとんど訳者の一人（T. M.）が行ない，両人相談の上，記号，術語および単位，或いは図，表の表示方式については 1969 年に発表された IUPAC の勧告に従うよう訳書で改めた．なおこの本が出版されたのちにも書物または綜説が最近まで相ついで発表されているので，その進歩に興味をもたれる読者の便益のため，以下にそのいくつかを挙げておく．

i）N. Riel, B. Bullmer, H. Engelhardt 編, *Physics of Ice*. Plenum Press. (1969).

ii）N. H. Fletcher 著, *The Chemical Physics of Ice*. Cambridge Univ. Press (1970).

iii）N. H. Fletcher 著, *Structural Aspects of Ice-water System. Rep. Progress in Physics*, **34** No. 10 (1971).

iv）R. A. Horne 編, *Water and Aqueous Solution*. Wiley-Interscience (1972).

v）E. Whalley, S. J. Jones, L. W. Gold 編, *Physics and Chemistry of Ice*. University of Toronto Press (1973).

vi）中垣正幸編，水の構造と物性，化学の領域, 増刊 106 号, 南江堂（1974).

vii）F. Franks 編, *Water, a comprehensive treatise*. Vol. 1～Vol. 5 Plenum Press (1972～1975).

しかしながら，これらの新しい書物の出版によって本書の価値は決して低下しておらず，むしろこの書物を基礎としてこれらの新しい出版物を読まれることを期待したい.

最後に，この本のほん訳を引受けて以来，一貫して，しかも雅量をもって私共の仕事を忍耐づよく見守っていただき，また仕事の進捗をはげまして下さった「みすず書房」の松井巻之助氏の御援助に改めてここに厚く御礼申し上げたい．また訳書出版に際し，日本版への序文のみならず著者近影写真をも御贈りいただいた Kauzmann 教授の御配慮に厚く御礼申し上げる．もとより，この訳書には誤解，誤訳がないとはいえないので，読者の皆様よりの暖い御忠告，御指摘を御願いして筆をおく.

昭和 50 年 11 月

訳 者 ら

事 項 索 引

ア

カ

ナ

著者略歴

(Walter J. Kauzmann, 1916-2009)

1916年ニューヨーク州マウント・バーノンに生れる．1937年コーネル大学で化学のB. A. を受け，1940年にプリンストン大学で物理化学のPh. D. を受けた．1940年から1942年までペンシルバニア州ピッツバーグのWestinghouse電機会社の研究員となり，1942-1946年の間，政府関係の研究に従事した．1946年プリンストン大学化学科助教授，1963年教授に就任．1963-1982年David B. Jones化学科教授．1982年退官．1966年Linderstrom-Lang金メダルを受賞した．36年にわたり物理化学の研究と教育に専心し，引退後も引き続き水の構造とたんぱく質の性質に関心を抱いた．2009年歿．

(David Eisenberg)

1939年シカゴに生れる．1961年ハーバード大学で生化学のB. A. を受け，1964年オックスフォード大学からPh. D. を受けた．オックスフォード在学中，Rhodes奨学生．1964年より1966年までプリンストン大学においてアメリカ科学基金（NSF）の博士研究員であった．1966-1968年の間カリフォルニア工科大学の研究員．1968年カリフォルニア大学ロスアンジェルス校（UCLA）の化学および生化学科の教員となり，現在同学科教授，UCLAハワード・ヒューズ医学研究所研究員およびUCLA-DOE構造生物学および分子医学研究所所長．生体高分子の構造および水の構造と物性を研究．アメリカ科学アカデミー会員．

訳者略歴

関 集三〈せき・しゅうぞう〉 1915年西宮市に生れる．1938年大阪大学理学部化学科卒業．理学博士．大阪大学理学部教授，関西学院大学理学部教授を経て，大阪大学名誉教授，元日本学士院会員．2013年歿．著書『純物質の物性化学』（共著，東京化学同人）「氷および水」（『物性物理学講座11』所収，共立出版）『分子集合の世界』（なにわ塾叢書・ブレーンセンター）ほか．訳書　ポーリング『一般化学』（共訳，岩波書店）クールソン『化学結合論』（共訳，岩波書店）カークウッド／オッペンハイム『化学熱力学』（共訳，東京化学同人）ほか．

松尾隆祐〈まつお・たかすけ〉 1939年池田市に生れる．1963年大阪大学理学部化学科卒業．1965年大阪大学大学院理学研究科修士課程修了．理学博士．大阪大学大学院理学研究科教授を経て，現在　大阪大学名誉教授．

W・J・カウズマン／D・アイゼンバーグ
水の構造と物性
関 集三・松尾隆祐訳

1975年12月20日　初　版第1刷発行
2019年 4 月10日　新装版第1刷発行

発行所 株式会社 みすず書房
〒113-0033 東京都文京区本郷2丁目20-7
電話 03-3814-0131（営業） 03-3815-9181（編集）
www.msz.co.jp

本文印刷所 精興社
扉・口絵・表紙・カバー印刷所 リヒトプランニング
製本所 松岳社

ISBN 978-4-622-08805-9
［みずのこうぞうとぶっせい］